凝煉知識品味閱讀

# XML
# 資訊組織與傳播核心技術

XML—The Core Technology of Information Organization and Communication

余顯強　著

五南圖書出版公司 印行

# 前言

XML 其正式名稱爲「可延伸標示語言」（eXtensible Markup Language），反映了它可延伸擴充的特性。XML 可以用來標示資料、定義資料的結構，提供了一致性的規範來描述與交換資料。於 1998 年 2 月 10 日正式問世以來，XML 迅速成爲大多數資料處理的標準格式，透過 XML 延伸的相關技術，也改變了資訊組織與傳播的模式。

筆者在 1998 年開始接觸 XML 時，適逢國內數位典藏國家型科技計畫的推動，因緣際會應用了 XML 可延伸標示的特性，設計了能夠彈性兼容各種不同資料結構，卻又不需改變資料表格的動態資料庫應用系統，深深感受到 XML 彈性與強大的能力。

近二十年來資訊領域的不斷發展，XML 延伸的相關技術越來越多元，支援的環境也越來愈成熟，包括資料結構的 XSD、文件內容尋址與定位的 XPath、資料轉換的 XSLT、查詢資料庫 XML 文件內容的 XQuery、向量圖形繪製的 SVG，以及處理 XML 文件內容的程式介面 SAX 等，許許多多的延伸技術，在本書都會分別逐一介紹。此外工欲善其事必先利其器，使用軟體工具來搭配學習，更能加深學習的效果。

本書也詳細介紹了坊間常用來開發 XML 的專業軟體工具的使用，除了在各章適當段落，提供特定練習與操作的介紹，並在第六章使用該軟體工具操作各類資料的建立、轉換，以及圖表文件產生的多元實務練習。

# 目　錄

# 第一章　快速導覽

XML是由全球資訊網聯盟（World Wild Web Consortium，W3C，網址：www.w3.org）所制定的標示語言規範。W3C發行它自己的規範（specification），通常並不直接稱爲標準，因爲W3C並不是一個政府組織，不過因爲W3C是全球資訊網（World Wide Web）的最主要協定規範者，所以當某一技術規範通過W3C而成爲建議時，便可以視爲全球資訊網的國際標準。W3C公布相關技術規範的文件分成四種不同的等級：

- 註解（Note）：由W3C會員組織提交到W3C的技術規格，尚未成爲正式W3C規範之前，W3C會先以「註解」形式發布此一規格，提供各界討論參考。
- 工作草案（Working draft）：工作草案代表已經是被W3C考慮中的技術規格，這一階段可以說是成爲W3C最終建議的第一階段。
- 候選建議（Candidate recommendation）：當某一工作草案被W3C接受後，該規範的技術文件即成爲候選建議。
- 建議（Recommendation）：當某一候選建議被W3C接受後，該規範即成爲W3C建議。之所以會使用「建議」一詞，當然一方面是因爲W3C並非官方機構，另一方面W3C並無強制要求所以業者遵循的「手段」，只能透過公開發表，建議各方業者採納使用。

【說明】

Internet 與 web 這兩個名詞常常被混淆，其實這兩個名詞的意義完全不同：全球資訊網（internet）：是網路與網路之間，以 TCP/IP 協議相互連接，形成單一巨大的網路。簡單的講，internet 是以 TCP/IP 協定網網相連的大網路環境。在這個網路環境上提供許多服務，例如檔案傳輸 FTP、網域名稱 DNS、郵件送收 SMTP 與 POP3、遠端登入 Telnet…等服務。當然，通常簡稱為 Web 的全球資訊網（World Wild Web）也是 internet 上的一個服務。只是 Web 因為功能越來越多，應用越來越廣，所以常常會有 internet = web 的誤解。

XML 1.0 版本於 1998 年 2 月 10 日通過並成為 W3C 的建議，也就表示 XML 已經成為全球資訊網確定的標準，您可以在網址 http://www.w3.org/TR/REC-xml/ 取得 XML 正式的建議書內容。目前 XML 最新的版本 1.1 是在 2004 年 2 月 4 日通過成為建議，您可以在網址 http://www.w3.org/TR/xml11/ 取得相關的說明文件。XML 1.1 版主要是修正 XML 一些錯誤（主要是一些使用規則上的問題），並更強化 Unicode 字碼的支援。整體而言，1.0 與 1.1 差異並不大，所以現有 XML 文件幾乎都還是標示為 1.0 的版本。

首先在開始本書正式的章節之前，以下先以精簡的方式快速了解 XML 主要的一些概念：

### 1. XML 全稱是什麼？

XML 是一個縮寫字，其全名為「可延伸標示語言」（eXtensible Markup Language）。

Extensible 中文也有翻譯成「可擴展」、「延伸式」、「延展式」，都是表示 XML 可延伸擴充的特性，而 markup 則有翻譯為標示或標記，因國內 Markup

Language 多翻譯爲標示語言，且依據國家標準（Chinese National Standards，CNS）採用「可延伸標示語言」一詞，作爲本書使用的中文名稱。

## 2. XML 能做什麼？

XML 並不是一個程式語言，就像 HTML 一樣，XML 本身並不能獨立做任何事情，XML 只是提供了描述、記錄、處理和發行資訊的標準方法，簡單講就是用來裝載「資料」的文件規範。它有許多強大的應用，例如達成（超越）像 HTML 在網頁呈現的效果、資料管理與交換的功能、遠端程式呼叫的封裝技術等等，都必須搭配其他相關的延伸技術或是軟體工具。

實際上，XML 搭配了相關的技術能做到什麼？這就很難說了，舉個例子，企業整合早期各種不同的資訊系統（legacy system）達成企業資訊整合（Enterprise Application Integration，EAI）核心方法就是利用 XML 作爲訊息交換；異質系統間的遠端程序呼叫（Remote Procedure Call，RPC）在開發上一直都很複雜，無論是 DCOM 或 CORBA 元件技術，都有很高的技術門檻或跨平臺問題。但是透過 XML 封裝訊息的技術，也就是 Web Services 的「簡易物件存取協定」（Simple Object Access Protocol，SOAP）即可簡化許多開發複雜度，還可使用以 XML 描述之通用描述、搜尋及整合（Universal Description, Discovery, and Integration，UDDI）的註冊機制，讓系統自動發現全球各地提供服務的來源；許多的文書處理軟體（包括微軟的 Word）核心都已經使用 XML 來處理資料；新版本的 XHTML 也是 XML，甚至前幾年手機上熱門的 WAP 也是使用 XML 所制定的 WML 實現跨電信系統達成簡訊內容傳遞與解碼的交換需求；當然還有用來發布和聚集網頁內容的 Really Simple Syndication（RSS）、政府公開資訊…等，也都是使用 XML 而實現的應用。

### 3. XML 是否很複雜？

完全不會。不過前面提到 XML 必須搭配一些延伸的技術才能發揮它的效果，所以要學的不只 XML 本身，您還需要依據個人所需面對的應用層面，學習搭配這些技術。

### 4. 什麼是標示語言？

標示（Markup）是在資料或文件上加上的記號，以區隔各種不同資訊的意義。除了文書處理器必須標示文章中文字的段落、字型、大小、縮排等註記的方式；早期在電腦中處理中文字碼的方式，無論是採用 Leading byte 或 Shift-in/shift-out 模式，都必須在字碼前加上一控制碼告訴電腦這是中文還是非中文。這些以「特定符號」來提供電腦辨識如何處理資料的方式，就稱爲「標示」；而這些「特定符號」在標示語言裡，就稱爲「標籤」（Tag）。

### 5. 所以 XML 只是另一個標示語言？

如果將 XML 只視爲另一個標示語言是非常嚴重的誤解。大部分的標示語言，包括 HTML 都是「固定式」的標示語言。也就是說，這些標示語言的標籤是固定的，您只能使用規範所定義的標籤。而 XML 則沒有定義任何的標籤，它只提供了一個架構的標準，讓使用的人自行或是使用別人定義的標籤，因此彈性、延伸性都比其他「固定式」的標示語言更強大與方便。

### 6. XML 稱為延伸式（Extensible）就只因為可自定標籤？

正確。就如前面所提，XML 提供了一個彈性的標準架構，讓使用的人可以自訂所需的標籤來標示資料。不過並不是每個要使用 XML 都必須自行定義所需的標籤，許多產業界會依據自己產業的特性定義所需的標籤，並作爲資料處理上的協定，例如醫療界的 HL7、電腦多媒體推播頻道的 CDF、財金資訊交換標準 OFX、化學界的 CML、高科產業供應鏈的 RosettaNet、當然也包括手機上傳輸 WAP 協定的 WML，都是依據 XML 所定義出來的延伸語言（這些定義，有個專有名詞：metadata）。不過 XML 並不是因爲能延伸出這些語言才稱之爲「延伸式」，而是因爲 XML 是屬於 Meta-language，是一種用來描述其他語言的語言。透過 XML 自訂標籤的特性，使用者可以自行定義所需的標籤，而這些自訂的標籤配合規範的語意、結構，若成爲個別應用領域或產業界之內，彼此間資料處理標準或協定，這就等於是一個新的文件處理規範或新的標示語言，而這一個新的文件處理規範／標示語言即是由 XML 所延伸而來，所以說 XML 是描述此一新的文件處理規範／標示語言的上一層語言，也就是爲什麼稱 XML 是一個 Meta-language 的原因。

【補充】

| XML 不是唯一的 Meta-language。XML 與 HTML 都是由 SGML 延伸而來，所以 SGML 是 XML 與 HTML 的 Meta-language。而 HL7、CML、OFX、WML 等都是由 XML 延伸的標示語言，所以 XML 是它們的 Meta-language。不過 HTML 因爲無法自訂標籤，不具延伸特性，所以無法產生新的標示語言，因此不是一個 Meta-language。 |
|---|

## 7. 能以圖解說明這些語言之間的關係嗎？

如圖 1-1 所示，橢圓表示該標示語言是一個 Meta-language，方形表示延伸的標示語言。XML 實際是 SGML 的子集，許多早先開發的應用程式是使用 SGML 作爲資料處理的標示語言，而 SGML 延伸出 TEI、DocBook、Edgar、HTML 和

XML…等，而 XML 不僅是現今許多文書處理、資料交換的標準，也延伸出許多標示語言。

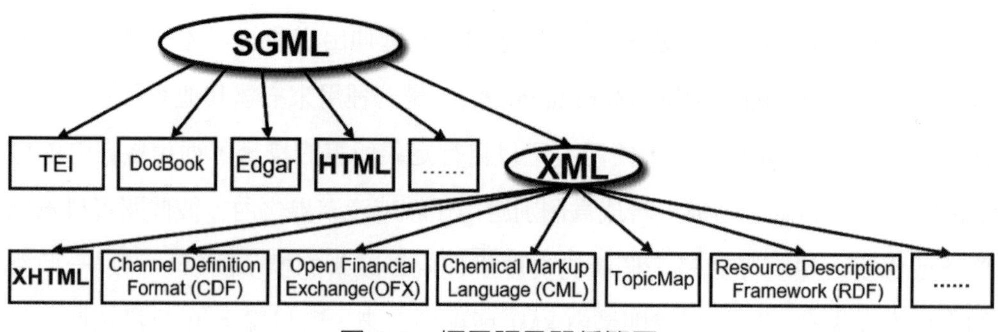


圖 1-1　標示語言關係簡圖

## 8. XML 除了自訂標籤，有沒有需要遵循的語法？

有的。XML 文件必須合乎文法（Well-formed），也就是 XML 文件內容的標示使用方式，必須符合 XML 的「文法規則」。這些規則包括：

(1) XML 文件必須包含一個以上的元素（element）。

(2) 每一個 XML 文件恰有一個根元素（root element），而其他的元素必須在此根元素內。

(3) 每個元素必須有起始標籤（start-tag）與結尾標籤（end-tag）。

(4) 所有的標籤必須呈現適當的巢狀（nest）結構。例如：

```
<B><I>bold and italic</B>italic</I> 是不允許的
```

(5) 空標籤（empty tag）必須遵守特殊的 XML 語法，結束符號必須標明在標籤宣告內的後方。例如：

```
<font size="10" color="red"/>
```

(6) 所有的屬性值前後必須有單引號或雙引號。

(7) 所有的實體（entity）都必須宣告。

## 9. 能夠依據什麼來檢驗 XML 文件的結構？

XML 包括兩個定義規則的機制來控制文件如何被結構化，也就是說，決定文件結構的規範包括兩個：文件型別定義（Document Type Definition，DTD）與 XML Schema。透過文件結構的規範，例如，欄位能否重複、欄位出現的次序、內容格式、資料型態…等，使得 XML 文件能夠自動地被應用程式檢查是否符合這些規範。通常負責檢查的程式稱為 XML 剖析器（Parser），檢查的過程稱為剖析（Parsing）。

【說明】

XML 剖析器不是特定程式的名稱，只要能用來檢驗 XML 的程式就可以稱為 XML 剖析器。通常 XML 剖析器可執行兩種工作：

1. Well-formed：檢驗 XML 文件是否符合 XML 的文法；
2. Valid：檢驗 XML 文件是否符合 DTD/XML Schema 所宣告的結構。

## 10. 如果文件沒有被檢查會如何？

基本上，如果文件沒有依據 DTD/XML Schema 檢查其結構並不會有使用上的問題。但是，如果 XML 文件必須符合某個規範，例如前面提到的 CDF、OFX、CML 等，欄位的名稱、欄位的出現頻率（必備與重複性）、巢狀結構（欄位與子欄位關係）都必須被檢驗是否符合規範，否則資料便無法交換使用，甚至無法被其他應用程式處理。

## 11. 如何在瀏覽器（Browser）上顯示 XML 文件？

瀏覽器本身即是一個 XML 剖析器，因此 XML 只要合乎文法即可在瀏覽器上正確的顯示。但是 XML 呈現（presentation）與資料內容（content）是保持分開的，因此，若文件要能呈現得像 HTML 的視覺效果，必須要搭配 XML 的相關技術——樣式語言：Cascading Style-sheet Language（簡稱 CSS）或 XML Stylesheet Language（簡稱 XSL）。其中 CSS 是屬於 HTML 的樣式語言；如圖 1-2 所示，XSL 則是精簡於 DSSSL（早先使用於 SGML 的樣式語言），並爲 XML 量身訂做的樣式語言。

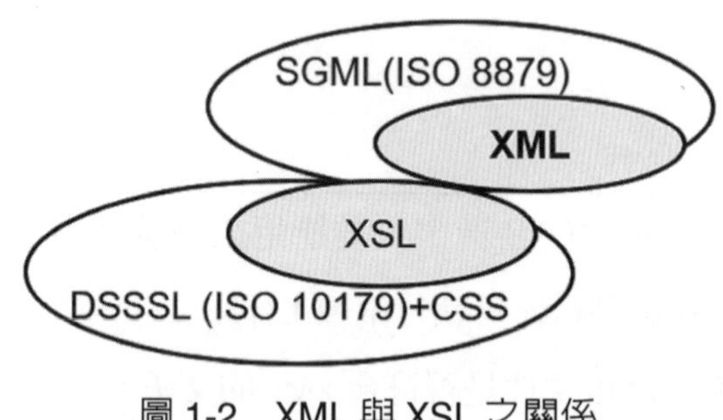


圖 1-2　XML 與 XSL 之關係

【說明】

| CSS 是可用於 HTML 或 XML 顯示的樣式語言；XSL 是專屬於 XML 的樣式語言。 |
|---|

## 12. XML 是用來取代 HTML?

XML 不是用來取代 HTML 的。HTML 有其簡單、易學的特性，而 XML 雖然能夠涵蓋 HTML 的所有功能，但必須搭配 CSS/XSL 制定相關的定義，才能顯示出如 HTML 呈現在網頁的效果；也必須搭配 XPoint/XLink 等 XLL，才能達到如同 HTML

超連結的功能。所以，縱使 XML 能夠提供網頁內容自動化分析處理的能力，但卻也相對地複雜。所以簡易的網站架設還是使用 HTML 比較方便，XML 則是比較適合商業應用的資訊處理或資料設計的應用。如圖 1-3 所示，XML 與 HTML 最大的差別即在於 XML 能表達文件的「結構」，而 HTML 則不能。

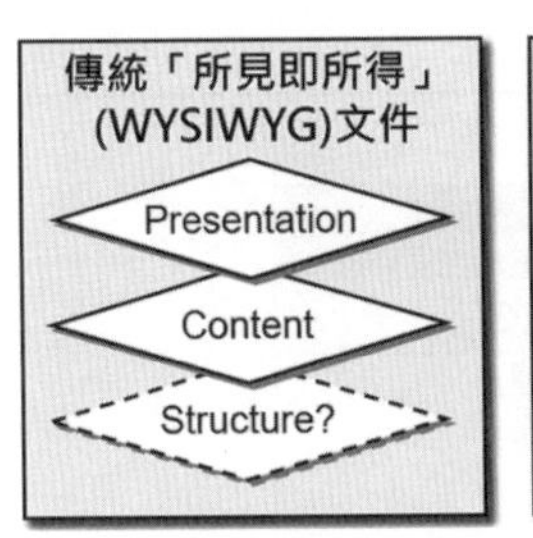


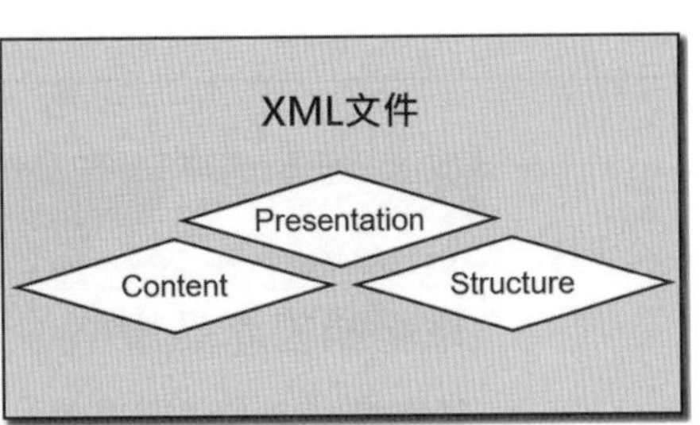


圖 1-3　XML 與傳統文件比較

例如，某家公司的電腦產品規格：

| 製造商（Maker） | Acer | |
|---|---|---|
| 型號（Model） | NP515-51-80X1 | |
| 儲存體（Storage） | RAM | 16GB DDR4 |
| | 硬碟（HD） | 512GB SSD |

如果以 HTML 表示，其文件內容如下，呈現於瀏覽器的結果如圖 1-4 所示：

```
<!—HTML 片斷 -->
<h1> 電腦銷售產品規格 </h1>
<h2> 製造商：Acer</h2>
<h3> 型號：NP515-51-80X1</h3>
<table border=1>
  <tr>
    <td> 儲存體：</td>
```

```
    </tr>
    <tr>
      <td>RAM</td><td>16G</td><td>DDR4</td>
    </tr>
    <tr>
      <td>HD</td><td>512G</td><td>SSD</td>
    </tr>
</table>
```

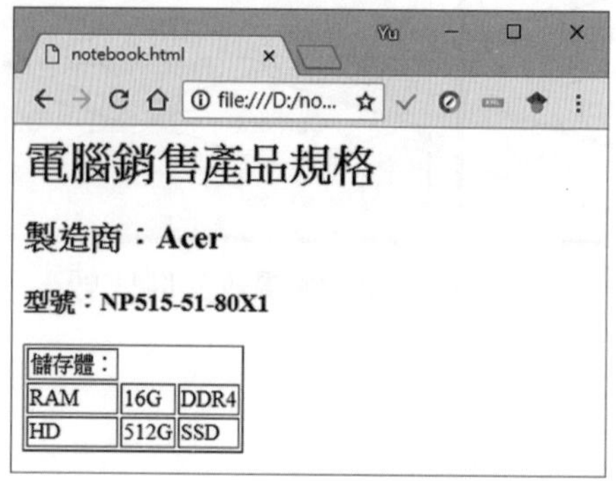


圖 1-4　HTML 內容呈現範例

若以電腦自動化系統處理的角度來看，圖 1-4 所呈現的內容標示分別爲：<h1>、<h2>、<h3>、<table> 與 <table> 內的 <tr> 與 <td>，如圖 1-5 所表達的情況，自動化系統並無法分析各資料屬於何種欄位性質，若依內容「製造商：」、「型號：」等名稱來判斷，當遇到不同欄位名稱時，系統又無法正確判斷。

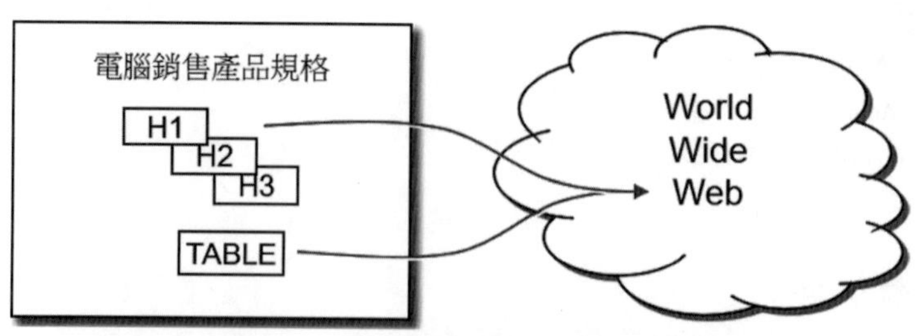


圖 1-5　HTML 文件對網際網路所呈現的資訊內涵

如果改用 XML 來表達，其文件內容可以如下：

```
<!--XML 片段 -->
<NBforSale>
    <Maker>Acer</Maker>
    <Model> NP515-51-80X1</Model>
    <Storage>
     <Ram Capacity="GB" Type="DDR4">16</Ram>
     <HardDisk Capacity="GB" Type="SSD">512</HardDisk>
    </Storage>
</NBforSale>
```

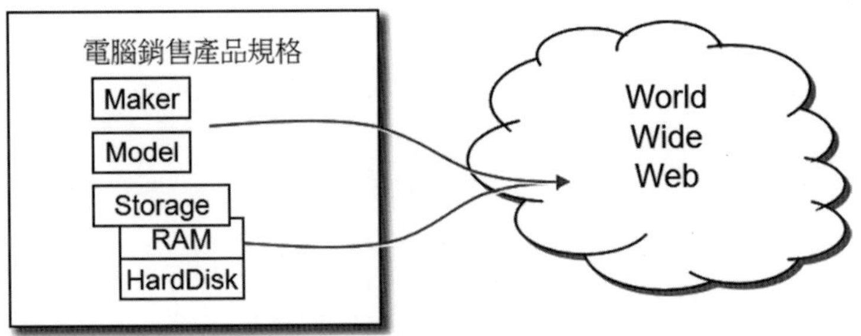


圖 1-6　XML 文件對網際網路所呈現的資訊內涵

如圖 1-6 所示，若以電腦自動化系統處理的角度來看，XML 文件內容標示能夠明確地讓自動化系統分析製造商（Maker）、型號（Model）等各種欄位內容的資訊。因此，使用 XML 最大的好處是能夠提供系統自動化處理，對於資料後續的加值、重組、分析都有很大的幫助，而不僅是取代 HTML 呈現網頁的功能。

# 第二章　標示語言

和 HTML 不同，可延伸標示語言（Extensible Markup Language，XML）的重點不在於如何顯示資料，XML 主要的應用目的是在於如何包裝資料，並以更簡化的方式組織與傳送這些資料。XML 主要處理的都是文字模式（包括日期、數字、字串）的資料，如此能夠讓 XML 資料可以利用既存的網路環境來傳送資料，並且能夠在不同資訊系統之間透通地（Transparently）移轉與轉換。無論是網路資源、數位典藏，以及包括電子資料交換協定、作業規範…等，都使用 XML 作爲資訊處理的標示依據。

本書的重點是介紹 XML 的特性、格式、語法，和延伸技術，不過標示語言並非只是 XML，在學習 XML 之前，建議先透過本章節了解關於標示語言的一些特徵與發展歷史，方便掌握整個標式語言發展的脈絡。

## 第一節　標示的意義與發展

標示（markup）一詞可以視爲一個識別符號（code）或標誌（token），用來在文件中指示如何詮釋資料的性質，例如是什麼欄位、資料型態、顯示格式等。另一方面，標示也可以是用來描述文件中的資料應如何被詮釋。

用來建立網頁的超文件標示語言（HyperText Markup Language，HTML）可以說是現今最普遍的標示語言，如圖 2-1 所示的一個 HTML 的範例。右方文件中的標示告訴瀏覽器（Browser）如何詮釋文件中的資料，哪些資料需顯示在標題、哪些資料是網頁的主要內容，這些 HTML 的標示是使用如 <head>、<body> 等標籤（tag）標示，瀏覽器便是依據這些標籤來辨識如何詮釋標籤範圍內的資料，而顯示出圖中左方的結果。

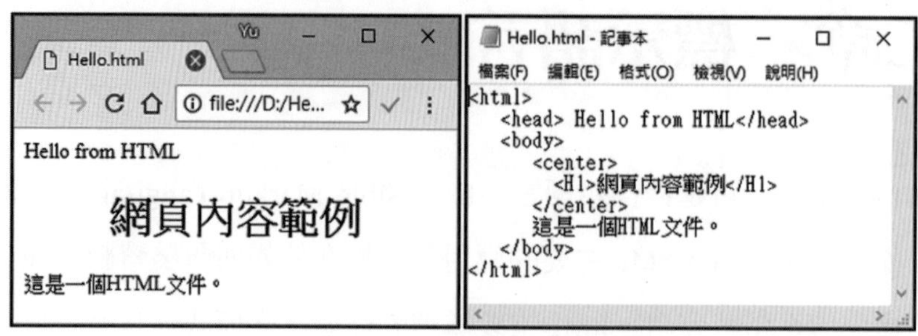


圖 2-1　HTML 網頁內容範例

除了 HTML 之外，還有很多種特定的標示語言，只要透過「控制符號」指示特定的文字片段在文件中所扮演的角色。這些控制符號在標示語言中稱爲「標籤」（tag），每一個標籤都有特定的意義及標準的使用規則，而這些標籤與規範所組成的標準便稱爲標示語言。例如電子資料交換的 EDIFACT（Electronic Data Interchange For Administration Commerce And Transport）標準、文書處理的 RTF（Rich Text Format），及常用於資料交換的 JSON（JavaScript Object Notation）都是標示語言。

依照標示的方式，大致可以分爲標點式（Punctuation）、劃線式（Scribe）、程序式（Procedure）、描述式（Description）、呈現式（Presentation）、指示式（Referent）、詮釋標示（Meta-markup）等各種不同的標示方式[1]。而依據標示的目的，則主要分爲程序式與描述式兩類：

### 1. 程序式標示

用來指示資料部分內容的指令、程序或是行爲的標記方法，稱爲描述式標

1 Coombs, J. H., Renear, A. H., & DeRose, S. J. (1987). Markup systems and the future of scholarly text processing. Communications of the ACM, 30(11), 933-947.

示。這一類標示的方式，主要是著重於如何呈現（present）資料，且無法直接透過呈現的結果推導出內容所代表的意義，因爲標示的處理都可能是呈現的一部分。如圖2-2所示，HTML與多數文書編輯軟體使用的格式都是屬於這一類的標示。

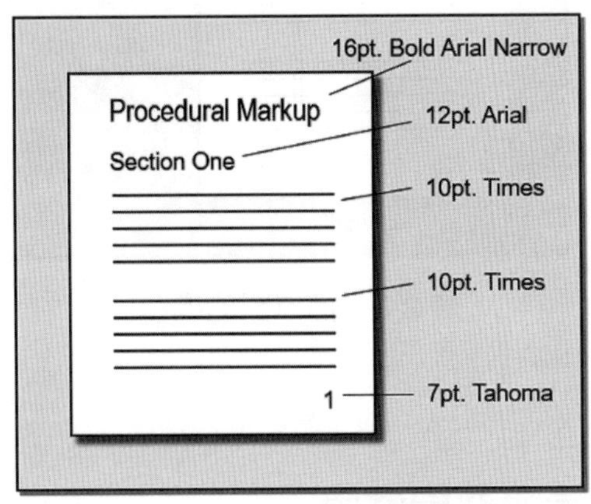


圖 2-2　程序式的標示

程序式標示的目的是爲了資料呈現的效果，因此顯示的結果包含了標示本身（例如圖中的字型、大小），軟體無法透過標示自動辨識出哪一段是標題？哪一段是章節標題？哪裡是段落內容？哪裡是頁次編號？也就是說，程序式標示無法透過呈現的內容分析出資料本身的資訊與結構。

### 2. 描述式標示

用來標明文件的內容或特徵的標示稱爲描述式標示，透過標示能夠劃分個別資料的部分，使能夠區別出個別項目的資料。如圖 2-3 所示，描述式標示強調的是標記資料的特徵，而非呈現的方式，所以能夠明確地表達資料的意義與結構關係。因此，描述式標示能夠將文件內容與呈現格式區分開來，並針對文件的語意結構進行標示。

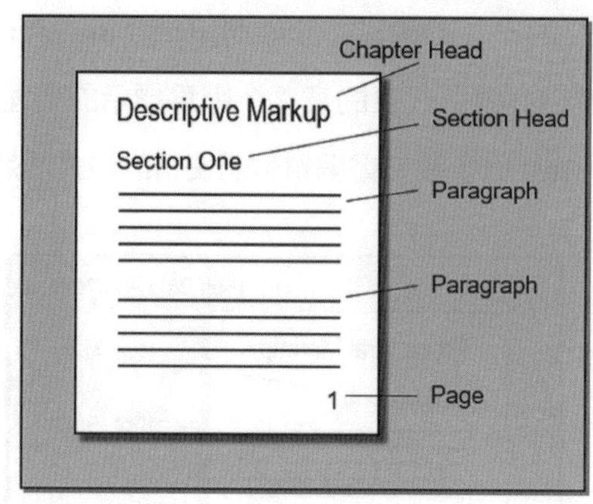


圖 2-3　描述式的標示

## 第二節　標示語言的發展歷史

### 1. SGML 歷史

標準通用標示語言（Standard Generalized Markup Language，SGML）屬於描述性的標示語言，也是能夠用來設計其他標示語言的後設語言（Meta-language）標準。1969 年 IBM 公司開發了通用標示語言（Generalized Markup Language，GML），在文件內加上輔助的標籤，使得可以識別文件中的每種元素，目的在將資料內容從格式中抽離出來，達到文件能夠在不同系統都能以相同的方式被解讀，也就是資訊的通用性。GML 透過文件型別定義（Document Type Definition，DTD）來定義標籤及規範文件結構，並依據其所定義的標籤來標示文件的內容，並使用有效性（Validation）檢查的方法驗證文件是否符合 DTD 所定義的結構。1978 年，美國國家標準局（ANSI）將 GML 規範成國家標準。1986 年 GML 被 ISO 採納成爲國際標準－ISO8879:1986，並更名爲 SGML。不過由於 SGML 過於龐大複雜、不易學習、需要許多軟體配合運行…等因素，因此在當時並未獲得各行各業廣泛的採用。

## 2. HTML 歷史

早在 HTML 問世之前，超文（hypertext）的觀念就已經存在了近 50 年，早在 1933 年美國的一位工程師 Vannevar Bush 在一篇名爲「As We May Think」的文章[2]，描寫了一套 Memex（Memory Extender 的縮寫）系統。當時電腦才剛剛被發明出來，Bush 便在文章中提到電腦應有能力創造出資訊的足跡（trails），將相關的文件串連起來，而且這些資訊足跡可以儲存起來，作爲未來參考之用。不過 Bush 並沒有實際發展出一個系統，卻啓發了 Ted Nelson 等人。

Ted Nelson 繼承了 Bush 的概念，希望能創造一個「非連續性寫作系統」（non-sequential writing system），並於 1965 年發表了一篇文章，正式將此一觀念稱爲 hypertext。後來，Nelson 嘗試將此一概念建立成爲一個稱爲 Xanadu 的系統[3]，不過 Nelson 最後也和 Bush 一樣，並沒有成功開發出實際的應用系統，但是他所創造的 hypertext 一詞，卻是 HTML 命名的由來。

1989 年，在歐洲粒子物理研究中心（European Particle Physics Laboratory，法文縮寫 CERN）服務的英國物理學家 Tim Berners-Lee，提出了一個命名爲全球資訊網（World Wide Web）的超文系統，並於 1990 年 12 月將此一軟體開放給 CERN 的科學家使用。爲了創造全球通用的超文資訊，Berners-Lee 在 World Wide Web 完成了三項發明：第一是界定了超文傳輸協定（Hypertext Transfer Protocol，HTTP），提供不同電腦系統與網路間傳送文件；二是定義了統一資源

---

2 Bush, V. (1967). Memex revisited.In Science is Not Enough. (pp.31-49). New York: William Morrow.

3 Erasmus, D. (1999), A New Open Understanding. Retrieved from http://www.dtn.net/content/yesterday/38open.html

標識符（Uniform Resource Identifier，URI），爲文件設定位址，用於找尋與定位文件所在的標準格式；三是設計了超文標示語言（Hypertext Markup Language，HTML），用來爲文件訂定處理的格式。

【說明】

Tim Berners-Lee 針對資源標識所設計的 URI 格式，之後通過 W3C 成爲網際網路的 RFC 3960 標準。URI 是網際網路（internet）上指定某一資源位址的方法，而資源可以是任何實體，包括文字、圖片、影像、聲音等各種類型的檔案，每個實體在網際網路上藉由 URI 指定的方式，達到識別該實體的唯一性。URI 可以再細分成 URL 與 URN：

1. 統一資源定位符（Uniform Resource Locator，URL）

   URL 表達一個 URI 使用 Web 資源的指示命令，例如透過瀏覽器輸入一個 URL，表示送出一個包含要求伺服器執行服務的種類，以及要求提供檔的位置、檔案名稱等命令。

2. 統一資源名稱（Uniform Resource Name，URN）

   URN 並非如 URL 用於指示資源的位址，而是用來鑑別實體的唯一性，就是以名稱當作識別的依據。因此在網路環境中所使用的名稱空間（Namespace）可以視爲一個 URN，所以名稱空間可以達到識別標籤的效果，因爲名稱空間的設定值具有唯一識別的特性。

### 3. XML 歷史

Tim Berners-Lee 在 CERN、美國麻省理工大學計算機實驗室（MIT/ LCS）、美國國防部先進研究計畫管理局（DARPA）和歐盟的支持下，於 1994 年 10 月創立了全球資訊網聯盟（World Wide Web Consortium，W3C）。W3C 成員涵蓋世界各國，藉由會員的努力，W3C 擬定了許多全球資訊網的共通標準。不過由於網景（Netscape）與微軟（Microsoft）在 1998 年前後，爲了爭奪市場的而引發的瀏覽器大戰，各家瀏覽器競相加入各自的 HTML 功能，造成許多特殊、專屬的規格，而偏離了 W3C 對 HTML 版本的管控。

另一方面，SGML 具有很大的彈性，可以透過它解決 HTML 所有的問題，但就是因其太過龐大與複雜，以致於雖然它在 1986 年就成爲國際標準，卻還是很難在網路的世界被廣泛應用。基於 HTML 本質上無法呈現文件內容的結構，加上瀏覽器大戰所造成的失控，因此 W3C 在 1996 年底提出了 SGML 簡化版的 XML 草案，並由原先的「SGML 編輯審查委員會」所改組的「XML 工作組」與「XML Special Interest Group」共同負責規劃，希望能提出如圖 2-4 具備完整文件內涵的標示語言。XML 將 SGML 中許多不常用的特性刪除，大幅簡化了相關電腦應用程式在處理及設計上的複雜度，並於 1998 年 2 月 10 日公布 XML 1.0 規格建議書。

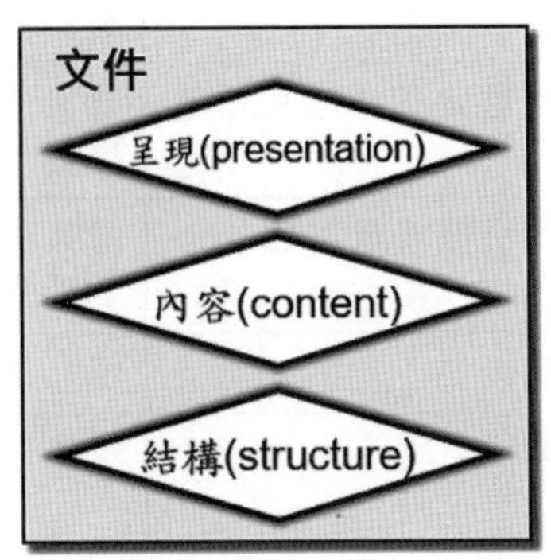


圖 2-4　文件應具備的三個層次：呈現、內容與結構

XML 和 HTML 可以說是現今應用最爲廣泛的標示語言，兩者都是源自於 SGML，所以擁有大致相同的結構。雖然 XML 搭配 CSS 或 XSL 等技術，能夠完全達到 HTML 呈現資訊的結果，不過 XML 並不是 HTML 的替代品，也不是要取代 HTML。兩者設計的目標並不相同，HTML 使用的目的是用來呈現（present）資

訊；而使用 XML 的文件則是用來描述資訊、存放資訊，不僅提供資料能在異質系統之間流通與解讀，且能作爲長期保存資訊的載體。兩者的差異，可以簡單歸納以下四點：

1. XML 是 SGML 的精簡版，不是 HTML 的加強版。
2. XML 目的在於描述資訊，標示重點則在於資訊內容的意涵；HTML 目的在於顯示資訊，標示重點在於資訊呈現的外觀。
3. XML 標籤自訂；HTML 則是標籤固定。
4. XML 語法非常嚴格；HTML 對語法相對寬鬆，就算錯誤也能正常使用。

在語法的使用，HTML 與 XML 的差異如表 2-1 所示：

表 2-1　HTML 與 XML 語法的差異

| 標示語言 | HTML | XML |
| --- | --- | --- |
| 標籤 | 不區分大小寫 | 嚴格區分大小寫 |
| | 能區分段落時通常省略結束標籤 | 有嚴格樹狀結構，不能省略結束標籤 |
| 屬性值 | 前後可省略單引號或雙引號 | 必須使用單引號或雙引號標示，不可省略 |
| | 允許無值的屬性 | 所有屬性必須擁有值 |
| 資料的空格 | 多餘的空格會被忽略 | 視為資料的一部分 |

## 第三節　XML 特點

### 1. 特色

除了具備 SGML 的優點，並簡化 SGML 複雜的缺點，XML 主要的特色包含下列繼承於 SGML 的優點：

### (1) XML 是純文字文件

XML 的文件僅是單純的純文字文件，也就是沒有任何粗體、底線、斜體、圖形、符號或控制字元及特殊列印格式的文字資料。

XML 並不會做任何事，也就是說，單獨一個 XML 文件並沒作用，XML 需要搭配相關技術，達成結構化（嚴格的講，應該是半結構化）、儲存、傳輸、呈現、轉換或是連結資料。

### (2) 可讀性高（Readability）

透過標籤的定義，或是使用單位經由名稱字典（reference dictionary）都可以很容易地了解自己或其他單位資料的欄位含意，不論是機讀或人工處理，都能夠提供比現今其他資料處理標準更容易的可讀性。

### (3) 可擴展性（Extensibility）

XML 讓使用者根據需要，自行定義標籤。也因此使 XML 可視爲一個 Meta-language，能夠依據各產業或應用所需，延伸定義出各種標示語言。

### (4) 結構性（Structure）

XML 能描述各種複雜的文件結構。因爲所有表單形式的文件結構都是欄位與子欄位的關係，也就是樹狀結構。而 XML 元素的層級即屬於樹狀結構，因此完全能處理所有表單形式的文件結構。

### (5) 嚴格的語法規範（Well-form）

如：標籤大小寫、起始的標籤必須有對應的結束標籤、屬性前後一定要有引號……等規範。而資訊管理系統亦需要嚴謹的格式約束與規範，除了確保系統內部資料儲存與處理的一致性，還能夠符合資料移轉（migration）、交換

（exchange）、轉換（transformation）的需求。

#### (6) 可確認性（Validation）

XML 可根據 DTD 或 XML Schema 對文件進行結構確認。其中 DTD 沿用 SGML 的型別定義，但 DTD 與 XML（或 SGML）的宣告方式完全不一樣，因此原本可以算是 XML 的一項缺點。但 W3C 於 2001 年 5 月 2 日正式公布 XML Schema，使用同樣是 XML 語法的 XML Schema 來定義 XML 的結構。因爲 XML Schema 描述與定義的語法和 XML 相同，改善了使用 DTD 定義的缺點，簡化了系統開發的複雜度。

#### (7) 結構與資料分開

XML 從（應用程式所處理的）格式化分開出（剖析器所處理的）資料內容，對 XML 而言有相當大的彈性，當然在結構的標示也就有更嚴格的限制。而彈性可以使系統有更廣大的應用空間；嚴格的限制則可以使資料更能確保其格式的正確。當然嚴格的格式限制，必須依賴系統的輔助，以便減少資料輸入人員的負荷。

### 2. 優勢

XML 的使用環境、相關技術與支援的工具，越來越成熟，使得 XML 的使用與儲存、應用系統的開發也越來越便利，因此 XML 具備下列的優勢：

#### (1) 可讀性

XML 文件是純文字檔案，透過自訂標籤的方式，使得標籤能夠代表資料的語意，方便提供人類解讀或自動化的方式批次處理。

#### (2) 擴充性

涵蓋結構規範、超連結、樣式、轉換、多媒體、資料導航與存取…等相關技術，且允許個人或團體建立適合所需的元素集，稱之爲後設資料（metadata，亦有翻譯爲詮釋資料、元資料、超資料…等）。例如圖書館界的 MARC21、美國聯邦地理資料委員會 FGDC（The Federal Geographic Data Committee）制定用來描述地理空間的 CSDGM、檔案管理使用的 EAD、電子商務使用的 RosettaNet、旅遊觀光業使用的 OTA、醫療界用於資訊交換的 HL7…等等，這些特定團體使用的元素集可以在相關領域的團體內透通地（transparently）使用，且可以迅速的在網際網路傳播與應用。

#### (3) 資料與格式分開

XML 文件只是單純用來承載資訊，透過標籤標示資訊的意義。文件資訊內涵的層次，也就是所謂的文件結構，是透過另外宣告的文件（XML Schema 或 DTD）來規範，而顯示的方式則是透過另外定義的樣式（CSS 或 XSL）來呈現。如果要改變結構、或資料呈現的形式，可以不需要更改資料本身，而是變更控制的結構或呈現的樣式。

#### (4) 跨平臺

XML 文件是純文字格式，任何純文字編輯器即可直接開啓，且文件具備使用字碼的標示，方便在不同設備、作業系統平臺、工具軟體之間，能夠依據正確判斷字碼，執行資訊交換與應用處理。

#### (5) 長期保存

數位資料的保存，除了要防止因爲儲存媒體的載體損壞、硬體設備的快速更替，而無法使用儲存的資訊之外，應用軟體是否能夠順利的開啓多年前保存的文件，經常是長期保存的一大困難。因爲應用軟體的版本不斷更新，不保證能夠處理老舊的檔案格式，縱使能夠回溯處理老舊的格式，也經常因爲無法認定舊有格式的版本，而無法順利處理。XML 文件是純文字格式，不會有軟體開啓的問題，也可以很方便地轉換成其他文件的格式。更重要的是，XML 標示有文件的版本與字碼，提供未來處裡的軟體能夠依據對應的版本來解讀現今 XML 文件的內容。

### 3. 工具軟體

XML 屬於純文字格式的標示方式，如果只是要瀏覽，現有瀏覽器都有支援 XML 的瀏覽與文法驗證。如果是要編輯，可以使用如微軟（Microsoft）Windows 作業系統的「記事本」直接編寫 XML 文件。但是就像撰寫程式、設計網頁一般，良好的開發工具更能提升文件編寫的品質與效率。市場上已有許多成熟的軟體可用來幫助編寫、管理 XML 文件，包括如圖 2-5 所示微軟的 XML Notepad（下載網址：https://www.microsoft.com/en-us/download/details.aspx?id=7973）、Vervet Logic 的 XML Pro（下載網址：http://vervet.com/ordering/）

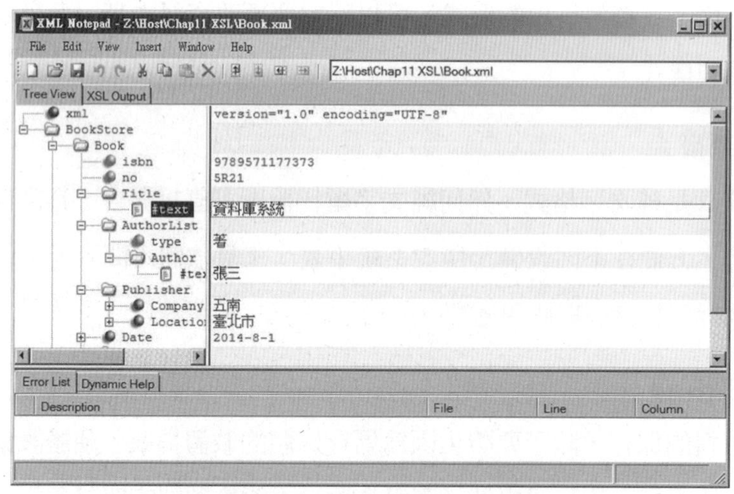


圖 2-5　XML Notepade 編輯器

不過這些軟體的主要應用的目標不一定相同，且多是傾向於非常簡單的功能，大部分以樹狀爲主的編輯軟體僅是提供 XML 文件的驗證服務。

除了一些簡易的 XML 文件編輯軟體之外，也有許多功能強大的 XML 編輯器，能夠處理各種 XML 延伸技術，甚至支援包括資料庫與程式的開發：

**(1) XML Spy**

XMLSpy 是 Altova 公司所發行（公司網址：https://www.altova.com/），執行在 Windows 作業系統之下的 XML 編輯與整合開發工具。XMLSpy 支援 XML 各類的相關技術，功能相當完整且豐富。許多功能還具備圖形的編輯操作方式，提供直覺與便利的所見及所得（What You See Is What You Get，WYSIWYG）介面，不僅方便學習，也能很便捷地產生許多形式的文件。基於 XMLSpy 圖形操作的便利性，以及提供編輯、檢測、相關格式的建立、轉換與技術文件、圖表自動產生的功能，本書在第六章會有操作的專門介紹，許多範例的說明亦會採用此一軟體作爲操作與檢測的運作環境。

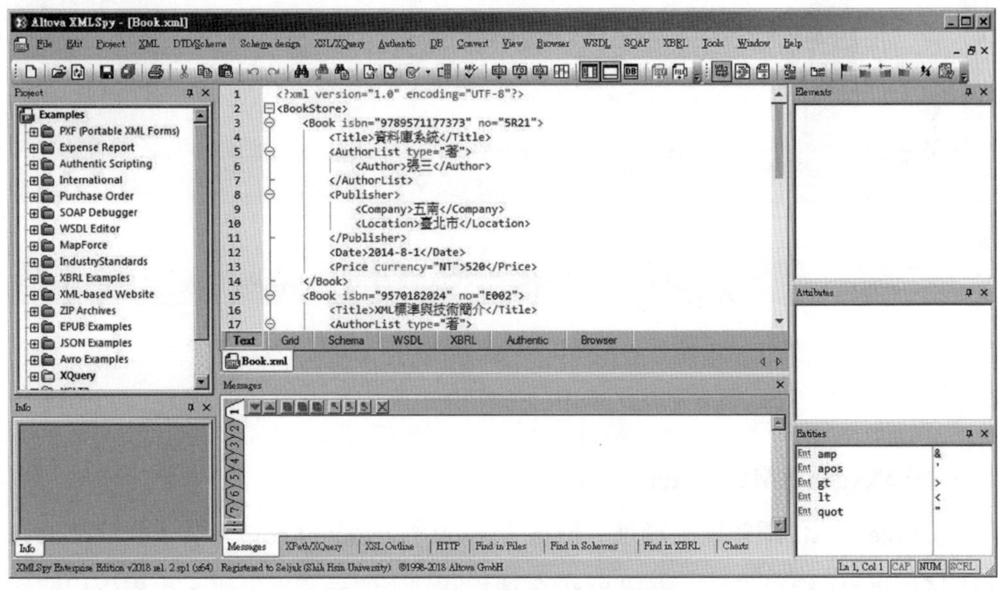


圖 2-6　XMLSpy 軟體執行畫面

### (2) XMLwriter

XMLwriter 是一家位於澳洲的 Wattle 軟體公司所推出的付費軟體（公司網址：https://xmlwriter.net/）。推出已有相當久的時間，可以在 Windows 作業系統之下處理 HTML、XML，純文字格式的文件，也支援 XML 各種相關技術，如 DTD、XSD、XSL、CSS…等文件的檢測與編輯。使用介面簡潔，操作簡單，不過字碼並不支援 Unicode，較適合初學者練習使用。

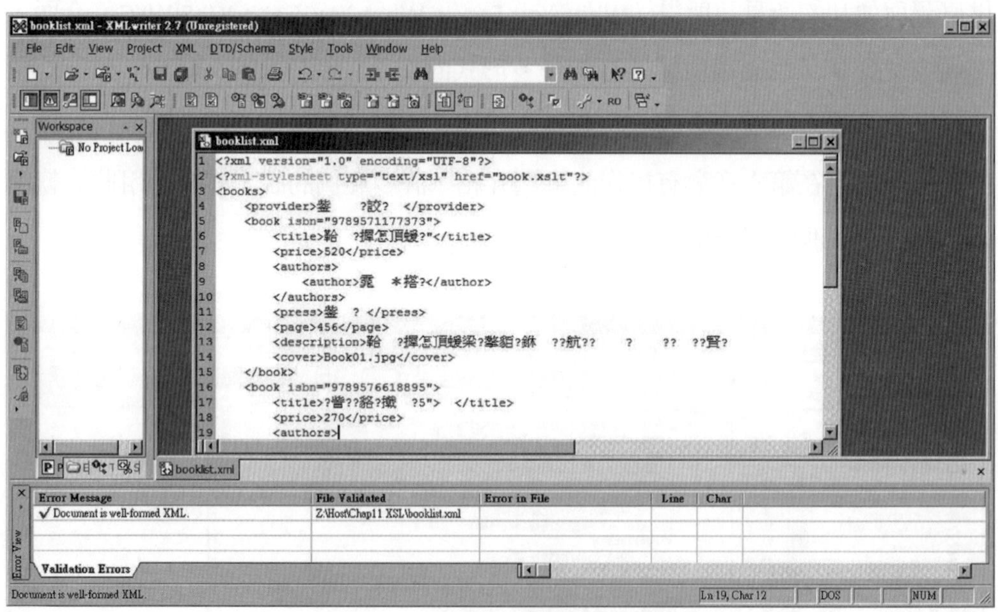


圖 2-7　XMLwriter 軟體執行畫面

### (3) oXygen XML Editor

oXygen XML 編輯器（網址：http://www.oxygenxml.com）是一款基於 Java 所開發的 XML 編輯工具，支援 XML 各種相關技術的檢測與編輯，也提供相關格式的建立、轉換與圖表的功能。oXygen XML 編輯器可執行在 Windows、MAC 與

Linux/Unix 多種作業系統的平臺，也具備 Eclipse 的插件（plugin），能夠運行在 Eclipse 開發工具內，強化系統開發的整合能力。

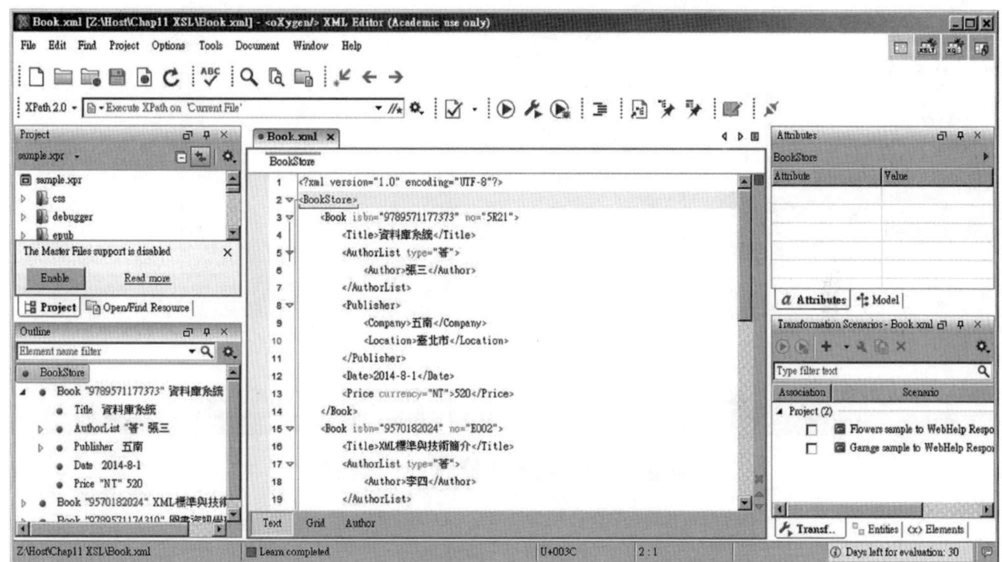

圖 2-8 oXygen XML 編輯器執行畫面

#### (4) XMLPad

XMLPad（下載網址：https://download.cnet.com/XmlPad/3000-7241_4-10252051.html）是一款執行在 Windows 作業系統之下的免費 XML 編輯與整合開發工具。XMLPad 具備了 XML 文件許多相關技術的編輯與檢測功能，部分功能也提供文字和視圖的瀏覽模式，可以隨時切換顯示，方便檢視與更改文件的內容。

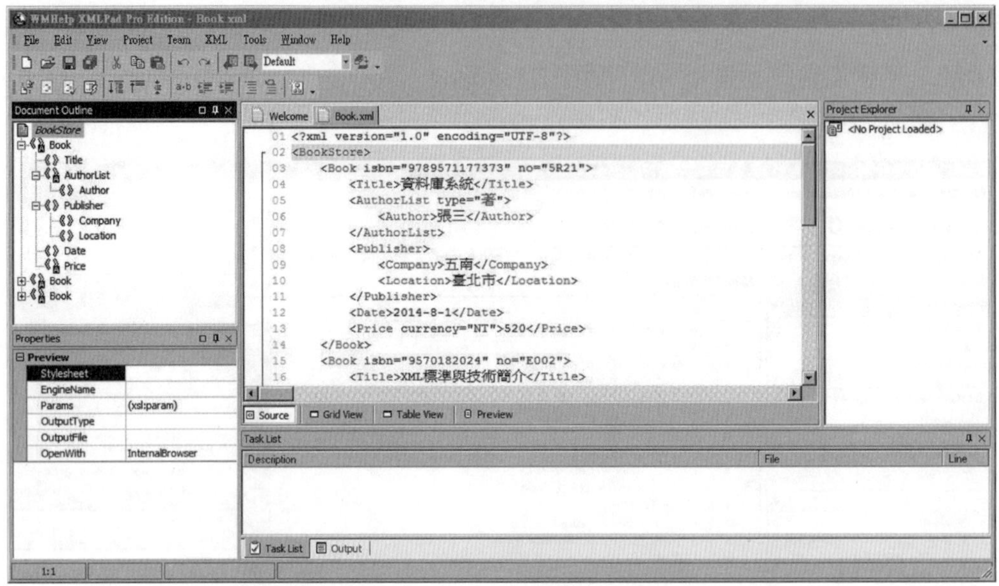


圖 2-9　XMLPad 軟體執行畫面

# 第三章　XML 文件

XML 文件本身主要是藉由「標示」（markup）表達資料的性質，而標示則是透過由「標籤」（tag）所標記，提供軟體辨識。標籤分為「起始標籤」與「結束標籤」，夾在「起始標籤」與「結束標籤」範圍內的便是「資料」；起始標籤、結束標籤與資料合起來就是一個元素（element）。該元素的內容可以是單純的資料，也可以是有下一層的元素。因此，我們應該了解 XML 只是用來單純的描述資料，一個 XML 文件檔案就只是一份資料。一個完整的 XML 架構需要搭配相關技術，才能將需要的資訊作適當的處理，如圖 3-1 所示一些常見的 XML 搭配的相關技術，一個 XML 文件檔案必須依據不同使用的用途，搭配適當的相關延伸技術，才能有效表達資料的內涵與應用目的。

而這些相關的延伸技術本身，有許多也都是 XML 文件，只是使用專用的標籤名稱，提供處理的程式能夠依據專用的標籤名稱，適當地處理所要執行的

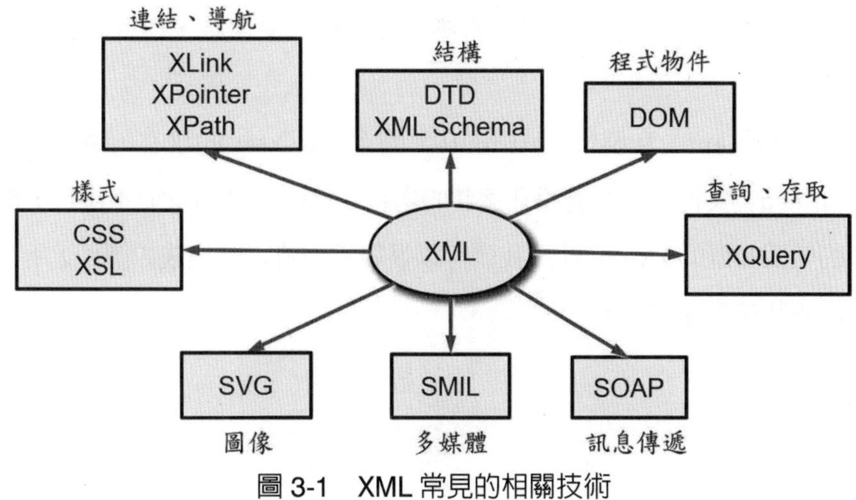


圖 3-1　XML 常見的相關技術

結果。所以無論是紀錄資訊的 XML 文件本身，還是相關的延伸技術，都是使用 XML 相同的語法。XML 文件存檔的附檔名必須是「.xml」，相關的延伸技術則有各自特定的副檔名，例如定義文件結構的 XML Schema 副檔名是「.xsd」、整合多媒體的 SMIL 副檔名是「.smil」、定義資料轉換與呈現的 XSL 副檔名是「.xsl」或「.xslt」，以方便資訊系統判斷其作用。

本章節先就構成 XML 文件格式與結構的各個要素，作一介紹。

## 第一節　格式

XML 的使用非常類似於 HTML，因為它們都是 SGML 的延伸子集。不過 HTML 由於考量容錯的特性，縱使標籤錯置、遺漏，網頁仍可正常的在瀏覽器上呈現；而 XML 則是有相當嚴格的文法規範，包括區分大小寫（case-sensitive）、標籤必須符合其定義的字元、文件中所有起始的標籤必須有對應的結束標籤（例如 <BR></BR>）或是不需要框住任何資料內容，但仍需在標籤的結尾加一個斜線（例如 <BR/> 或是 <HR/>）的空元素（Empty element）……等等的規範。如果一份 XML 文件沒有遵守這些規範，當應用程式載入文件時，便會因為不合文法而產生錯誤。

元素（element）和屬性（attribute）的宣告是 XML 的核心，使合乎文法的（well-formed）文件能夠被應用在適當的場合。XML 文件本身並不複雜，例如下列所示的一個簡單的 XML 文件，我們可以很容易的將之轉換成如圖 3-2 所示的一個階層的樹狀結構來表示。

範例文件檔案：**Book.xml**

```
<?xml version="1.0" encoding="UTF-8"?>
<BookStore>
    <Book isbn="9789571177373" no="5R21">
        <Title> 資料庫系統 </Title>
        <AuthorList type=" 著 ">
            <Author> 張三 </Author>
        </AuthorList>
        <Publisher>
            <Company> 五南 </Company>
            <Location> 臺北市 </Location>
        </Publisher>
        <Date>2014-8-1</Date>
        <Price currency="NT">520</Price>
    </Book>
</BookStore>
```

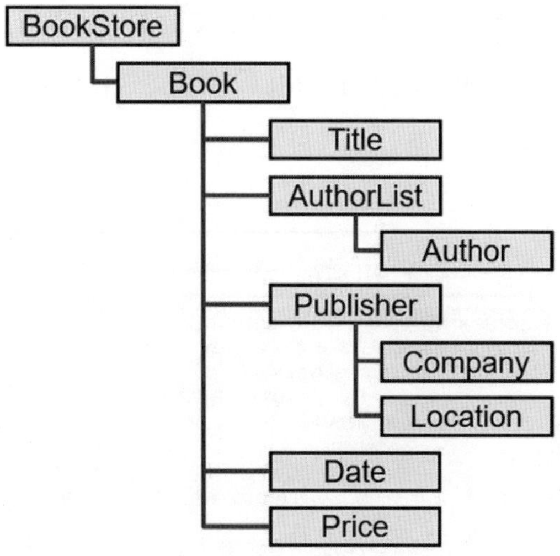


圖 3-2 XML 文件範例的樹狀結構

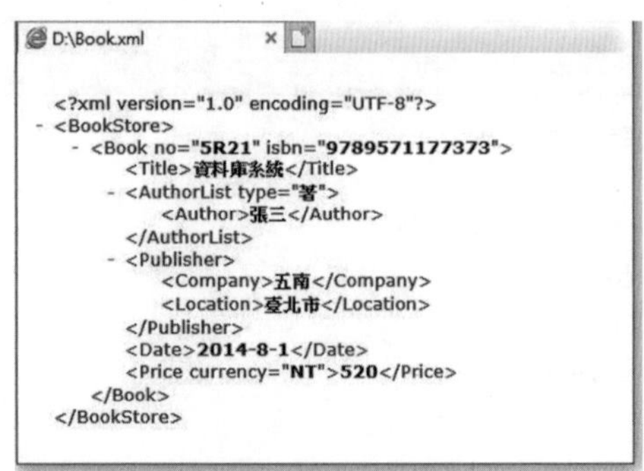


圖 3-3　XML 文件範例在瀏覽器內剖析後呈現的結果

以本範例所示XML文件的基本架構，可分為下列三個部分：序言（prolog）、文件主體、文件範圍。文件範圍是將文件主體，包含在一個元素之內，因此這一個元素便稱為根元素（root element）。文件主體可以有元素、資料、實體、處理指令（processing instruction，PI），以及 CDATA 和名稱空間等標示。例如圖 3-4 所示的 XML 的範例，簡單地表示 XML 文件的序言（prolog）、文件主體與文件範圍這三個基本結構。

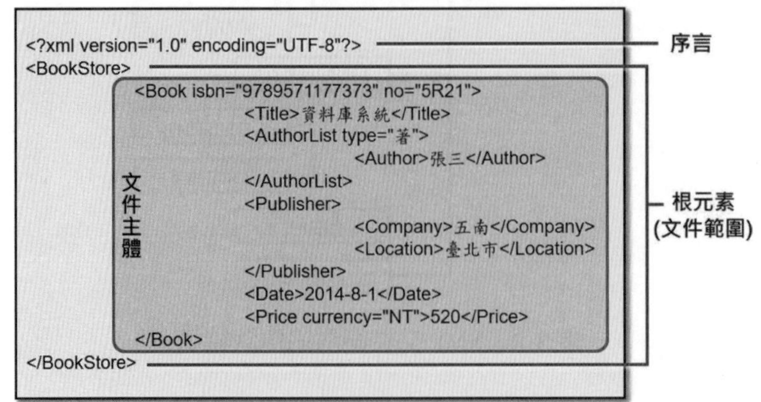


圖 3-4　XML 文件的基本組成

除了簡單的表示 XML 文件的基本結構，依據 W3C 的 XML 建議書說明，一份完整的 XML 文件可分爲實質（physical）和邏輯（logical）兩個結構[1]。

## 一、實質結構

實質結構，表示一個 XML 文件包括元素和屬性構成成分的規範。

### 1. 元素

XML 文件每一個起始標籤都要有對應的結束標籤，成對的起始標籤與結束標籤再加上內容資料就稱爲元素（element）。元素的作用，就像一般文件的「欄位」是用來存放資料一樣。元素是以樹狀結構的方式分層排列，一個元素內可以再包含其他的元素，被某一元素包含的元素就稱爲子元素。因此，針對元素存放資料的差異，元素分成如圖 3-5 所示的三種類型：

(1) 空元素：不含資料的元素，也就是起始標籤即是結束標籤，標示的方式是在標籤名稱後方加一斜線「/」表示結束。

(2) 簡單資料的元素：元素包含的資料是一般型態的資料，例如文字、數字、日期等，且不具備屬性。

(3) 複雜資料的元素：元素具有子元素或是擁有屬性。也就是元素包含的資料是元素的型態。

1 Bray, T., Paoli, J., Sperberg-McQueen, C. M., Maler, E., Yergeau, F. (2008, 11). “Extensible Markup Language (XML) 1.0”, 5th ed. Retrieved from http://www.w3.org/TR/REC-xml

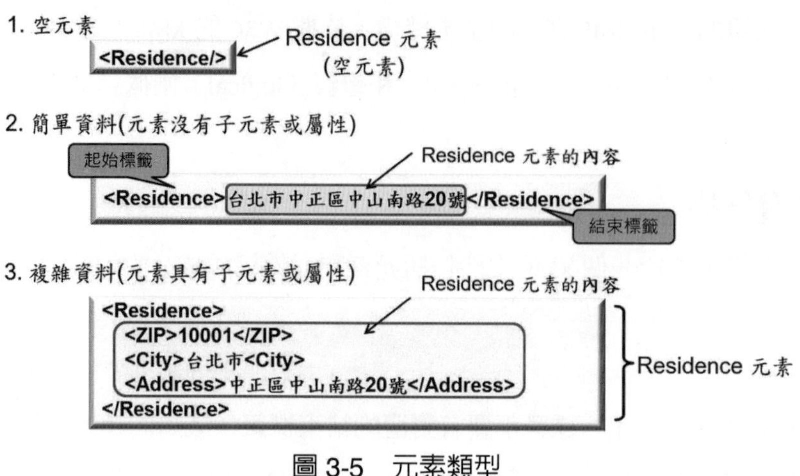

圖 3-5　元素類型

建立元素時，必須給元素命名（其實就是標籤的命名），XML 的特色是自訂元素的名稱，命名時需要遵守下列規則：

(1) 名稱的第一個字必須是英文 26 字母（包括非拉丁文字，如中日韓文等）或底線「_」，不可以是數字或其他符號。

(2) 其餘文字可以是數字、短線「-」和句點「.」

(3) 名稱內不能有空格與冒號「:」。雖然冒號可以使用，但根據 XML 規範是保留給名稱空間（namespace）使用的。

(4) 起始標籤 < 之後緊接著元素名稱，也就是名稱之前不能有空格，但是名稱之後和 > 之間可以有空格。

(5) 大小寫視爲不同名稱

(6) 每一元素都必須以巢狀包覆在另一個元素之內。例如：

```
<B><I>bold and italic</B>italic</I>
```

這是一段 HTML 的原始碼範例，其中 <B>、<I> 並沒有巢狀包覆的關係，

也就是 <B> 元素與 <I> 元素產生交錯的情狀（<B> 的起始標籤與結束標籤之間包含了 <I> 的起始標籤，卻沒有包含 <I> 的結束標籤），所以不符合 XML 的文法規則，不過在 HTML 卻能被容許。

因為 HTML 傾向擺脫 SGML 的文法，而採取比較寬鬆的規範。對 HTML 而言，結束標籤已經成了可有可無的標示，所以經常會被省略。瀏覽器會依據文章內容構成的結構來判斷何處是一個 HTML 元素結束位置，縱使在顯示上會產生和實際文法使用上的少許不同。這些結果性的差距，使得某一瀏覽器的文件顯示可能會和另一個不同公司設計的瀏覽器顯示的結果完全不同。

### 2. 空元素

和 HTML 一樣，XML 也允許元素是空元素（empty element），所謂空元素是指元素的起始標籤與結束標籤是同一個，空元素標示的方式是在元素型別名稱之後加上斜線（/）。因為 HTML 的標籤集是預先定義好的，所以瀏覽器能夠辨識哪些元素是空元素，而 XML 允許使用者自行定義標籤，因此必須有嚴格的文法來要求空元素的表示，XML 剖析器才不至於搞混。例如下面這一段 HTML 原始碼中，<BR> 是一個空元素：

```
<LI>This is a HTML <BR>empty tag. </LI>
```

HTML 通常不需要正確標示空元素，但是以 XML 的語法規則，就必須表示為：

```
<LI> This is a XML <BR/>empty tag. </LI>
```

【說明】

如同第二章的介紹，「標示」是使用符號（也就是標籤）告訴系統如何處理資料。當一個應用程式接收到 XML 或 HTML 這一類的文件，必須先逐一解譯各個元素的標籤，以便決定該如何處理元素或屬性內的資訊。這種解譯標籤、處理資訊的過程稱爲剖析（Parsing），而負責處理解譯的軟體就稱爲剖析器（Parser）。例如現有使用的瀏覽器都內建有剖析器，所以都可以正確地處理 XML、HTML 文件。只是瀏覽器內建 HTML 的樣式，所以能夠呈現 HTML 文件的畫面；但 XML 文件除非有指定 CSS 或是 XSL 等樣式的文件，否則瀏覽器僅只是將 XML 文件剖析並顯示其標籤與內容。

【說明】

XML 宣告的目的不僅告訴應用程式／剖析器這一份 XML 文件的字碼語文種類、是否搭配其他文件，最重要的還是版本的宣告。爲了資料長久保存（long-term preservation）的目的，數年之後誰也無法確定 XML 的版本、結構、語法是否會全盤改變，屆時應用程式如果讀取到現今的 XML 文件，必須要能夠以該 XML 文件標示的版本來剖析資料，確保仍能處理現今的文件內容。

### 3. 屬性值

HTML 與 XML 都有規範屬性（attribute）的宣告方式，所有的屬性值必須以單引號（single quotation）或雙引號（double quotation）框住。不過 HTML 因爲具有容錯的寬鬆檢查方式，因此 HTML 除了包含空白的屬性值必須以引號夾住外，其餘的情況可以省略引號。例如下列的範例，在 HTML 屬於合法，但卻不符合於 XML 的文法要求：

```
<font size=12 color=#FF0000>HTML attribute value</font>
```

除了 HTML 因爲寬鬆的文法檢查之外，HTML 與 XML 還有一些文法本質上的不同，在應用上必須注意兩者之間的差別：

## 1. 名稱大小寫分別

HTML 並不要求標籤名稱的大小寫，但是 XML 卻很嚴格要求各名稱宣告的大小寫是有差別的（case-sensitive），也就是說，大寫與小寫在 XML 的宣告中，無論是標籤、屬性、實體名稱均會被視爲不同。例如：

```
<H1>HTML is not case-sensitive, XML is.</h1>
```

對剖析器（瀏覽器）而言，HTML 的 <H1> 與 <h1> 表示相同的標籤；但在 XML 中，<H1> 與 <h1> 則表示是不同的標籤。

## 2. 空白的處理方式

HTML 除了 <PRE> 元素內的連續空白有效外，其餘的連續空白都會被視爲只有一個空白字元。HTML 的空白包括了 ASCII space( )、ASCII tab(	)、ASCII form feed()、Zero-width space()。而由於 XML 主要是承載資料，因此在 XML 中，除了標籤名稱及屬性名稱之外，所有資料的空白值都是有效的。而且資料內的「換行／回行」（carriage return/line feed，CR/LF）在 XML 內都會被當作換行處理，但是在 HTML 則是會被忽略掉。

【說明】

| &#x 與 ; 之間的數字表示是 16 進位的 Unicode。 |
|---|

### 3. 根元素

每一份 XML 文件內，必須且只能有一個根元素（root element），所有元素必須存在此元素之內。這個限制主要是提供剖析器確認文件的範圍：從哪開始，以及到哪裡結束。

### 4. 內建實體

有一些字元本身就是 XML 或 HTML 語法結構的一部分，若要在文件中使用這些字元必須使用替代的方式，這種方式稱為「實體」（entity）。如表 3-1 所示，這些內建的實體在 XML 稱為 XML 通用實體（general entity），在 HTML 中則稱為字元實體參照（character entity reference）。

表 3-1　XML 與 HTML 標準所內建的實體

| 實體 | 呈現出的字元 | 說明 |
| --- | --- | --- |
| & | & | 「and」符號 |
| < | < | 小於符號 |
| > | > | 大於符號 |
| ' | ‘ | 單引號 |
| " | “ | 雙引號 |

例如資料內容在瀏覽器上要顯示出這一段文字：

```
<?xml version="1.0" ?>
```

則 XML 文件內容可以如下列的範例所示：

**XML 文件檔名：CharEntity.xml**

```
<?xml version="1.0" encoding="UTF-8"?>
<CharacterEntity>
    <Data>
        XML 文件內容第一行必須要有 &lt;?xml version=&quot;1.0&quot; ?&gt; 宣告
    </Data>
</CharacterEntity>
```

經由剖析器軟體（如瀏覽器）處理後，便會顯示如圖 3-6 所示的輸出結果。

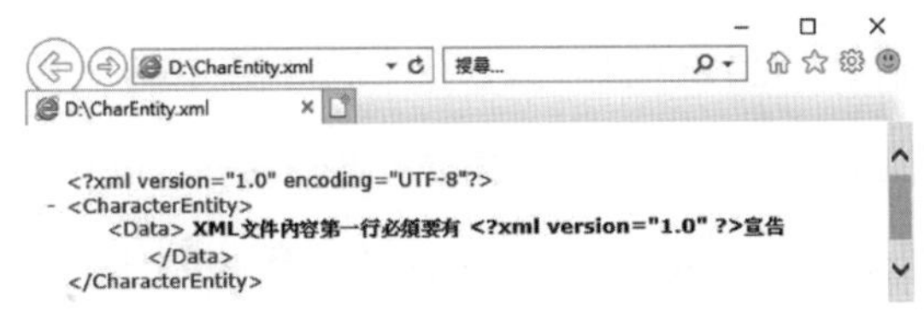


圖 3-6　內建實體顯示範例

## 二、邏輯結構

所謂邏輯結構，表示在一個 XML 文件的結構上所包含的宣告。XML 文件的邏輯宣告包括序言、文件型別、註解與處理指令四個類型的宣告。除了序言是必備，在 XML 文件一定要有，且放置在文件第一行的宣告，其餘宣告均非必備。

### 1. 序言（Prolog）宣告

XML 文件第一行必須是序言（prolog）也就是 <?xml?> 宣告，和緊接在其後的一些定義宣告。最初 XML 在 W3C 草稿時是宣告為 <?XML?>，不過在成為建議書時改為小寫，因此不可使用大寫，否則會無法被剖析器處理。序言宣告除了表明這是一份 XML 文件之外，還包含版本資訊，編碼（encoding）資訊，提供解釋這份文件的剖析器所需的基本資訊。基本上 XML 的序言宣告包括了如表 3-2 所列的屬性：起始宣告「<?xml」、版本資訊、獨立性（standalone）宣告、字碼宣告（encode）和結束宣告「?>」。

表 3-2　XML 序言宣告內容的屬性

| 說明 | 宣告 | 指定值範例 |
| --- | --- | --- |
| 版本資訊 | version | "1.0", "1.1" |
| 字碼宣告 | encoding | "Big5", "UTF-8",…… |
| 獨立性 | standalone | "yes", "no" |

- version：XML 的版本，現今 XML 只有 1.0 與 1.1 兩個版本。(1.1 版本是修正 XML 不需指定特定的 Unicode 版本）。在 XML 宣告一定要有這一個屬性。
- encoding：文件編碼的語言種類。此屬性爲非必須的，預設的字碼爲「UTF-8」。可以宣告成 UCS 萬國碼，以及其他如表 3-3 所示的各種字集。
- standalone：當屬性值爲「yes」表示文件並未參照到任何外部其他的文件或是實體。此屬性爲非必須的，未指定時預設爲「yes」。

表 3-3　XML 支援的字碼種類

| 名稱 | 位元數 | 說明 |
| --- | --- | --- |
| UCS-2 | 16 | 標準 Unicode 字集 |
| UCS-4 | 32 | 標準 Unicode 字集，使用 32 位元 |
| UTF-8 | 8 | Unicode 轉換—8 位元 |
| UTF-7 | 7 | Unicode 轉換—7 位元（用於 mail 和 news） |
| UTF-16 | 16, 32 | 使用 32 位元溢出字元的 Unicode 格式 |
| IS0-8859-1 | 8 | 拉丁字母表 1（西歐，拉丁美洲） |
| IS0-8859-2 | 8 | 拉丁字母表 2（中／東歐） |
| IS0-8859-3 | 8 | 拉丁字母表 3（東南歐及其他） |
| IS0-8859-4 | 8 | 拉丁字母表 4（北歐半島、波羅的海） |
| IS0-8859-5 | 8 | 拉丁／古斯拉夫文 |
| IS0-8859-6 | 8 | 拉丁／阿拉伯文 |

| 名稱 | 位元數 | 說明 |
|---|---|---|
| IS0-8859-7 | 8 | 拉丁／希臘文 |
| IS0-8859-8 | 8 | 拉丁／希伯來文 |
| IS0-8859-9 | 8 | 拉丁／土耳其文 |
| IS0-8859-1 | 8 | 拉丁／拉普文／日耳曼文／愛斯基摩文 |
| IS0-8859-10 | 8 | 32 位元擴充字集、Unicode 字集 |
| ISO 10646 | 32 | 廣用多 8 位元編碼字元集 |
| JIS X-0208-1997 | 8 | 包含 EUC-JP, Shift JIS, ISO-2022-JP 的日文字集 |

【說明】

除了表 2-3 所列的字碼，XML 剖析器還可以識別其他在 Internet Assigned Numbers Authority（IANA）註冊字碼的編碼方式。參考網址：https://www.iana.org/assignments/charset-reg/charset-reg.xhtml

透過字碼的宣告能滿足國際化應用的複雜問題，XML 讓開發人員能夠去指定文件展現的各種不同文字的字碼結構（encoding scheme）。XML 預設的字碼爲 UTF-8，這是一個包含 ASCII 0-127 的英文字碼字集，和包含更多字數的 Unicode 萬國碼字集。UCS-2，是 XML 剖析器被要求一定要支援的字集，也就是 Unicode/ISO/IEC10646 標準，由 16 位元所擴充包括 0 至 65535 編碼空間的字碼結構，表示 XML 剖析器可以處理包括現今國際上大部分的字碼。此外，XML 剖析器也能夠（但並非強制）支援其他幾種字碼，包括從 ISO8859-1 至 ISO8859-9，和日本的 EUC-JP、Shift-JIS、ISO-2022-JP。XML 字碼宣告的名稱必須使用單引號或雙引號將之括起來。例如，要在一份 XML1.0 版本的文件中宣告使用 UTF-8 字集。XML 的宣告應該如下所示：

```
<?xml version="1.0" encoding="UTF-8" ?>
```

## 2. 文件型別（Document type）宣告

文件型別的宣告是用來宣告這一份 XML 文件的結構依據，例如元素的次序、元素是否具備屬性？元素是否必備？是否可重複？等。文件型別宣告的種類，包含特別類別文件的文法規則、DTD（Document Type Definition）或 XML Schema 等。文件型別宣告必須出現在 XML 序言宣告之後，其他文件元素之前。例如下面的範例，一個內部文件型別儲存開始於 <!DOCTYPE，接著是 DTD 的名稱，再接著是 DTD 內部各元素或該 DTD 可在何處找到的連結點宣告，最後則是接著一個 > 符號表示此宣告的結束。

```
<?xml version="1.0" encoding="big5"?>
<!DOCTYPE EMAIL [
  <!ELEMENT EMAIL (TO, FROM, CC, SUBJECT, BODY)>
  <!ELEMENT TO (#PCDATA)>
        <!ELEMENT FROM (#PCDATA)>
  <!ELEMENT CC (#PCDATA)>
  <!ELEMENT SUBJECT (#PCDATA)>
  <!ELEMENT BODY (#PCDATA)>
]>
<EMAIL>
  <TO>Student001</TO>
  <FROM>Teacher@school.edu.tw</FROM>
  <CC>TeachingAssistant@school.edu.tw</CC>
  <SUBJECT>Home work</SUBJECT>
  <BODY>Description as described in the attachment</BODY>
</EMAIL>
```

【說明】

文件型別各細節的宣告，DTD 請參見第四章；XML Schema 請參見第五章的介紹。

### 3. 註解

註解是另一個 XML 的基礎部分，註解在 XML 的標示方式和 HTML 的註解相同。註解開始於 <!-- 然後結束於 -- >。剖析器處理時會忽略它們的內容，因此可以在裡面放置任何說明與內容。XML 註解可以使用在文件和 DTD 中，但 XML 註解不能用在標籤裡面或是在宣告中，而且也不可以用在（文件型別的宣告定義的）CDATA 裡。

# 第二節　處理指令、CDATA 與名稱空間

## 一、處理指令

處理指令（Processing Instruction，PI）是 XML 中用來指示應用程式（例如 XML 文件的剖析器）執行一些特定的任務，也就是用來提供資訊給外部的應用程式。PI 以「<?」為指令的開始符號，並以「?>」為指令的結束符號，與一般標籤的開始符號「<」、結束符號「>」不同，目的是容易分辨一般標籤與 PI 的不同。在「<?」開始符號與指令名稱之間是不允許有空白的，PI 的格式為：

```
<? 執行目標 指令內容 ?>
```

例如 XML 文件的第一列宣告的序言（prolog）就是一個 PI：

```
<?xml version="1.0" encoding="UTF-8" ?>
```

另外在 XML 文件中使用樣式，也必須透過 PI 來告知剖析器，例如下列引用

CSS 排版樣式的宣告，其中 xml-stylesheet 也就是一個 PI。

```
<?xml-stylesheet href=URL type="text/css" ?>
```

有時 PI 也被應用程式用來傳達資訊，這些資訊可用來幫助進行剖析，在這種情況下，應用程式中要有可以作爲處理指令執行物件的關鍵字。技術上來說，開始於 <? 和結束於 ?> 的處理指令，並不會直接影響文件的結構，應用程式接收到它們存在的通知，再由應用程式負責執行指定的處理程序。處理指令內的第一個字（稱之爲「目標」）必須是由英文字母、數字、點、短線（dash）、底線或冒號組成，並且第一個字元必須是英文字母或底線（名稱的字元並不能使用冒號，因爲冒號對 Namespace 有特殊的含意），而處理指令之後的名稱則可以是任何其他允許的字元，包括等號和引號。

## 二、不剖析字元

通常元素的內容稱之爲可剖析的文字資料（Parsed Character Data，PCDATA），也就是一般文字型態的資料，所以有時就直接稱呼爲「資料」或「內容」。不過，如果資料內容有標示的符號時，必須要考量如何讓剖析器不會混淆是標示還是資料。例如小於符號（<）表示開始一個標籤；和號（&）表示開始一個實體參照，因此資料內部必須避免直接使用這些符號。因爲 XML 剖析器預設所有的元素都是 PCDATA 型態，不過有時會有處理的例外情形，例如執行網頁保存時，必須將網頁的 HTML 以及內容包含的 JavaScript 包含至 XML 文件的某一個元素內時，就會有處理的問題。例如要將下列 HTML 文件內容既有的標籤，保存在一份 XML 文件的元素內的時候：

```
<html>
    <head>
        <title>Library Home Page</title>
    </head>
    <body>
        <h1>&lt;School Library&gt;</h1>
        <p>welcome!!</p>
    </body>
</html>
```

這時就可以使用 XML 的 CDATA 型態。CDATA 表示將標示在此範圍內的資料視爲純字元資料，不需要剖析的意思。如果要將一段資料宣告成 CDATA，必須在它的開始處加上 <![CDATA[ 然後在結尾處加上 ]]>（註：如果資料本身即含有）]]> 時，這個標示就會產生錯誤）。例如上述的 HTML 文件存在一個 XML 文件的元素內，使用 CDATA 的標示如下：

**檔案：WebPage.xml**

```
<?xml version="1.0" encoding="UTF-8"?>
<Data no="123">
    <head>webPage preservation</head>
    <Date>2019/3/1</Date>
    <Staff>Seljuk</Staff>
    <Content>
        <![CDATA[
            <html>
                <head>
                    <title>Library Home Page</title>
                </head>
                <body>
                    <h1>&lt;School Library&gt;</h1>
                    <p>welcome!!</p>
                </body>
            </html>
```

```
            ]]>
    </Content>
</Data>
```

## 三、名稱空間

### 1. 宣告

名稱空間（namespace，或稱命名空間）是在 XML 1.0 建議書公布之後才出現的規格，它主要目的是希望避免不同機構之間使用相同標籤名稱造成的衝突。名稱空間使用字首名稱（prefix，或稱前綴），及冒號連結元素的名稱來達到區別名稱的唯一性（最簡單，也是預設名稱空間使用方式就是沒有字首名稱和沒有冒號）。這些字首名稱使用統一資源標誌符（Uniform Resource Identifier，URI），通常會採用在 Web 上的命名架構：統一資源定位符（Uniform Resource Locator，URL）來代表，這樣子能避免在 XML 中需要註冊新的字首名稱。不過使用 URI 可以讓這些預設的名稱空間表達有意義的值，而且還可以避免在使用一個單一的名稱空間中必須鍵入過長的字首名稱。

名稱空間的宣告如果是放在元素的起始標籤內，作用範圍就在該元素的範圍內。如果是要作用在整份文件內，就要宣告在根元素的起始標籤。名稱空間宣告的語法如下：

**< 起始標籤名稱 xmlns: *字首 1*="*URI 1*"  xmlns: *字首 2*="*URI 2*"  ......>**

例如 W3C 對於 XML Schama 文件使用名稱空間的 URI 是「http://www.w3.org/2001/XMLSchema」，前綴的字首名稱使用 xs。因此，可以在 XML Schema 文件內看到這樣的宣告：

```
<xs:schema xmlns:xs="http://www.w3.org/2001/XMLSchema" elementFormDefault="qualified"
attributeFormDefault="unqualified">
```

這一個宣告內實際有兩個名稱空間，一個是「xmlns」，其是內建的名稱空間字首名稱，因爲是內建，所以沒有其 URI 宣告；第二個是「xs」，其 URI 宣告爲「http://www.w3.org/2001/XMLSchema」，表示在該份文件內只要字首標示有 xs: 的標籤名稱，均表示是 W3C 制定的 XML Schame 標籤。除了 W3C 定義專屬的名稱空間之外，使用者還可以依據需要，定義自己使用的名稱空間。例如下列範例：

```
<xsd:schema   xmlns:xsd="http://www.w3.org/2001/XMLSchema"
              xmlns:sql="urn:schemas-microsoft-com:mapping-schema"
              xmlns="http://newsmeta.shu.edu.tw/shewo/"  >
```

內容包含三個名稱空間的宣告：

(1) 字首「xsd」，代表的 URI 爲「http://www.w3.org/2001/XMLSchema」；

(2) 字首「sql」，代表的URI爲「urn:schemas-microsoft-com:mapping-schema」；

(3) 未標明字首的名稱，代表的 URI 爲「http://newsmeta.shu.edu.tw/shewo/」。

簡單的說，名間空間是用來區別相同但是不同意義的名稱，例如有兩份資料來源整合在一個 XML 訂單文件內，其中一份資料來源是業務部，使用 title 元素代表業務的職等；另一部分內容來自於銷售商品，使用 title 元素代表商品的名稱。這時透過名稱空間的字首標示，便能清楚區分哪一個 title 元素是業務職等、哪一個是商品名稱：

文件檔案：**PurchaseOrder.xml**

```
<?xml version="1.0" encoding="UTF-8"?>
<PurchaseOrder    xmlns:s="http://myCompany/Department/Sales"
                  xmlns:p="http://myCompany/Product/" >
    <Items>
        <Item PartNumber="168-AA">
            <p:Title> 液晶螢幕 </p:Title>
            <Quantity>1</Quantity>
            <Price currency="NT">4000</Price>
            <s:Sales>
                <s:Name> 張三 </s:Name>
                <s:Title> 專員 </s:Title>
            </s:Sales>
        </Item>
    </Items>
</PurchaseOrder>
```

【說明】

URI 包含 URL 與 URN。彼此之間的差異，請參見第二章第二節「2. HTML 歷史」內容【說明】的介紹。

## 2. 特點

在 XML 文件內使用名稱空間，可以區分來自不同資料來源且具有相同名稱的元素和屬性。但使用名稱空間需要注意下列幾點：

### (1) 不能爲同一個元素宣告兩個以上的名稱空間

如果一個 XML 文件內的某一個元素宣告有兩個不同的名稱空間，XML 剖析器會無法判斷元素是屬於哪一個名稱空間。

### (2) 可以在子元素內宣告名稱空間

如果在一個 XML 文件內使用多個名稱空間，通常會將所有名稱空間宣告在根元素內，以便在整份文件範圍內都可以使用這些宣告的名稱空間。但是在某些情況下，例如整份文件內只有某一個元素用到某一個名稱空間，這時只在距離該元素最近的位置宣告該名稱空間，可以提高文件的可讀性。例如下列片段的 XML 內容範例：

```
<Item xmlns="http://myShop/item">
    <title > 礦泉水 </title>
    <quantity>2</quantity>
    <hr xmlns="http://www.w3.org/1999/xhtml"> 這是基本段落 </hr>
</Item>
```

這一個範例中，http://myShop/item 是整個 <Item> 元素內預設使用的名稱空間，但對於其中的子元素 <hr> 則是另外使用 http://www.w3.org/1999/xhtml 作爲其名稱空間。

### (3) 可以爲屬性指定名稱空間

因爲屬性主要是隸屬於某一個元素，如果屬性使用的名稱空間並不屬於其所屬的元素，就可以另外指定該屬性的名稱空間。例如下列片段的 XML 內容範例：

```
<book xmlns="https://www.wunanbooks.com.tw/">
    <bookinfo ISBN="9789571177373">
        <title> 資料庫系統 </title>
    </bookinfo>
</book>
```

book 元素宣告一個名稱空間，因此子元素 <bookinfo> 元素、<title> 元素都是屬於相同的名稱空間。但是 ISBN 屬性並不屬於此名稱空間，ISBN 屬性只是

關聯到 <bookinfo> 元素。所以透過這一個範例指定屬性的名稱空間，ISBN 屬性才會與其所屬的 <bookinfo> 元素一樣，屬於同一個「https://www.wunanbooks.com.tw/」名稱空間：

```
<book xmlns:bib="https://www.wunanbooks.com.tw/">
    <bib:bookinfo bib:ISBN="9789571177373">
        <bib:title> 資料庫系統 </bib:title>
    </bib:bookinfo>
</book>
```

除了，上述介紹的名稱空間特點之外，W3C 還對「定義名稱」指定名稱空間，例如 XML Schema 的資料型態，如字串、整數、日期等均需要指定其所屬 W3C 指定的名稱空間。有關資料型態進一步的了解，請參見第六章 XML Schema 的介紹說明。

## 第三節　XML 文法規則

XML 具有嚴格的規範以適應廣泛的應用，因而造就了 XML 嚴格的文法要求，使得其在資料處理和機器解讀上具有相對的優勢，這也是促使 XML 迅速成為重要的資料處理格式的主要原因之一。只要合乎 W3C 規範的文法要求稱之為 well-formed XML。因此，所有 XML 文件必須是合乎文法的（well-formed），否則在應用程式的剖析器處理文件內容時，便會因為不合文法而產生錯誤。一份依據 XML 語法編寫的文件必須要能符合下列規定，才是一份符合文法的 XML 文件：

### 1. 具備序言（Prolog）

文件起始具備序言（Prolog）的 <?xml ?> 宣告。

### 2. 至少擁有一個元素

### 3. 元素結構正確

有起始標籤，就有結束標籤；若起始與結束標籤爲同一個，也就是空元素，必須在標籤名稱後加上斜線（/），例如：<heading text="my school" />

### 4. 所有元素均包含在一個根元素內

XML 處理的作業原理是起始於序言的標示，獲知語法的版本、字碼…等資訊，接著是包含所有其他元素的根元素，因此根元素就代表了這份文件。

### 5. 適當的巢狀元素

起始標籤與非空元素的結束標籤內，若有子元素時，必須要有該子元素完整的起始與結束標籤。

### 6. 名稱大小寫

英文字母的大小寫是有差異的，例如：<name>、<Name> 和 <NAME> 都表示是不同的標籤名稱。

### 7. 屬性名稱唯一

同一個元素的子元素名稱可以重複，但同一個標籤內的屬性名稱不可以重複。例如：<heading text="my school" text="my department" /> 是不合乎文法的。

### 8. 屬性值前後需標示單引號或雙引號

若資料內有單引號或雙引號，例如下列使用方式是不合文法的：<heading text='I said "No!"'/>，必須要使用表 3-1 所示內建的實體 "；表示雙引號，' 表示單引號。例如上述範例應標示爲：<heading text='I said "

No!"'/>

# 第四節　元素與屬性

## 一、命名規則

元素的標籤名稱必須滿足 XML 命名規則的規範：

1. 名稱的字首可以是字母、底線「_」、冒號「:」以及符合表 3-4 所列範圍內的 Unicode 字碼的文字；

2. 標籤名稱除字首之外，可以是字母、數字、底線「_」、短線「-」、句點「.」、冒號「:」以及符合表 3-4 所列範圍內的 Unicode 字碼的文字；

3. 標籤名稱不可包含空格與斜線「/」

屬性的命名規則與元素相同，因爲屬性隸屬於元素的特性，所以同一個元素內不能包含多個相同名稱的屬性。

表 3-4　合法命名的 Unicode 字碼範圍

| Unicode 字碼範圍 |
| --- |
| À-˿ |
| Ͱ-ͽ |
| Ϳ-῿ |
| ‌-↏ |
| Ⰰ-⿿ |
| 、-퟿ |
| 豈- |

（字碼文字請參見：https://www.utf8-chartable.de/unicode-utf8-table.pl?number=1024&names=2&unicodeinhtml=hex&htmlent=1）

【說明】

| 雖然 XML 的標籤名稱的字首允許使用冒號「:」，但是冒號也是用於名稱空間與標籤的區隔符號，所以建議不要用冒號作爲標籤名稱。<br>名稱允許使用 Unicode 的字碼，當然也就可以使用中文作爲標籤名稱。考慮還是會有系統無法正確處理中文的狀況，建議名稱盡量使用英文字母命名，以避免剖析資料時，發生無法解讀標籤名稱的狀況。 |
|---|

## 二、設計原則

對資料進行描述的多數情況下，可以單獨使用元素，也可以使用屬性進行資料的描述。也就是說什麼資料適合使用元素來描述？什麼資料適合使用屬性來描述？W3C 並沒有特別規定。例如我們可以將：

```
<guest type=" 同學 "> 張三 </guest>
```

改成：

```
<guest> <type> 同學 </type> 張三 </guest>
```

或

```
<guest> 張三 </guest>
<type> 同學 </type>
```

都是符合 XML 文法的。雖然什麼資料適合設計成元素、什麼資料適合設計成屬性，W3C 沒有特別的規定。不過，通常可以參考 IBM 發表的一篇文獻，提供有關何時使用屬性與元素的一些指導建議：[2]

---

2 Ogbuji, U. (2004). Principles of XML Design:When to use elements versus attributes. Retrieved from https://www.ibm.com/developerworks/xml/library/x-eleatt/

### 1. 一般原則

(1) 如果資料本身可以用元素標記，就將其放在元素中。

(2) 如果資料使用於屬性格式，但如果最後可能在同一元素上會有多個同名的屬性，請改用子元素。

(3) 如果該資料是類似於 DTD 屬性類型，如 ID、IDREF 或 ENTITY 時，就使用屬性。

(4) 如果資料包含有空格，就使用元素。（XML 剖析器會正規化屬性的內容，所以可能會改變原始的屬性值）

不過資料的狀況實際會有很多複雜的情況，上述的建議仍舊難以判斷如何在灰色地帶做出正確的選擇。所以可以再參考下列推薦的建議原則：

### 2. 推薦原則

#### (1) 內容核心原則

資料是用來表達所欲傳達資訊的主要內容，就應該使用元素；屬於附帶內容或是用於指示應用程式處理主要內容的用途時，就建議使用屬性。

#### (2) 結構化資訊原則

如果資料內容需要以結構化形式表示，或是該結構未來可能擴充時，就使用元素；如果資料使用最基本單位（atomic token）即可表達時，就建議使用屬性。

#### (3) 可讀性原則

如果資料內容主要是提供人類閱讀和理解，請使用元素；如果資料內容是要提供機器處理，就建議使用屬性。

### (4) 避免綁定原則

如果要變更一個屬性的資料內容可能會影響其他屬性的內容，就應該將該資料設計成元素。也就是避免一個屬性內容值的變更，連帶改變另一個屬性值的綁定（binding）狀況發生。參考下列片段的 XML 內容：

```
<menu>
    <menu-item portion="250 ml">
        <name> 飲料 </name>
    </menu-item>
    <menu-item portion="500 g">
        <name> 牛排 </name>
    </menu-item>
</menu>
```

在一個 portion 屬性內，同時包含數量與單位的資料，並不符合結構化的設計原則。應該將數量與單位的資料分開在不同的屬性內，建議改成下列的方式：

```
<menu>
    <menu-item portion="250" unit="ml">
        <name> 飲料 </name>
    </menu-item>
    <menu-item portion="500" unit="g">
        <name> 牛排 </name>
    </menu-item>
</menu>
```

將原先同時包含數量與單位的資料，分開在兩個不同的屬性內，若是需要改變單位時，就有可能需要同時更動數量的計量。所以建議是將其中一個屬性改爲元素，並透過單位作爲度量的指示（indicate）屬性。結果的 XML 內容如下所示：

```
<menu>
    <menu-item>
        <portion unit="ml">250</portion>
        <name> 飲料 </name>
    </menu-item>
    <menu-item>
        <portion unit="g">500</portion>
        <name> 牛排 </name>
    </menu-item>
</menu>
```

# 第四章　結構規範——DTD

XML 允許自訂標籤與自行設計標籤之間的層次關係，當採用 XML 格式來處理某一事物的資料時，不同使用者所採用的標籤名稱、層次就可能會不同，如此會使得 XML 文件的交換與互通造成很大的不便。因此，必須要有對 XML 文件的標籤名稱和結構層次進行規範，多方只要遵守共同的結構規範，就可以確保交換與互通文件格式的一致性。

XML 文件有兩種形式，一種稱爲 Well-formed XML，另一種則稱爲 Valid XML，兩者最大的差別在於 Well-formed XML 表示符合文法規範的 XML 文件（參見第三章的介紹，這是促使 XML 成爲資料處理格式的主要原因），而 Valid XML 則不僅符合文法規範，還包含有文件的結構定義，這也是促使 XML 迅速成爲重要的資料處理格式的另一項主要原因。只要合乎 W3C 規範的文法要求即是 well-formed XML，因此所有應用的 XML 文件必須是 well-formed。但是 well-formed 並不一定具備有結構的規範，也就是如果要求元素出現的次序、次數、內容資料的型態等限制（constraint），就必須符合有效性的（validated）驗證，也就是必須具備有結構的依據。

針對 XML 所制定結構規範的相關技術分別有兩種：文件型別定義（Document Type Definition，簡稱 DTD）與 XML Schema。

## 第一節　關於 DTD

DTD 是用來指定 XML 文件中元素和屬性結構的定義宣告。DTD 是沿用 SGML 的結構定義方式，其語法與 XML 不同，無形中增加學習者額外的負擔，同時提高了相關應用軟體（如剖析器）開發的難度。而且，由於 DTD 源自於文件管理，基本上它將所有文件內容均視為文字類型，對資料類型的支援有限，無法區分資料是數字、文字還是日期等的型態。雖然有許多的缺點與限制，因為 DTD 的語法是 XML 1.0 規格建立最初所指定的文件結構定義依據。因此，現今還有部分的系統是使用 DTD 來驗證 XML 文件的結構，因此我們還是必須了解其宣告的方式。

## 第二節　XML 關聯 DTD 語法

XML 屬於樹狀結構的文件，其特性是允許使用者自訂標籤，且具備嚴格的文法（well-formed）規定。而 DTD 可以規範 XML 文件的樹狀結構，包括對根元素、子元素、屬性的描述和各種實體的定義，以及彼此之間相互關係。DTD 使用一系列內建的指令來定義文件的結構，其作用包含下列四個功用：

(1) 透過定義相對應的 DTD 文件，每一個 XML 文件均可包含一個有關其本身格式的描述；

(2) 透過定義相對應的 DTD 文件，每一個 XML 文件均可使用 DTD 驗證其本身的格式；

(3) 依據相同 DTD 文件的所有 XML 文件，便有相同元素和屬性結構，因此可以使用同一標準來交換資料。

(4) 應用程式可以使用指定的 DTD 文件來驗證接受外部的資料是否有效。

在 XML 文件中使用 DTD 有三種方式，一種是直接在 XML 文件內包含 DTD 的宣告，稱之為內部（internal）DTD；第二種則是使用外部（external）獨立的 DTD 檔案，然後在 XML 文件內宣告參照該外部 DTD；第三種模式則是混合上述兩種內部與外部的方法。

## 1. 內部 DTD 語法

內部（internal）DTD，表示將要關聯的 DTD 宣告在 XML 文件內部。語法是定義在 <!DOCTYPE *根元素名稱* [ … ] > 指令之間，方括號範圍內就是 XML 文件結構的所有元素、屬性與實體的宣告。

**XML 文件檔名：Project2.xml**

```
<?xml version="1.0" encoding="UTF-8"?>

<!DOCTYPE project[
<!ELEMENT project (title, leader+, participants*)>
<!ELEMENT title (#PCDATA)>
<!ATTLIST title id CDATA #IMPLIED>
<!ELEMENT leader (name)>
<!ELEMENT participants (name, role?)>
<!ELEMENT role (#PCDATA)>
<!ELEMENT name (#PCDATA)>
]>

<project>
    <title id="NSC 94-9999-H-999-001"> 數位典藏專案計畫 </title>
    <leader>
        <name> 張三豐 </name>
    </leader>
    <participants>
        <name> 李四 </name>
        <role> 助理 </role>
    </participants>
    <participants>
        <name> 王五 </name>
        <role> 助理 </role>
    </participants>
</project>
```

內部 DTD 關聯方式直接將 DTD 宣告放置在 XML 文件內，不會存在關聯不到 DTD 的問題，但是會使 XML 文件的長度增加。當傳輸多個相同結構的文件時，如果每個 XML 文件都包含 DTD 宣告，會使得 DTD 宣告被重複傳輸，因此，內部 DTD 的宣告方式較適合傳輸單一 XML 文件給對方，又需要提供對方了解文件結構宣告的時機。

## 2. 外部 DTD 語法

將 DTD 宣告在 XML 文件內的方式，優點是文件包含內容與結構，剖析器可直接執行驗證的工作。但缺點是有多筆相同結構的文件時，每筆 XML 文件都有重複的 DTD 宣告無疑是浪費儲存空間與傳輸效率。因此，可以考慮宣告為外部（external）DTD 的方式，也就是將 DTD 獨立儲存成一個檔案，然後在 XML 文件中單獨一行宣告關聯 DTD 檔案的所在位置。宣告語法如下：

```
<! DOCTYPE 根元素名稱 SYSTEM "DTD 檔案的 URL">
```

「*DTD 檔案的 URL*」表示外部 DTD 檔案所在的目錄位置與檔案名稱，可以使用相對位置或絕對位置。例如下列範例，XML 文件與 DTD 檔案均儲存在硬碟 D 槽根目錄時，XML 文件內關聯 DTD 的宣告可以是：

```
<!DOCTYPE document SYSTEM "D:\Chap5_1.dtd">
```

如果兩份文件都在同一目錄，就可以省略目錄位置，只標明 DTD 檔案名稱，而宣告為：

```
<!DOCTYPE document SYSTEM "Chap5_1.dtd">
```

參考下列引用外部 DTD 檔案宣告的 XML 文件範例：

**DTD** 文件。儲存於硬碟 **D** 槽根目錄，檔案名稱：**project.dtd**

```
<?xml version="1.0" encoding="UTF-8"?>
<!ELEMENT document (employee)*>
<!ELEMENT employee (name, hiredate, projects)>
<!ELEMENT name (lastname, firstname)>
<!ELEMENT lastname (#PCDATA)>
<!ELEMENT firstname (#PCDATA)>
<!ELEMENT hiredate (#PCDATA)>
<!ELEMENT projects (project)*>
<!ELEMENT project (product, id, role)>
<!ELEMENT product (#PCDATA)>
<!ELEMENT id (#PCDATA)>
<!ELEMENT role (#PCDATA)>
```

**XML** 文件檔名：**Project3.xml**

```
<?xml version="1.0" encoding="utf-8"?>
<!DOCTYPE document SYSTEM "D:\project.dtd">
<document>
    <employee>
        <name>
            <lastname> 張 </lastname>
            <firstname> 山峰 </firstname>
        </name>
        <hiredate>8/1/2018</hiredate>
        <projects>
            <project>
                <product> 數位典藏專案計畫 </product>
                <id>NSC 94-9999-H-999-001-</id>
                <role> 助理 </role>
            </project>
            <project>
                <product> 網頁建置計畫 </product>
                <id>LIBRARY-001</id>
                <role> 專任助理 </role>
            </project>
        </projects>
    </employee>
</document>
```

在關聯 DTD 的宣告中，關鍵字 SYSTEM 並不是關聯外部 DTD 的唯一方式，SYSTEM 適用於機構或個人多個文件檔案之間共享 DTD 的宣告。如果特定領域的各個機構之間共有的 DTD，或某些機構將其定義的 DTD 公開，提供其他單位或人員使用，就可以使用關鍵字 PUBLIC，表示 XML 文件使用的不是特定組織內部所定義的 DTD，而是公開共用的 DTD。關聯一個公用 DTD 的宣告語法如下：

```
<!DOCTYPE 根元素名稱  PUBLIC  正式公用識別符  "DTD 檔案的 URL">
```

正式公用識別符（Formal Public Identifier，簡稱 FPI），其名稱可以包含字母、數字、空格等符號，並必須使用雙引號括住。FPI 的格式爲：

```
" 初始化字串 // 擁有者 //DTD 描述 // 語言類型 "
```

例如下列宣告引用 XHTML DTD 的宣告範例：

```
<!DOCTYPE html PUBLIC "-//W3C//DTD XHTML 1.0 Transitional//EN"
http://www.w3.org/TR/xhtml1/DTD/xhtml1-transitional.dtd >
```

「初始化字串」：如果 DTD 是一個 ISO 標準，則標示爲「ISO」；如果 DTD 是由非 ISO 的組織所發布的，名稱就標示爲「+」；如果該 DTD 沒有任何標準化組織同意，則名稱就標示爲「-」。

語文類型使用 ISO 639-1（舊稱 ISO 639）所規範兩碼的語文代碼。例如：英語用 EN 表示；德語用 DE 表示（取自德語的本名 Deutsch）；日語用 JA 表示；漢語用 ZH 表示（取自「中文」的漢語拼音：Zhōngwén）。

### 3. 混合 DTD 語法

在某些情況下，需要合併引用內部 DTD 與外部 DTD。例如訂單資料有其特定引用的 DTD，透過外部 DTD 宣告訂單的主要結構，但部分元素的內涵（例如子元素的種類與層次）依據不同來源的訂單而有差異時，就可以將這些差異依據不同的訂單文件，引用內部 DTD 宣告在 XML 文件內。這種結合內部 DTD 與外部 DTD 引用的方式，稱之爲混合 DTD。參考下列範例內容：

dept.dtd 宣告文件結構的根元素爲 department，共有 name 與 budget 兩個子元素。其中 name 元素宣告爲存放文字資料，但未宣告 budget 元素的定義。而 budget 元素的宣告是在 XML 文件內，以內部 DTD 宣告的方式定義。

**DTD 檔名：dept.dtd**

```
<?xml version="1.0" encoding="UTF-8"?>
<!ELEMENT department (name, budget)>
<!ELEMENT name (#PCDATA)>
<!ATTLIST name id CDATA #REQUIRED>
```

Dept.xml 文件內使用「!DOCTYPE department SYSTEM “dept.dtd”」宣告指定檔案名稱爲 dept.dtd 的外部 DTD，並在之下再加入內部 DTD，宣告 budget 元素及其子元素的定義。

**XML 文件檔名：Dept.xml**

```
<?xml version="1.0" encoding="UTF-8"?>
<!DOCTYPE department SYSTEM "dept.dtd" [
    <!ELEMENT budget (item*)>
    <!ELEMENT item (year, title, funding)>
    <!ELEMENT year (#PCDATA)>
    <!ELEMENT title (#PCDATA)>
    <!ELEMENT funding (#PCDATA)>
]>
<department>
    <name id="hr"> 人資管理部 </name>
    <budget>
        <item>
            <year>2020</year>
            <title> 伺服器維護費 </title>
```

```
            <funding>50000</funding>
        </item>
    </budget>
</department>
```

# 第三節 元素宣告

## 1. 元素的資料類型

DTD 的元素宣告語法爲：

**<!ELEMENT *元素名稱* （*資料型態*）>**

其中關鍵字 ELEMENT，用於指定元素的宣告，ELEMENT 單字必須全部大寫，且與 <! 之間不能有空格，而元素名稱與資料型態之間則必須至少要有一空格。

資料型態包括簡單型態與複雜型態。DTD 只支援「#PCDATA」一種簡單型態，不論是數值、日期、字串，對於 DTD 而言都沒有分別；複雜型態則是子元素。元素內可以包含的形式，包括如表 4-1 所列的四種形式。

表 4-1 複雜型態的內容形式

| 名稱 | 說明 |
|---|---|
| 空元素（EMPTY） | 元素內不含任何內容 |
| 任意元素（ANY） | 元素內可以包含任意內容，只允許根元素使用 |
| 混合元素 | 含有簡單型態的字串資料和子元素 |
| 子元素 | 含有下一層的元素 |

例如下列宣告的 DTD 範例內容。

**DTD 檔案名稱：book.dtd**

```
1 <?xml version="1.0" encoding="UTF-8"?>
2 <!ELEMENT books ANY>
3 <!ELEMENT book (title, authorlist, price)>
4 <!ELEMENT title (#PCDATA|ISBN)*>
5 <!ELEMENT ISBN (#PCDATA)>
6 <!ELEMENT authorlist (author*)>
7 <!ELEMENT author (#PCDATA)>
8 <!ELEMENT price EMPTY>
```

其中第 2 行 books 元素的內容宣告爲任一類型的 ANY，表示可以使用任何已宣告在此 DTD 內的元素。由於使用 ANY 的宣告無法固定包含哪些元素，會影響自動化的處理，建議盡量避免使用。第 3 行宣告 book 元素爲父元素，其內容包含 title、authorlist 與 price 三個子元素。同樣的方式，在第 6 行 authorlist 也是宣告爲父元素，其內容包含一個 author 子元素。第 4 行是宣告 title 元素爲混合型態，其內容可以是簡單型態，也可以是包含有 ISBN 子元素。第 5 行與第 7 行宣告 ISBN 與 author 元素的內容是簡單型態。第 8 行則是空元素的宣告，表示 price 元素內容不允許包含任何文字或子元素。

DTD 內容的各元素宣告，元素之間的次序無關，例如上述範例宣告成如下的內容，也能正常運作：

```
<?xml version="1.0" encoding="UTF-8"?>
<!ELEMENT ISBN (#PCDATA)>
<!ELEMENT title (#PCDATA | ISBN)*>
<!ELEMENT book (title, authorlist, price)>
<!ELEMENT price EMPTY>
<!ELEMENT authorlist (author*)>
<!ELEMENT author (#PCDATA)>
<!ELEMENT books ANY>
```

但建議將根元素的宣告放在 DTD 開始部分，以方便可讀性。此外，元素的宣告必須唯一，若有多個元素都有相同名稱的子元素，則只需宣告一個。

## 2. 元素結構運算子

若有多個子元素，就需要設定用到哪些元素及使用規則，表列的次序也就是它們出現的次序和可以出現的次數。（請記住，表列中所有的元素都必須另外有它們自己的元素宣告）參數實體也能出現在表列之中，如此可以讓發展人員比較容易建立多個類似的結構。表 4-3 列出了一些用於元素的符號：

表 4-3　指定元素結構的運算子

| 符號 | 說明 | 範例 | 範例說明 |
|---|---|---|---|
| \| | 或。只能出現運算子作用範圍的任一元素一次 | thisone\|thatone | 可出現 thisone 或 thatone |
| , | 指定元素排列的順序 | thisone, thatone | thatone 元素必須接著 thisone 元素 |
| ( ) | 將元素群聚起來 | (thisone, thatone, whichone) | 先出現 thisone，再出現 thatone 元素，最後出現 whichone 元素 |
| ? | 元素可出現 0 或 1 次 | thisone? | thisone 元素可允許出現一次或不出現 |
|  | 只能且一定要出現且只能出現 1 次 | thisone | thisone 元素一定要出現 |
| * | 允許出現 0 次或任何次數 | thisone* | thisone 元素可出現零到多個 |
| + | 可出現 1 次或 1 次以上 | thisone+ | thisone 元素一定要出現，且可以出現多次以上 |

如果使用一般資料定義的必備、重複與否的說法，也可以將出現次數的運算

子以表 4-4 的方式表示：

表 4-4　依據是否必備與可否重複表示

| 符號 | 必備 | 可重複 |
|---|---|---|
| ? | 否 | 否 |
| | 是 | 否 |
| * | 否 | 是 |
| + | 是 | 是 |

## 第四節　屬性宣告

### 1. 宣告

屬性是 XML 文件另一個重要的組成部分，可以在元素的起始標籤或空元素中使用「名稱」與「值」的對稱方式，提供元素附加的資訊。DTD 的屬性宣告語法如下所示：

```
<!ATTLIST 元素名稱 屬性名稱 型態 預設值 >
```

屬性宣告的第一個名稱是擁有此屬性的元素名稱，接著在元素名稱的後面是一個或一連串屬性的定義，包括型態與預設值。可以使用的屬性型態及其說明參考表 4-6 所列：

表 4-6　屬性型態

| 型態 | 說明 |
|---|---|
| CDATA | 此屬性僅允許包含字元資料，是最常使用的屬性類型。 |
| ID | 此屬性值必須為唯一。如果在一個文件內有兩個型態均為 ID 的屬性且有相同的值，剖析器應會傳回錯誤。（請注意：ID 型態的屬性不可以有預設值或固定值） |
| IDREF | 屬性值必須參照到文件中別處所宣告的一個 ID 值。如果此屬性值沒有符合任一個 ID 值，剖析器應會傳回錯誤。 |
| ENTITY, ENTITIES | 一個 ENTITY 屬性的值必須參照到在 DTD 中所宣告的一個外部不剖析的實體名稱；一個 ENTITIES 屬性類似於 ENTITY 實體，但允許有多個由空格隔開的實體名稱。 |
| NMTOKEN, NMTOKENS | 屬性值必須和 CDATA 一樣的字元資料，但字元只允許是字母、數字、點（period）、短線（dash）、底線或冒號。<br>NMTOKENS 類似 NMTOKEN 屬性，但允許有多個由空格隔開的實體名稱。 |
| NOTATION | 屬性值必須是參照到在 DTD 中的一個標示宣告名稱。 |
| enumerated,<br>例如（thisone \| thatone） | 屬性值必須符合列舉值之一。列舉的值必須出現在括號中，並以 \| 作為區隔。 |
| NOTATION (enumerated) | 屬性值必須符合 NOTATION 名稱表列中其中的一個名稱。例如一個型態為 NOTATION（picture \| slide）之屬性的屬性值便可能是「picture」或「slide」其中一個，而且在宣告 NOTATION 時 picture 和 slide 兩者都必須存在。 |

對於屬性的型態，大多是用 CDATA、ID 和列舉（enumerated）型態，雖然也有可能會用到其他型態，但相當罕見。

【說明】

屬性型態 CDATA 和第三章第二節介紹的 CDATA，名稱相同但實際上是完全不相關的。
屬性型態 CDATA 表示任何字元資料；第三章第二節介紹的 CDATA 表示不剖析的字元資料區塊。

另外，屬性宣告最後的部分是預設值。預設值的宣告包括表 4-7 所列的四種內建值。

表 4-7 屬性預設值

| 設定值 | 說明 |
| --- | --- |
| #REQUIRED | 宣告此一屬性為必備，不能省略。 |
| #IMPLIED | 表示該屬性為選擇性（optional），即為可有可無的非必備屬性。 |
| #FIXED 值 | 宣告此一屬性必須固定為此指定的值，如果該元素包含此屬性時，處理時亦會預設該屬性為此固定值。使用此 DTD 的 XML 文件的元素若沒有出現此屬性，預設元素具備此一屬性，且屬性值為指定的固定值。 |
| 預設值 | 作為此屬性的預設值。使用此 DTD 的 XML 文件的元素若沒有出現此屬性，預設元素具備此一屬性，且屬性值為指定的預設值。 |

比較 #FIXED 與預設值的差異，#FIXED 的內容是不允許改變，例如下列 DTD 的屬性宣告爲固定值的方式：

```
<!ATTLIST price currency CDATA #FIXED "NT">
```

若資料爲：

```
<price currency="NT">100</price>    正確
<price>100</price>                  正確，預設元素具備此一屬性
```

<price currency="US">100</price>　錯誤，current 屬性值爲固定值「NT」，不可變更

例如下列 DTD 的屬性宣告爲預設值的方式：

```
<!ATTLIST price currency CDATA "NT">
```

若資料爲：

<price currency="NT">100</price>　正確
<price>100</price>　正確，預設元素具備此一屬性
<price currency="US">100</price>　正確，current 屬性值可變更爲其他值

如果需要限制屬性的列舉值，例如屬性值必須是 NT、US、EU 的情況，就可以使用列舉的方式宣告爲：

```
<!ATTLIST price currency (NT|US|EU) "NT">
```

則在此情況下，currency 屬性值可以是 "NT"、"US" 或 "EU" 三者擇一。不過要注意的是屬性的列舉值不可以加單引號或雙引號。例如：

<!ATTLIST price currency ("NT"|"US"|"EU") "NT">　錯誤，列舉值不可加引號

## 2. 特殊屬性

XML 爲所有元素提供了三個內定的特殊屬性，用來輔助 XML 處理中模稜兩可的一些情況：

### (1) xml:lang

xml:lang 提供 XML 標示出實際各元素的語文編碼，使得 XML 文件的內容可以包含許多不同編碼的內容，讓文件可以展現成國際的版本。

XML 文件使用的字碼預設爲 UTF-8，也可使用 encoding 屬性指定特定字碼的

方式，使得無論使用哪一種字碼，都能以 XML 格式儲存。不過 encoding 屬性指定的是整份文件內容所採用的字碼，如果元素有使用不同於 encoding 屬性指定的字碼，便可以透過 xml:lang 屬性個別指定。例如下列範例，某元素內容希望標記使用法國國內使用的字碼，而另一元素的內容則是使用日本國內使用的字碼：

**XM 文件檔名：LangSample.xml**

```
<?xml version="1.0" encoding="UTF-8"?>
<!DOCTYPE LangSample [
    <!ELEMENT LangSample (French, Japan)>
    <!ELEMENT French (#PCDATA)>
    <!ELEMENT Japan (#PCDATA)>
    <!ATTLIST French xml:lang NMTOKEN "fr">
    <!ATTLIST Japan xml:lang NMTOKEN "ja">
]>
<LangSample>
    <French>Ceci est un avertissement en français</French>
    <Japan> これは日本語の警告文です </Japan>
</LangSample>
```

xml:lang 屬性是指定相關的 XML 資料使用的人類語言，使用 ISO 639-1 表示使用的語文種類，可以協助全文檢索系統、排版系統或是提供適當的語文介面顯示。例如在這一個範例中，使用「fr」表示法文；「ja」表示日文。當一個有能力處理法文、日文翻譯的應用程式，就能夠將此文件的段落依據所屬語文適當地處理。標示中文時，使用 xml:lang="zh" 表示，但如果要表示正體中文，則使用 xml:lang="zh-TW"，反之要表示簡體中文，則使用 xml:lang="zh-CN" 表示。各類中文的設定值可參考表 4-8 所示：

表 4-8　xml:lang 中文屬性值

| 屬性值 | 中文意義 |
|---|---|
| xml:lang="zh" | 表示中文資料 |
| xml:lang="zh-TW" | 表示臺灣使用的中文（正體字） |
| xml:lang="zh-HK" | 表示香港使用的中文（正體字） |
| xml:lang="zh-CN" | 表示中國大陸使用的中文（簡體字） |
| xml:lang="zh-SG" | 表示新加坡使用的中文（簡體字） |

透過指定語文的方式，可以讓應用程式適當的處理文字資訊。xml:lang 屬性的運作和 xml:space 相同，均適用於元素本身和它的子元素內容。參考下列不事先指定屬性預設值的屬性宣告方式。

```
<!ATTLIST element xml:lang NMTOKEN #IMPIED>
```

或是有預設值的宣告方式：

```
<!ATTLIST Name xml:lang NMTOKEN "en">
```

當處理到這一個宣告便會覆蓋過之前在引用元素內指定的法文、日文或其他任何依據 ISO639 或 Internet Assigned Numbers Authority（IANA）所指定的語文。就如表 4-8 中文語文細分的情況，ISO639 的語文代碼可以直接代表語文，也可以接上一個國別代碼來更精確的代表某一個語文：例如使用英式英文的「en-GB」相對於美式英文的「en-US」。而 IANA 語文碼之前必須冠上 i- 或 I-；您可以使用其他的語文碼，不過前面必須冠上 x- 或 X-。另外，不像 XML 的規範，所有這些語文代碼是不分大小寫的（請參考 IETF RFC 1766 更進一步的解說）

xml:lang 能夠比基本的 Unicode 資料提供更多的資訊，並且能夠讓應用程式節省判定各元素實際內容語文的時間。不過它也不是萬靈丹，在某些使用相當複雜的樣式時，要能讓這些元素有效地運用，必須配合應用程式的支援才能達到。

### (2) xml:space

這一個屬性實際上就像一個旗號（flag），告訴應用程式是否要注意到空格字元。xml:space 的行爲繼承自它的父元素；如果一個元素內容含有一個 xml:space 值，並包含其他子元素時，這些子元素依據其父元素的設定，都將會處理空格。除非在子元素內又有另一個新的 xml:space 屬性，才會覆蓋過繼承自父元素的設定。因爲預設值能設定在 DTD 之內，如果希望能夠在文件建立時，預設要處理空格字元，可以將 xml:space 預設值設定在根元素。

xml:space 屬性必須先在 DTD 內宣告才能使用，且該屬性必須宣告爲列舉值，而列舉值限定爲 default 或 preserve。

- default：依據應用程式內定的方式處理空格，所以不同的應用程式處理的結果可能會不相同。
- preserve：建議應用程式保留該元素內所有的空格。

參考下列範例：

**XML 文件檔名：Poetry.xml**

```
<?xml version="1.0" encoding="UTF-8"?>
<!DOCTYPE poetry [
    <!ELEMENT poetry (#PCDATA)>
    <!ATTLIST poetry xml:space (default|preserve) "preserve">
]>
<poetry>
    白日依山盡，          黃河入海流；
    欲窮千里目，          更上一層樓。
</poetry>
```

【說明】

xml:space 是用來指示應用程式是否要處置空格字元，不過現有瀏覽器和許多顯示 XML 的應用程式雖能夠辨認 xml:space，但大部分顯示的結果都是不正確的。

(3) **xml:id**

xml:id 屬性是用於保證正確 ID 處理的方法。依據 XML 的規定，在一份 XML 文件內，每一個使用 ID 屬性的值必須是唯一（unique）。因此使用結構宣告，DTD 的屬性宣告方式是 <!ATTLIST *元素 id* ID #REQUIRED>；XML Schema 則是使用 <xs:attribute name="id" type="xs:ID"> 的宣告。不過對於沒有 DTD 或 XML Schema，也就是不需驗證的 XML 文件，或是使用外部 DTD 的 XML 文件而言，確有可能產生問題。無論所使用的 XML 剖析器是否能夠執行驗證，xml:id 屬性能夠確保 ID 的處理是一致且可靠的。簡單的說，如果擔心只使用 ID 這一個屬性會在某些剖析器發生問題，建議採用 xml:id 屬性以避免問題的發生。

# 第五節　實體宣告

XML 的實體（Entity）是一個簡單的資料項目，用來替換特殊符號或文字內容。XML 的實體允許將不同類型的資料替換至 XML 文件內。在 XML 文件內使用實體時，實體名稱必須是由文字、數字、點、短線、底線或冒號組成，並且開頭必須是文字或底線，名稱之間不可有任何空白。最開頭必須是「&」符號，而且結尾必須是「；」符號標示此為一實體。DTD 的實體宣告語法如下所示：

```
<!ENTITY 實體名稱 實體值>
```

ENTITY 是關鍵字，表示定義一個實體；***實體名稱***用來代表此一實體，提供在 XML 文件內指定使用；***實體值***就是實體的資料內容，不可以包含大於「>」、小於「<」、和符號「&」，以及單引號「'」和雙引號「"」。

實體是一個預先宣告的資料集，XML 文件中任何的資料都可以宣告成實體，然後在將資料集替換成爲 XML 文件中的內容。XML 實體可以依據不同的來源或用途分成下列三種類型：

### 1. 依據用途分類：

#### (1) 通用實體（general entity）

也就是 XML 內建的實體，請參見第三章，表 3-1 的介紹。例如資料內容的大於符號「>」，必須使用通用實體「>」。

#### (2) 參數實體（parameter entity）

參數實體只允許使用在 DTD 中，提供 XML 文件將指定的實體名稱替換成實體指定的值。參數實體含有標示宣告的資訊，通常是由幾個元素或一個連結的外部 DTD 所分享的共同屬性集。雖然參數實體可被考慮用來簡化 DTD 的建立，但還是應該小心的使用它們，因爲如果發生定義錯誤導致不正常時，要挑出有問題的地方可能非常費工費時。

通用實體使用 & 符號宣告，而參數實體則是使用百分比（%）符號來宣告。參數實體宣告的語法如下：

```
<!ENTITY % 實體名稱 實體定義 >
```

介於百分比符號和實體名稱之間一定要有空白。命名規則和通用實體一樣，實體的定義可以包含許多有效的標示，前後並用引號括起來。

內部參數實體的行爲類似通用實體，但只在 DTD 中運作，而不是在內文中運作。例如下列內部參數實體的宣告範例：

**XML 文件檔名：Project4.xml**

```
<?xml version="1.0" encoding="UTF-8"?>
<!DOCTYPE project[
<!ENTITY % member "<!ELEMENT participants (name, role?)>">
<!ELEMENT project (title, leader+, participants*)>
<!ELEMENT title (#PCDATA)>
<!ATTLIST title id CDATA #IMPLIED>
<!ELEMENT leader (name)>
%member;
<!ELEMENT role (#PCDATA)>
<!ELEMENT name (#PCDATA)>
]>
<project>
    <title id="NSC 94-9999-H-999-001"> 數位典藏專案計畫 </title>
    <leader>
        <name> 張三豐 </name>
    </leader>
    <participants>
        <name> 李四 </name>
        <role> 助理 </role>
    </participants>
    <participants>
        <name> 王五 </name>
        <role> 助理 </role>
    </participants>
</project>
```

【說明】

宣告參數實體時，百分比符號與名稱之間要有至少一個空格；
當使用參數實體時，在百分比符號和實體名稱之間不需要有任何空白，空白僅有在實體被宣告的時候才需要。

## 2. 依據宣告分類

### (1) 內部實體（internal entity）

實體的內容已經包含在 DTD 文件內的宣告，稱為內部實體。例如下列實體的宣告範例：

```
<!ENTITY hello  " 你好，こんにちは ">
```

### (2) 外部實體（external entity）

外部實體的內容是透過 URI 引進 DTD 之外的宣告。例如下列實體的宣告範例：

```
<!ENTITY image SYSTEM "picture.jpg">
```

表示外部實體 image 要替換的內容是參照到外部的 picture.jpg 圖片檔案。

```
<!ENTITY c  SYSTEM "http://www.myBook/copyright.xml">
```

表示外部實體 c 要替換的內容是參照到外部的 copyright.xml 文件檔案。

```
<!ENTITY c  PUBLIC "-//W3C//TEXT copyright//EN"  "http://www.w3.org/xmlspec/copyright.xml">
```

表示外部實體 c 要替換的內容是參照到外部共用文件的 copyright.xml 文件檔案。

### 3. 依據是否剖析分類

#### (1) 可剖析實體（parsed entity）

可剖析實體的實體值是 XML 剖析器可以處理的文字資料。

#### (2) 不可剖析實體（unparsed entity）

也就是 XML 剖析器無法剖析的資料，通常是指二進位的資料，也就是多媒體資料。因此不可剖析的實體就會宣告為外部實體。

參考下列一個具備元素、屬性與實體的 DTD 宣告，引用在 XML 文件的呈現結果：

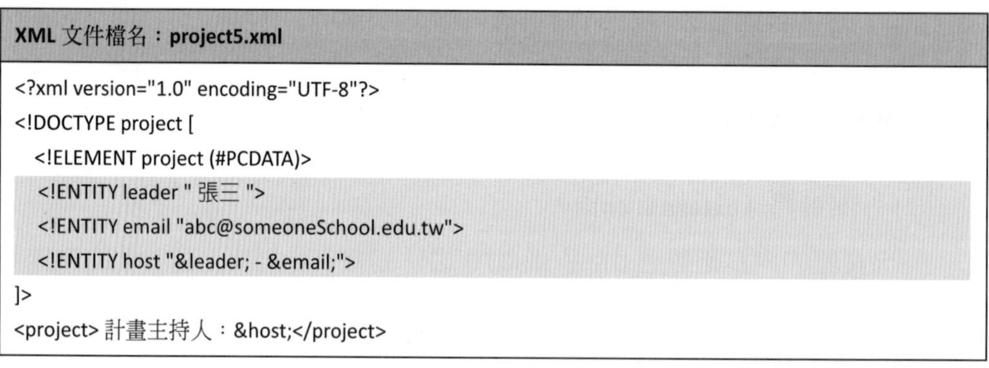

**XML 文件檔名：project5.xml**

```
<?xml version="1.0" encoding="UTF-8"?>
<!DOCTYPE project [
  <!ELEMENT project (#PCDATA)>
  <!ENTITY leader " 張三 ">
  <!ENTITY email "abc@someoneSchool.edu.tw">
  <!ENTITY host "&leader; - &email;">
]>
<project> 計畫主持人：&host;</project>
```

於瀏覽器呈現的結果如圖 4-1 所示：

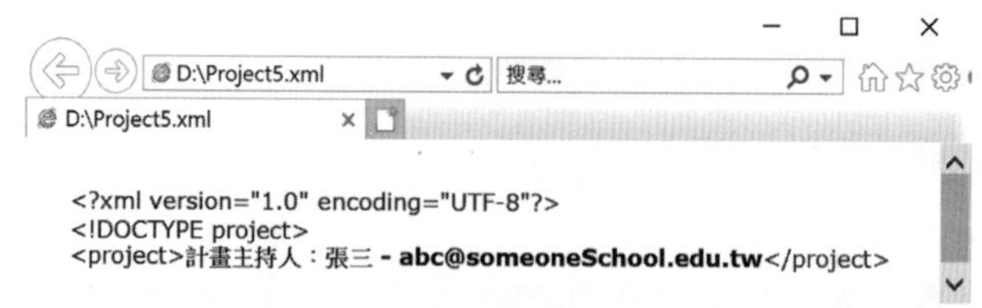


圖 4-1　瀏覽器顯示結果

在這一個範例宣告了 leader、email、host 三個實體，其中 host 實體的實體值包含有 leader 實體與 email 實體。因此在 XML 文件的 project 元素內使用 host 實體時，瀏覽器（XML 剖析器）便會將此 host 實體替換成對應的實體值。

## 第六節　標記宣告

標記（notation）宣告是用來宣告文件的資料是外部非 XML 的資料，尤其是現今許多資料必須包含二進位圖檔或影像檔，透過此宣告便可告訴應用程式應如何處理這些外部的資料。標記宣告有其重要性，不過在使用上仍需小心，尤其是在 XML Schema 的宣告上 [1]。其宣告的語法如下：

**<!NOTATION *標記名稱* SYSTEM *外部識別資料* >**

例如下列一個包含圖片的文件宣告的範例片段，屬性值如果是參照到外部的資料，雖然 XML 剖析器並不會剖析這些外部的資料，但是處理的應用程式就可以將這些資訊與標示的項目結合起來應用。

```
<!NOTATION myViewer "http://ic.shu.edu.tw/myView.exe">
<!NOTATION myPlayer "http://ic.shu.edu.tw/Pictures/myPlayer.exe">
<!ELEMENT DOCUMENT (#PCDATA | PICTURE)*>
<!ELEMENT PICTURE empty>
<!ATTLIST PICTURE
    TYPENOTION (myViewer | myPlayer) "myViewer"
    IMAGE    CDATA     #IMPLIED>
```

1 Kawaguchi, K. (2001). Why You Should Avoid Notation Declarations, Retrieved from http://www.xml.com/pub/a/2001/06/06/schemasimple.html?page=2#avoid_notations

在上述這一個範例中，編輯人員決定所有文件中的圖片只可能會有二種格式之一，而使用這一個 DTD 所建立的 XML 文件看起來可以會是下面這樣子：

```
<DOCUMENT>
    我們學校的校區風景：
    <PICTURE TYPE="myPlayer" IMAGE="CampusGuide.mpg"/>
    教學大樓環境：
    <PICTURE TYPE="myViewer" IMAGE="ClassroomGuide.jpg">
</DOCUMENT>
```

## 第七節　執行有效性驗證

當建立了如前所示的 XML 文件與 DTD 檔案，如果要驗證 DTD 對於 XML 文件的有效性，必須具備 DTD 驗證的工具軟體。多數開發工具，包括 Notepad++、Eclipse，或是微軟（Mircorsoft）的 Visual Studio 都能執行有效性的驗證。此外還有許多專門用來建置 XML 相關技術的工具，如 XML Spy、XmEdiL、EasyXML、XmlPad、XRay 等，也能提供有效性的驗證。

參考下列使用 XMLSpy 軟體示範，開啓一個 XML 文件，並將該 XML 文件的結構指定一 DTD 文件，再檢驗其文法與格式是否符合該 DTD 定義的結構。首先請執行 XMLSpy 軟體，於主選單 File 選擇開啓名稱爲 book.xml 的檔案，開啓後顯示如圖 4-2 所示：

圖 4-2　檢驗文法與驗證結構格式功能

在主選單下方的圖示工作列有兩個圖示鈕，以滑鼠選點 (1) 黃色按鈕執行文件是否合乎 XML 文法規範的檢驗；選點 (2) 綠色按鈕則是驗證文件是否合乎定義的結構規範。若按下 (1) 黃色按鈕出現如圖 4-3 所示的畫面，顯示 (2) 的黃色打勾圓圈表示合乎 XML 文法。如果是有不符合文法的規範，則出現如圖中 (3) 的錯誤訊息，說明不符合的可能原因。

【說明】

| XML 的文法規則請參見第三章第三節的介紹。 |
|---|

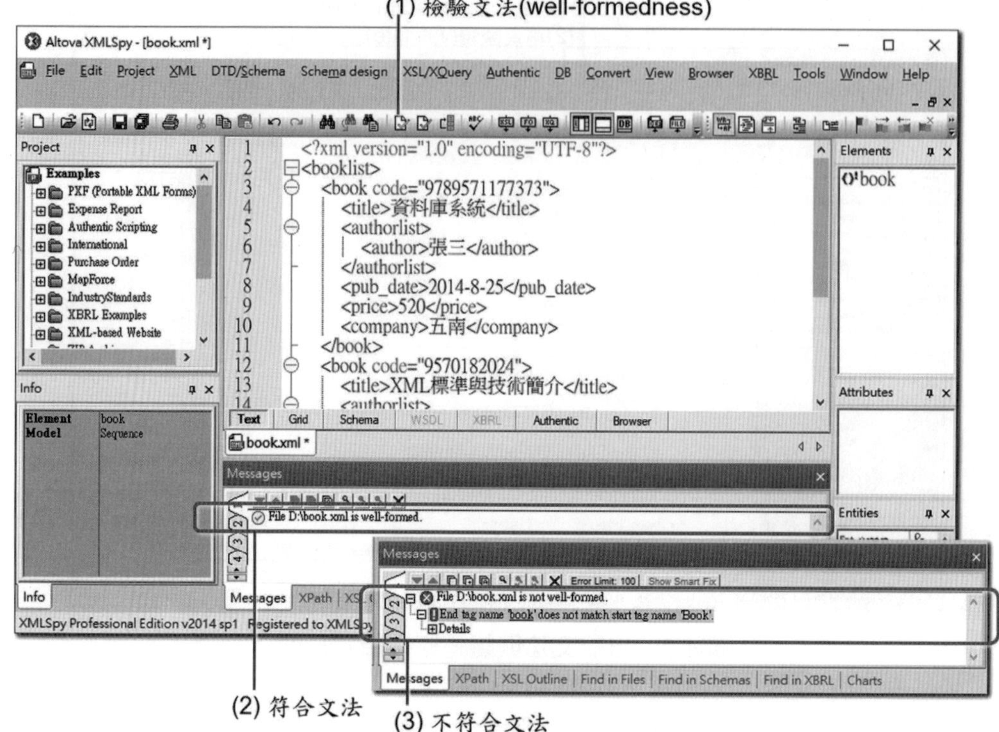


圖 4-3　文法檢驗顯示結果畫面

因爲這一個 book.xml 文件尚未指定其結構格式的 DTD 文件，所以如果檢驗其結構一定會發生如圖 4-4 下方視窗所顯示的無法驗證格式的錯誤訊息。

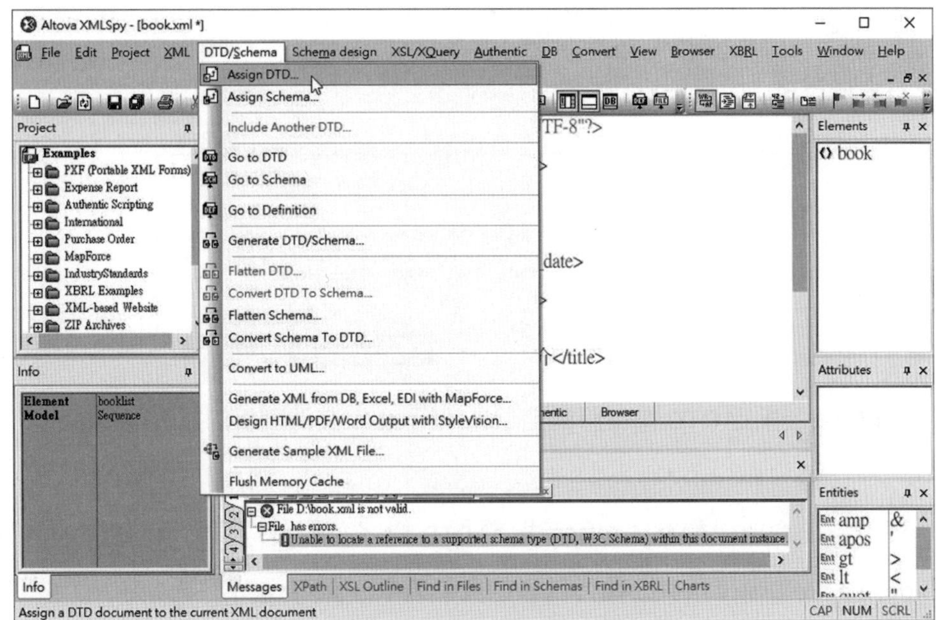


圖 4-4 指定 XML 文件的 DTD 檔案

因此接下來練習指定 DTD 的方式。指定的方式可以直接在此 XML 文件 <?xml?> 的宣告之下一行（也就是第二行）手動鍵入：

```
<!DOCTYPE booklist SYSTEM "book2.dtd">
```

【說明】

| 如果 XML 文件與 DTD 文件之檔案所在的目錄不同，則必須在 DTD 檔案名稱之前加上其目錄位置，否則驗證結構格式時，會因爲不正確的 DTD 檔案所在的目錄位置，而無法驗證。 |
|---|

如果要使用 XMLSpy 軟體提供的指定方式，請於如圖 4-4 上方所示的主選單 DTD/Schema，選點「Assign DTD…」選項。選點後，系統會先提示如圖 4-5 所示

的畫面，提醒指定結構的 DTD 檔案之前，會先將 XML 文件剖析確認其內容。不用擔心，只要按下「確定」鈕即可。

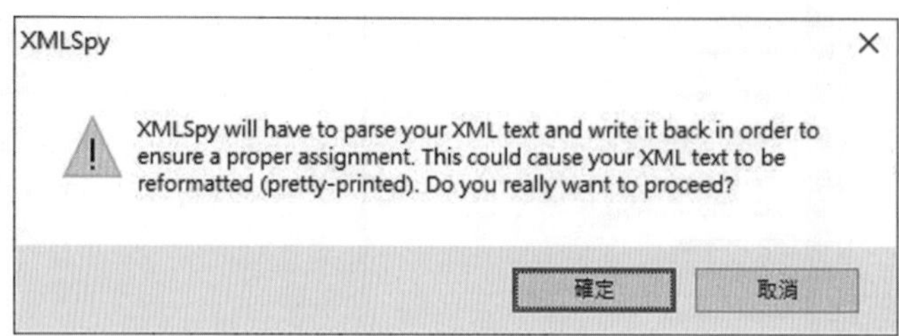


圖 4-5　指定 DTD 檔案時會自動先執行 XML 文件剖析的提醒對話框

接著系統會顯示如圖 4-6 所示指定 DTD 檔案名稱與位置的對話框。可以在「Choose a file」欄位內直接輸入目錄位置與檔名，也可選點「Browse…」按鈕，開啓目錄功能選擇 DTD 所在的目錄位置與檔案。

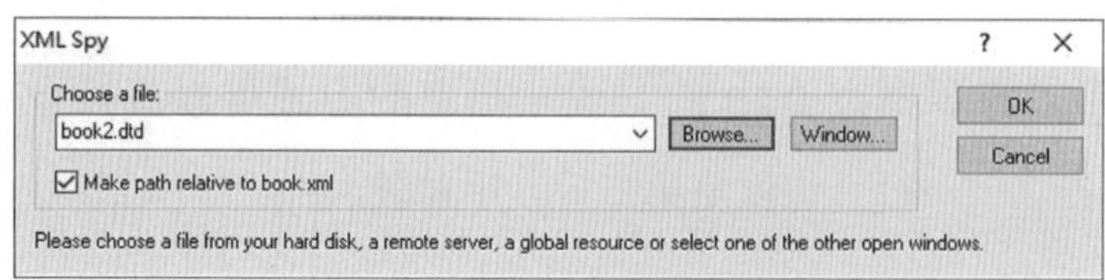


圖 4-6　指定檔案對話框

完成後按下「OK」按鈕，系統即會將指定該 DTD 檔案的宣告加入 XML 文件內，顯示如圖 4-7 所示的結果。

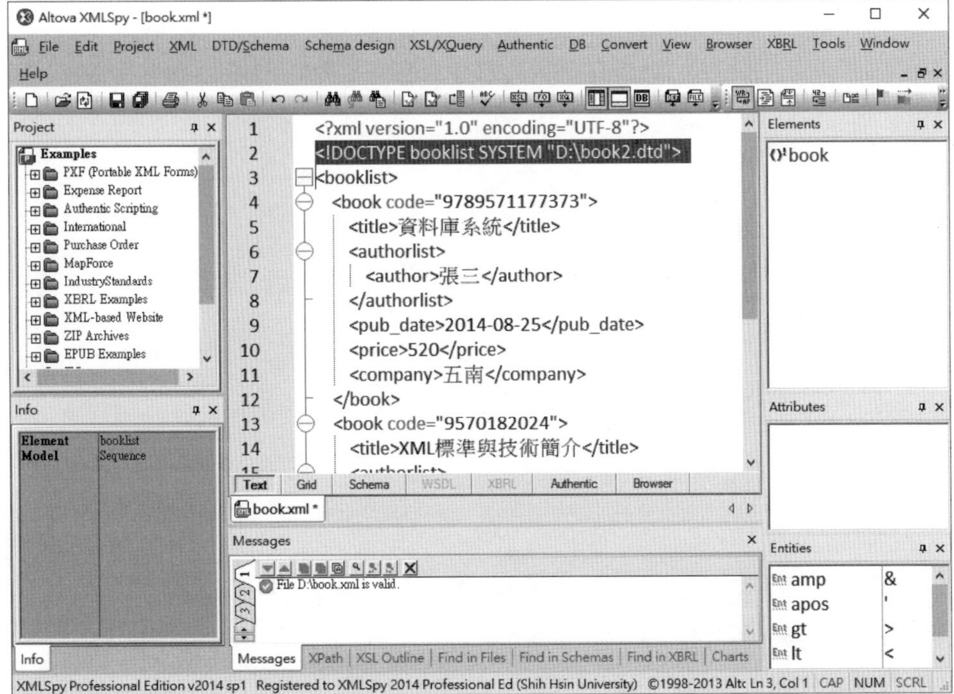

圖 4-7　XML 文件內宣告指定外部 DTD

這時，如果按下主選單下方的圖示工作列的綠色格式驗證按鈕，就會顯示如圖下方的綠色打勾圓形，表示符合結構的驗證。也就表示這一個 book.xml 文件內容的格式，有遵照指定的 book2.dtd 結構的宣告。

# 第五章　結構規範——XSD

XML 文件有兩種形式，一種稱爲 Well-formed XML，另一種則稱爲 Valid XML，兩者最大的差別在於 Well-formed XML 表示符合文法規範的 XML 文件，而 Valid XML 則不僅符合文法規範，還包含有文件的結構定義。XML 最初公布時採用 DTD 作爲定義和規範 XML 文件架構的一組規則，不過 DTD 有許多限制與不足之處，因此 W3C 於 2001 年推出專爲 XML 量身訂做的綱要語法：XML Schema。

## 第一節　XML Schema

### 一、歷史

W3C 最初在 1998 年 2 月 10 日正式推出 XML 時，是採用 SGML（ISO 8879-1986）宣告文件型別定義（Data Type Definition，DTD）的語法，透過 DTD 的文件規範 XML 文件的結構與格式。不過 DTD 的語法和 XML 語法完全不同、不支援多種資料形態…等如表 5-1 所示的諸多限制。

表 5-1　DTD 語法的限制

| | |
|---|---|
| 預設值 | 僅提供屬性（attribute）欄位的預設值宣告，而無元素（element）欄位的預設值定義。 |
| 資料型態 | DTD 只有 PCDATA, CDATA 等資料型態宣告，無法指定元素內容或屬性資料型態。例如有一元素內容只能是日期型態，DTD 無法達成此一約束。 |
| 元素出現次數 | 無法限制某些欄位出現的方式。例如 DTD 的元素內容宣告（A\|B）* 無法保證之中 A 和 B 僅可只出現一次。 |

| 語法規則 | 與 XML 語法不同。例如元素的宣告語法 <!ELEMENT> 與屬性的宣告語法 <!ATTLIST >，均沒有符合均 XML 文法規定的起始標籤與結束標籤或空元素的規則。 |
|---|---|
| 內容辨識 | 混合型態的內容無法精確區分。例如 <SNO>123</SNO> 內容無法直接分辨是整數還是字串。 |
| 數集 | 元素的數集（Cardinality）關係，只具備 0,1 和「多個」的條件。 |
| 群組宣告 | 缺乏元素與屬性的群組命名設定，無法重複使用先前宣告之元素或屬性。 |

產業界與學術界也有許多的建議書被提出來希望能取代或支援 DTD 之下，於是 W3C 在 1998 年成立了綱要工作小組（Schema Working Group）——XML-Data，以微軟、ArborText 以及 DataChannel 所提出的綱要計畫爲主。同年（1998 年 7 月），還有另一個由微軟和 IBM 所贊助的綱要計畫：文件內容宣告（Document Content Description，DCD）。XML-Data 和 DCD 均提供一個完整的解決方案以取代 DTD，包括支援實體宣告（entity declarations）以及資料型態等。1998 年中，XML-Dev 的會員郵寄名單（mailing list）也建立了自訂名稱爲 Xschema 的綱要語言，將它呈交至 W3C 時，更名爲文件描述標示語言（Document Description Markup Language，DDML）[1]。不同於 XML-Data 和 DCD，DDML 期望它的實體宣告能容納本身所定義的標準，並計畫建立其他資料型態的標準，以作爲更多的基準方法。而 W3C 另一個方案，物件導向的 XML 綱要（Schema for Object-Oriented XML，SOX）將物件導向程式應用到綱要的發展之中。

以上這些方案並不是提供一般性的使用或完整的應用，但全部都可以提供使用某一 XML 文件描述另外 XML 文件結構格式的工具。W3C 的 Schema 工作小

1 W3C. (1999,3). Document Definition Markup Language (DDML) Specification, Version 1.0. Retrieved from https://www.w3.org/TR/NOTE-ddml

組參酌了這些 Schema 相關的提案，並整合上述這些業界所提出規格的優點及特性，訂定了 XML Schema 的標準，並於 2001 年 5 月 2 日正式成為 W3C 的一個建議（Recommendation）標準。XML Schema 本身也是一份 XML 文件，其功能與 DTD 一樣，都是定義 XML 文件結構的一種標準。和 DTD 比較，XML Schema 能夠提供下列的優點：

1. 使用標準的 XML 來定義整個 XML Schema，不僅編輯容易，也能夠透過 XML 剖析器來解析。
2. 能夠明確地設定結構中的元素數量，亦能宣告節點的內容為封閉式（僅能包含特定宣告的子元素），或是開放式（能夠包含任何子元素）的結構。
3. 透過名稱空間（namespace）的使用，使能夠在相同的文件中載入多個 XML Schemas。
4. 能夠在 XML Schema 內定義原型（archetype），提供基本的繼承（inheritance）、封裝（encapsulation）等物件導向功能。

【說明】

由於 XML Schema 定義（XML Schema Definition）的縮寫為 XSD，因此 XML Schema 定義檔案副檔名為 xsd，所以通常也將 XML Schema 簡稱為 XSD。

【說明】

綱要（Schema）是一種描述資訊的架構，此名詞源自於資料庫中如何描述內部物件的架構，包括資料庫內涵、表格結構、表格之間的關聯性等等。其實可以將 Schema 視為施工的藍圖，該藍圖詳述文件的結構與配置，所以每個實際的文件都必須依據該藍圖建立內容的結構。

W3C 發布 XML Schema 的建議書，共分爲如表 5-2 所示的三個單元，可以藉由這些單元的介紹內容，了解完整的 XML Schema 相關定義與說明。

表 5-2　XML Schema 三個單元

| 標準單元 | 說明 | 規格下載網址 |
|---|---|---|
| 入門指引（Primer） | 各種宣告的使用說明 | https://www.w3.org/TR/xmlschema-0/ |
| 架構（Structures） | 描述如何以 XML Schema 的句法來定義及規範 XML 文件架構 | https://www.w3.org/TR/xmlschema-1/ |
| 資料類型（Datatypes） | 提供一套定義 XML 資料類型的機制 | https://www.w3.org/TR/xmlschema-2/ |

## 二、XSD 與 DTD 比較

### 1. XML 文件引用的方式

若某一個 XML 文件，引用某個 XSD 或 DTD 所定義的結構規範，該 XML 文件稱爲實例文件（Instance document），而引用的 XSD 或 DTD 文件則稱爲該 XML 文件的實例（Instance）。要驗證 XML 文件是否符合實例所定義的結構，必須要在 XML 文件內指定所引用的實例。首先，先複習前一章介紹 XML 文件引用外部 DTD 的宣告。例如，當 XML 文件要引用一個位於 D 槽 Chap05 目錄內的 news.dtd 檔案時，宣告方式爲：

```
<!DOCTYPE NewsMeta SYSTEM " D:\Chap05\news.dtd">
```

而當 XML 文件要引用一個位於 D 槽 Chap05 目錄內檔名爲 news.xsd 的 XML Schema 時，其宣告方式則爲：

```
<NewsMeta xmlns:xsi="http://www.w3.org/2001/XMLSchema-instance"
xsi:noNamespaceSchemaLocation="file:///D:/Chap05/news.xsd">
```

其中，<NewsMeta> 是這一份 XML 文件的根元素，「xmlns:xsi= http://www.w3.org/2001/XMLSchema-instance」表示宣告一個名稱空間的字首（prefix）名稱爲 xsi，表示用來指定代替「http://www.w3.org/2001/XMLSchema-instance」這一個 URI。而「xsi:noNamespaceSchemaLocation=" file:///D:/Chap05/news.xsd "」noNamespaceSchemaLocation 表示允許使用不具名的名稱空間，也就是 XSD 文件不具有 targetNamespace 屬性時，指定此 XML 文件參照的型態定義文件存在於 D:\chap05\news.xsd 檔案。

若 XSD 文件使用具名的名稱空間，也就是具備 targetNamespace 屬性，則 XML 文件在引用時，就必須使用 schemaLocation 屬性代替 noNamespaceSchemaLocation 屬性，而且這個屬性必須由兩個完整的部分組成：

(1) URI：此 URI 必須與 XSD 文件中的 targetNamespace 屬性引用的 URI 一致；

(2) 引用 XSD 文件的路徑與檔名。

例如前述引用 news.xsd 的 XML 文件，使用具名名稱空間的引用方式示範如下：

```
<?xml version="1.0" encoding="UTF-8"?>
<xs:schema xmlns:xs="http://www.w3.org/2001/XMLSchema"
    targetNamespace= "http://http://myCompany/Depart/Sales" ← 自訂的名稱空間
    elementFormDefault="qualified">
        <!—XSD 文件的內容 -->
</xs:schema>
```

XML 文件引用此 XSD 的方式，則改爲：

```
<news xmlns:ns1="http://http://myCompany/Depart/Sales"
    xmlns:xsi="http://www.w3.org/2001/XMLSchema-instance"
    xsi:schemaLocation="http://http://myCompany/Depart/Sales file:///D:/news.xsd">
        <!—XML 文件的內容 -->
</ns1:news>
```

## 2. 結構精確度

假設 XML 文件內的資料包含兩個元素：<InvoiceNo> 表示長度固定爲九位數字的發票號碼，而且發票號碼必定是正整數，不會是負值；< ProductID > 則表示是長度爲七位數的產品編號，編號格式爲第一位數必須是大寫英文字母，其後接六位數字：

```
<InvoiceNo>123456789</InvoiceNo>
<ProductID>J123456</ProductID>
```

依據上述 XML 文件的內容結構的定義，比較 DTD 與 XSD 定義上的差異，可以反映出 XSD 對於資料處理精確度的優勢：

**以 DTD 描述的型別定義：**

```
<!ELEMENT InvoiceNo (#PCDATA)>
<!ELEMENT ProductID (#PCDATA)>
```

**以 XML Schema（XSD）描述的型別定義：**

```
<element name='InvoiceNo' type='positive-integer'/>
<element name='ProductID' type='ProductCode'/>
<simpleType name='ProductCode' base='string'>
    <pattern value='[A-Z]{1}d{6}'/>
</simpleType>
```

由於 DTD 定義的原則設計並不是依據資料庫的欄位資料型態，因此元素內容除了空元素（EMPTY）、任意元素（ANY）、子元素之外，定義資料的型態只有「#PCDATA」一種，不僅無法指定明確的資料型態，也無法嚴謹區分資料的格式。而 XSD 則不僅能夠指定明確的資料型態，例如元素 <InvoiceNo> 宣告爲正整數，還可宣告元素的資料格式，如元素 <ProductCode> 宣告格式爲一位大寫（A~Z）與六位數字合成的字串。

## 第二節　XSD 語法

XSD 在 XML 文件中所扮演的功能與 DTD 相同，就是提供文件的結構定義。但 XSD 與 DTD 最大的不同，是 XSD 採用 XML 語法來制定。因爲 DTD 語法與 XML 完全不同，而 XSD 則是完全遵照 XML 的規範。因此 XSD 的語法主要仍是符合 XML 文法的（Well-formed）要求，需要學習 XSD 語法的重點是如何使用 W3C 內定的 XSD 元素的使用方式。

### 一、註解說明

XSD 提供三個註解的元素，包括元素 <annotation> 與其下所屬的 <appInfo> 和 <documentation> 兩個子元素。既然是註解，並沒有明確約束各元素內容該著錄哪些說明，以及說明的範圍與深度。一般而言，元素 <documentation> 是註記該 XML 文件的相關說明；元素 <appInfo> 用於註記使用的工具、樣式和其他應用的說明。此外 W3C 建議使用 xml:lang 屬性標明使用訊息的語文，如下列範例所示：

```
<xs:annotation>
    <xs:documentation xml:lang="en">
        This is my demo example.
        Copyright 2019 Shien-chiang Yu.
    </xs:documentation>
</xs:annotation>
```

## 二、元素

元素是構成 XML 文件的主要結構，XSD 透過 <element> 語法宣告元素，提供元素的名稱、資料類型、預設值、固定值、數集等設定。

### 1. 根元素

XSD 也是合乎文法的 XML 文件，因此一個有效的 XSD 文件都必須有一個名稱爲 <schema> 的根元素，該元素包含下列 8 個選擇性使用的屬性：

**(1) id**

規定該元素的唯一的 ID。id 屬性只是爲了使用的方便，W3C 在 XML Schema 規範中並未特別定義。

**(2) attributeFormDefault**

在該 XSD 的目標命名空間宣告中指定屬性的形式。該值必須是 qualified 或 unqualified。預設值爲 unqualified。

- unqualified：指示無需通過命名空間字首限定目標命名空間的屬性。
- qualified：指示必須通過命名空間字首限定目標命名空間的屬性。

**(3) elementFormDefault**

在該 XSD 的目標命名空間中聲明的元素的形式。該值必須是 qualified 或

unqualified。預設值為 unqualified。

- unqualified：指示無需通過命名空間字首限定目標命名空間的元素。
- qualified：指示必須通過命名空間字首限定目標命名空間的元素。

(4) **blockDefault**

規定在目標命名空間中 <element> 和 <complexType> 元素的 block 屬性的預設值。block 屬性防止具有指定衍生（derivation）型態的複雜型態（或元素）被用來代替繼承的複雜型態（或是元素）。該值可以包含 #all 或者是 extension、restriction 或 substitution 的表列：

- extension：防止通過擴展衍生的複雜型態被用來替代該複雜型態。
- restriction：防止通過限制衍生的複雜型態被用來替代該複雜型態。
- substitution：防止元素的替換。
- #all：防止所有衍生的複雜型態被用來替代該複雜型態。

(5) **finalDefault**

規定在該架構的目標命名空間中<element>、<simpleType>和<complexType>元素的 final 屬性的預設值。final 屬性防止 <element>、<simpleType> 和 <complexType> 元素的指定的衍生型態。對於 <element> 和 <complexType> 元素，該值可以包含 #all 或 extension、restriction 列表。對於 <simpleType> 元素，該值還可以包含 list 和 union 列表：

- extension：預設情況下，該 schema 中的元素不能通過 extension 衍生。僅適用於 element 和 complexType 元素。
- restriction：防止通過 restriction 衍生。
- list：防止通過 list 衍生。僅適用於 simpleType 元素。

- union：防止透過 union 衍生。僅適用於 simpleType 元素。
- #all：預設情況下，該 XSD 中的元素不允許衍生。

(6) **targetNamespace**

指定該 XSD 命名空間的 URI。

(7) **version**

指定 XSD 的版本。雖然在 2012 年 4 月 W3C 已公布 XML Schema 1.1 版本，不過考慮應用程式處理的相容性，一般仍是指定為 1.0 版本。

(8) **xmlns**

在此 XSD 中指定使用的一個或多個命名空間的 URI，如果沒有指定字首，則此 XSD 名稱空間可以使用非限定（unqualified）方式。xmlns 指定的名稱空間「http://www.w3.org/2001/XMLSchema」通常指定字首為 xs 或 xsd，表示這一個文件是 W3C 所規定的 XSD 文件，並可以在此文件內使用 W3C 針對 XML Schema 所定義的元素與屬性。

## 2. 元素宣告

在 XSD 中使用 <element> 元素定義 XML 文件的元素。<element> 元素宣告的基本語法為：

```
<xs:element name=" 元素名稱 " type=" 元素的資料型態 " />
```

其中 name 屬性是指定 XML 文件的元素名稱；type 屬性則是指定此一元素的資料類型。例如要在 XSD 內定義 XML 文件的一個存放字串資料的 <title> 元素，就可以宣告為：

```
<xs:element name="title" type="xs:string" />
```

【說明】

此處只是先就元素宣告作一簡單的介紹，以方便接下來的學習。元素宣告詳細的介紹會在第 110 頁起的「複雜型態」單元內說明。

### 3. 屬性宣告

在 XSD 中使用 <attribute> 元素定義 XML 文件元素的屬性。依據屬性本身的特性，因此 <attribute> 元素的宣告雖然和 <element> 大致相同，但仍會有下列一些差異：

- 屬性的資料類型必須是「簡單型態」（請參見 106 頁「四、型態宣告」的介紹）；
- 屬性不能包含子屬性，而元素可以包含子元素；
- 屬性之間沒有順序。

#### (1) 宣告

屬性宣告的基本語法爲：

```
<xs:attribute name=" 屬性名稱 "  type=" 屬性的資料型態 " />
```

例如下列宣告一個 <Student> 元素，包含 gender 和 age 兩個屬性的 XSD 範例，對宣告的 <Student> 元素而言，無論有無子元素，因爲擁有屬性，就必須宣告爲複雜型態，但屬性宣告本身則必須是簡單型態：

```
<xs:element name="Student">
    <xs:complexType>
        <xs:attribute name="gender" type="xs:string"/>
        <xs:attribute name="age" type="xs:integer"/>
    </xs:complexType>
</xs:element>
```

屬性的宣告分爲全域（global）或區域（local）屬性，如果在 <element> 元素之內使用 <attribute> 宣告的屬性是區域屬性，該屬性的宣告只歸屬於該元素。例如下列宣告的範例：

**XSD 文件檔名：course01.xsd**

```
1   <?xml version="1.0" encoding="UTF-8"?>
2   <xs:schema xmlns:xs="http://www.w3.org/2001/XMLSchema"
    elementFormDefault="qualified" attributeFormDefault="unqualified">
4       <xs:element name="course">
5           <xs:complexType>
6               <xs:sequence>
7                   <xs:element name="subject" type="xs:string" />
8                   <xs:element name="teacher" type="xs:string"/>
9               </xs:sequence>
10              <xs:attribute name="courseCode" type="xs:string"/>
11          </xs:complexType>
12      </xs:element>
13  </xs:schema>
```

其中第一行表示 XML 的序言（prolog）宣告，第二行宣告此爲 XSD 文件，第四行定義一個名稱爲 course 的元素，此元素內包含 <subject>、<teacher> 兩個子元素與一個名稱爲 courseCode 的屬性。只要每一元素內有子元素或屬性，則該元素的資料型態就必須是第 5 行宣告的「複雜型態」<xs:complexType>，而且宣告子元素之前還需定義子元素出現的次序，因此需要在第 6 行加入 <xs:sequence>

的宣告。先前提到屬性的資料類型必須是「簡單型態」，也就是一般資料型態，所以在第 10 行宣告的 <xs:attribute> 元素，直接使用 type= "xs:string" 指定。

依據此 XSD 編輯的 XML 文件，可以是如下示範的內容：

**XML 文件檔名：course.xml**

```
<?xml version="1.0" encoding="UTF-8"?>
<course xmlns:xsi="http://www.w3.org/2001/XMLSchema-instance"
xsi:noNamespaceSchemaLocation="course01.xsd" courseCode="109_IC_01">
    <subject> 標示語言 </subject>
    <teacher> 五南老師 </teacher>
</course>
```

其中 xmlns:xsi 屬性指定 XSD 名稱空間的 URI，以及字首名稱爲 xsi，並透過 xsi:noNamespaceSchemaLocation 屬性指定此 XML 文件引用的 XSD 檔案來源。

在這一個範例使用的 XSD 文件內宣告的 courseCode 屬性是隸屬於 course 元素的區域（local）屬性，也就是專爲 course 定義的屬性。而全域（global）屬性的宣告則是獨立在元素宣告之外，需要具備該屬性的元素可以透過參照的 ref 屬性指定，也就是可以提供任何需要有該屬性宣告的元素使用。例如我們將上述 course.xsd 內的屬性改爲全域的宣告：

**XSD 文件檔名：course02.xsd**

```
<?xml version="1.0" encoding="UTF-8"?>
<xs:schema xmlns:xs="http://www.w3.org/2001/XMLSchema"
elementFormDefault="qualified" attributeFormDefault="unqualified">
    <xs:element name="course">
        <xs:complexType>
            <xs:sequence>
                <xs:element name="subject" type="xs:string" />
                <xs:element name="teacher" type="xs:string"/>
            </xs:sequence>
```

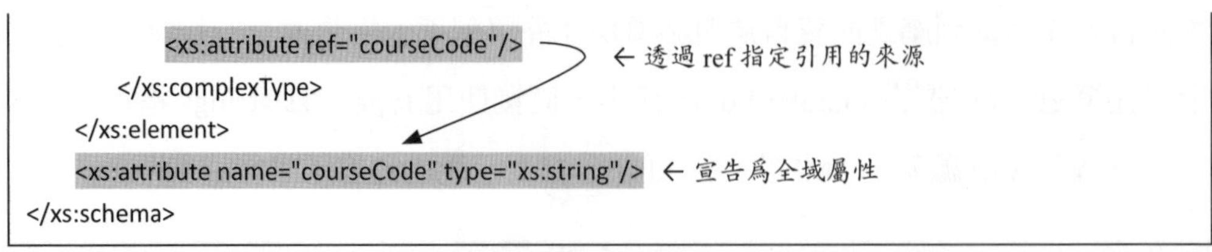


### (2) 指定資料型態

使用 <xs:attribute> 元素宣告屬性的資料型態，指定的方式包括下列三種：

- 使用 type 屬性指定。屬性的資料型態必須是簡單資料型態，而簡單資料型態可以是 102 頁的表 5-3 所列 W3C 內定的資料型態，也可以是自訂的簡單資料型態（參見 106 頁，「四、型態宣告」的介紹）。
- 使用 simpleType 以匿名型態的方式指定。
- 使用 anySimpleType 指定屬性的資料型態是任意合法的型態。

### (3) 使用條件

使用 <xs:attribute> 元素宣告屬性，可以搭配 use 屬性的使用，use 屬性可以指定下列三個值，提供宣告的屬性更進一步的規範：

- optional：標示宣告的屬性爲選擇性，也就是非必備。若 <xs:attribute> 元素的宣告未使用 use 屬性，則預設爲 optional。
- required：表示宣告的屬性爲必備，不可省略。
- prohibited：禁止使用該宣告的屬性。縱使 XML 文件使用了該屬性，等同刪除該屬性。

例如下列示範分別定義可選擇、必備、禁止使用的屬性宣告：

```
<xs:attribute name="courseCode" type="xs:string" use="required"/>
<xs:attribute name="maxStudent" type="xs:integer" use="optional"/>
<xs:attribute name="minStudent" type="xs:string" use="prohibited"/>
```

### (4) 預設值和固定值

在 XSD 文件內的屬性定義宣告，也可以如同 DTD 一般，指定屬性的預設值或固定值。其宣告的方式和 <xs:element> 宣告元素預設值和固定值的方式一樣，都是使用 default 屬性指定預設值、使用 fixed 屬性指定固定值。不過需要注意的是使用預設值時，use 不可以指定為必備的 "required"。

**XSD 文件檔名：course03.xsd**

```
<?xml version="1.0" encoding="UTF-8"?>
<xs:schema xmlns:xs="http://www.w3.org/2001/XMLSchema" elementFormDefault="qualified"
attributeFormDefault="unqualified">
    <xs:element name="course">
        <xs:complexType>
            <xs:sequence>
                <xs:element name="subject" type="xs:string"/>
                <xs:element name="teacher" default=" 五南老師 " type="xs:string"/>
            </xs:sequence>
            <xs:attribute name="courseCode" type="xs:string" use="required"/>
            <xs:attribute name="maxStudent" type="xs:integer" default="50" use="optional"/>
            <xs:attribute name="minStudent" type="xs:string" fixed="20" use="prohibited"/>
        </xs:complexType>
    </xs:element>
</xs:schema>
```

屬性宣告時必須注意，同一個元素內定義多個屬性時，不可以宣告具有相同名稱的屬性，或是宣告不同的名稱空間，但參考到相同的 URI。例如下列錯誤的宣告範例：

```
<Book      xmlns:n1="http://newsmeta.shu.edu.tw"
           xmlns:n2="http://newsmeta.shu.edu.tw">
    <Author1 year="108" year="2019">... ...</Author>
    <Author2 n1:year="109" n2:year="2020">... ...</Author>
</Book>
```

錯誤原因為：

- Author1 有兩個同名的屬性 year。
- Author2 雖有不同名稱空間的字首的合格名稱（qualified name）n1:year 與 n2:year，但 n1 與 n2 兩個字首都參考同相同的 URI。

## 三、內建資料型態

XSD 內建的資料型態包括原生（primitive）與衍生（derived）兩種資料型態[2]，共計 44 種，分別如表 5-3、5-4 所示：

表 5-3　XSD 原生資料型態

| 資料型態 | 說明 |
|---|---|
| string | 字串 |
| boolean | 布林邏輯 |
| decimal | 整數字 |
| float | 浮點數 |
| double | 雙精度浮點數 |
| duration | 時間持續時間格式 [P*n*Y*n* M*n*DT*n*H *n*M*n*S] |

2 Biron, P. V., Permanente, K., Malhotra, A. (2004,10), XML Schema Part 2: Datatypes, 2nd ed. Retrieved from https://www.w3.org/TR/xmlschema-2/

| 資料型態 | 說明 |
| --- | --- |
| dateTime | 依據 ISO 8601 規範的日期與時間格式 [CCYY-MM-DDThh:mm:ss] |
| time | 時間格式 [hh:mm:ss.sss] |
| date | 依據 ISO 8601 規範的日期格式 [CCYY-MM-DD] |
| gYearMonth | 年月格式 [YYYY-MM] |
| gYear | 西元年 YYYY 格式 |
| gMonthDay | 月日 MM-DD 格式 |
| gDay | 日期 DD 格式 |
| gMonth | 月分 MM 格式 |
| hexBinary | 16 進位編碼的二進位資料 |
| base64Binary | Base64 編碼的二進位資料（Base64 內容轉換編碼原則請參照 RFC 2045） |
| anyURI | 紀錄 URI（Uniform Resource Identifier Reference）資料 |
| QName | XML 名稱空間的合格名稱（qualified names） |
| NOTATION | 參考的標記法宣告 |

表 5-4　XSD 衍生資料型態

| 資料型態 | 說明 |
| --- | --- |
| normalizedString | 源於 string，去除多餘空白的字串 |
| token | 源於 normalizedString，用於識別憑據的字串 |
| language | 源於 token，依據 RFC 1766 的語言識別代碼 |
| NMTOKEN | 源於 token，XML 的 NMTOKEN 屬性型態（Name Token） |
| NMTOKENS | 源於 NMTOKEN，XML 的 NMTOKENS 屬性型態 |
| Name | 源於 string，沒有名稱空間的字首 |
| NCName | 源於 Name，內含不可移植（non-colonized）名稱空間字首 |
| ID | 源於 NCName，XML 的 ID 屬性型態 |

| 資料型態 | 説明 |
|---|---|
| IDREF | 源於 NCName，XML 的 IDREF 屬性型態 |
| IDREFS | 源於 IDREF，XML 的 IDREFS 屬性型態 |
| ENTITY | 源於 IDREF，XML 的 ENTITY 屬性型態 |
| ENTITIES | 源於 ENTITY，XML 的 ENTITIES 屬性型態 |
| integer | 源於 decimal，整數值 |
| nonPositiveInteger | 源於 integer，負整數 {0,-1,-2,…,- ∞ } |
| negativeInteger | 源於 nonPositiveInteger，不含零的負整數 {-1,-2,…,- ∞ } |
| long | 源於 64 位元的 integer，範圍介於 9223372036854775807 至 -9223372036854775808 的整數 |
| int | 源於 32 位元的 long，範圍介於 2147483647 至 -2147483648 的整數 |
| short | 源於 16 位元的 int，範圍介於 32767 至 -32768 的整數 |
| byte | 源於 8 位元的 short，範圍介於 127 範圍介於 -128 的整數 |
| nonNegativeInteger | integer，包含零的任意長度整數值 {0, 1, 2,…, ∞ } |
| unsignedLong | 源於 nonNegativeInteger，包含零至 18446744073709551615 的無符號正整數 |
| unsignedInt | 源於 unsignedLong，包含零至 4294967295 的無符號正整數 |
| unsignedShort | 源於 unsignedInt，包含零至 65535 的無符號正整數 |
| unsignedByte | 源於 unsignedShort，包含零至 255 的無符號正整數 |
| positiveInteger | 源於 nonNegativeInteger，不含零的正整數 |

日期與時間的格式均需依據 ISO 8601 所指定的日期格式。整個 XSD 內建資料型態的繼承關係如圖 5-1 所示：

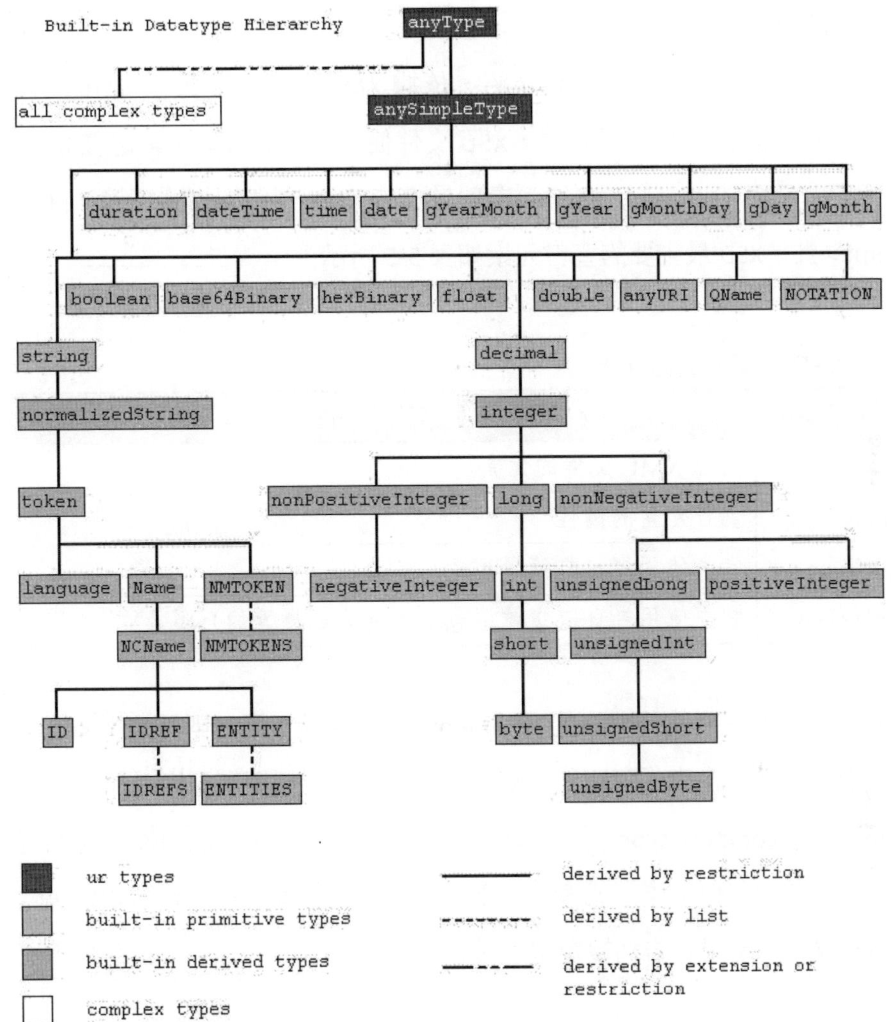


圖 5-1 XSD 內建資料型態繼承關係圖

（資料來源：“XML Schema Part 2: Datatypes Second Edition”. Paul V. Biron, Kaiser Permanente, Ashok Malhotra. available at: https://www.w3.org/TR/xmlschema-2/）

## 四、型態宣告

回顧 94 頁「二、元素」的介紹，依據 XML 語法規定每一 XML 文件一定有一個（且只能有一個）根元素，XSD 文件使用 <schema> 元素定義 XML 文件的根元素。元素 <schema> 的子元素就是宣告 XML 文件的相關細節。除了元素 <schema> 外，XSD 最主要的宣告元素如表 5-5 所示：

表 5-5　XSD 常用的宣告元素

| 元素名稱 | 說明 |
|---|---|
| element | 宣告 XML 文件的元素 |
| attribute | 宣告元素的屬性 |
| simpleType | 宣告使用者自訂簡單型態 |
| complexType | 宣告使用者自訂複雜（包含子元素或屬性的）型態 |

XML 文件的元素使用 XSD 的 <element> 元素定義；屬性則是使用 <attribute> 元素定義。此外，由表中還可知：XSD 定義的型態包括簡單型態（simple type）和複雜型態（complex type）。簡單型態的值不能包含元素或屬性。複雜型態可以在元素中包含其他元素，或者爲元素增加屬性。也就是說，元素如果包含子元素或擁有屬性，必須宣告爲複雜型態。

### 1. 簡單型態

簡單型態主要的宣告於僅包含內容，不包含其他元素或屬性的單一元素。例如定義一個型態爲 string 資料類型的 <title> 元素，與一個型態爲 decimal 資料類型的 <quantity> 元素的宣告範例如下：

```
<element name="title" type="string" />
```

```
<element name="quantity" type="decimal"/>
```

如同屬性的宣告一樣，元素的宣告也可以指定資料的預設值或是指定固定值，例如下列宣告的範例：

```
<element name="currency" type="string" default="NT">
<element name="school" type="string" fixed="SHU">
```

【說明】

宣告 XSD 的各元素，如 <element>、<attribute>、<simpleType>、<complexType> 標籤名稱與內建、衍生的資料型態，均是 W3C 所定義，為了和使用者自行定義的標籤名稱或自訂資料型態名稱有所區隔，所以必須加上名稱空間（namespace）。本說明範例為了簡化宣告的介紹，因而省略名稱空間，實際上應該宣告的內容會是：

```
<xs:element name="currency" type="xs:string" default="NT"/>
<xs:element name="school" type="xs:string" default="SHU"/>
```

其中 xs 表示 XSD 的名稱空間字首名稱。

由於 XSD 支援衍生資料型態。衍生型態的定義方式包括兩種：一是使用透過內建資料型態產生如表 5-4 所列的衍生資料型態（XSD 內定的資料型態即具有衍生型態）；另一是透過簡單型態的定義與表 5-6 所列之元素宣告自訂的衍生資料型態。

表 5-6　衍生資料型態定義元素

| 元素 | 說明 |
| --- | --- |
| restriction | 限制數值的範圍 |
| union | 一個衍生型態包含數種型態 |
| list | 定義一個包含序列值的型態 |
| enumeration | 定義列舉型態 |
| pattern | 以 regular expression 為基礎定義樣板型態 |

各衍生資料型態定義元素的使用範例如下。

### (1) 限制值（restriction）

定義學生成績<score>元素內容的範圍由0至100可包含小數的數值（浮點數）：

```
<xs:element name="score" >
        <xs:simpleType >
            <xs:restriction base="xs:float">
                <xs:minInclusive value="0" />
                <xs:maxInclusive value="100" />
            </xs:restriction>
        </xs:simpleType>
</xs:element>
```

### (2) 聯合值（union）

定義一個可以輸入整數數值或字串的尺寸 <size> 元素：

```
<xs:element name="size">
    <xs:simpleType>
        <xs:union>
            <xs:simpleType>
                <xs:restriction base="xs:integer" />
```

```
            </xs:simpleType>
            <xs:simpleType>
                <xs:restriction base="xs:string" />
            </xs:simpleType>
        </xs:union>
    </xs:simpleType>
</xs:element>
```

定義 XML 文件的元素 <size> 的內容可以使用整數或是字串。因此，如下示範的 XML 文件內容都是符合這一個 XSD 宣告的規範：

```
<size>1</size>
<size>large</size>
```

(3) 表列值（**list**）

定義一個可以包含多個顏色的 <colors> 元素：

```
<xs:element name="colors">
    <xs:simpleType>
        <xs:list itemType='xs:string'/>
    </xs:simpleType>
</xs:element>
```

顏色使用的型態爲字串，因此 <colors> 的內容可以輸入多個字串，並以空格區隔。產生的 XML 文件內容可以是：

```
<colors>red blue green</colors>
```

(4) 列舉值（**enumeration**）

假設顏色元素只能使用的值爲 red、blue 或 green 其中擇一，則可以使用列舉方式宣告，例如下列宣告的 <hue> 元素，其內容只允許 red、blue 或 green 擇一：

```
<xs:element name="hue">
    <xs:simpleType>
        <xs:restriction base="xs:string">
            <xs:enumeration value="red" />
            <xs:enumeration value="blue" />
            <xs:enumeration value="green" />
        </xs:restriction>
    </xs:simpleType>
</xs:element>
```

### (5) 樣板（pattern）

樣板使用的定義方式是依據規則表示式（regular express）的規範。參考下列定義一個長度最多 32 字元，僅允許英文字母大寫或小寫開頭，其餘部分則可以是英文、數字或是底線的元素

```
<xs:element name="sno">
    <xs:simpleType>
        <xs:restriction base="xs:string">
            <xs:maxLength value="32"/>
            <xs:pattern value="[a-zA-Z][a-zA-Z0-9_]*" />
        </xs:restriction>
    </xs:simpleType>
</xs:element>
```

## 2. 複雜型態

複雜型態的基本架構如下：

```
<xs:element  name="元素名稱">
    <xs:complexType>
```

```
            <xs:sequence>
                    … …
            </xs:sequence>
            <xs:attribute name=" 屬性名稱 "  type=" 資料型態 "/>
             … …
        </xsd:complexType>
    </xsd:element>
```

其中 <element> 元素表示這是一個定義 XML 文件元素的 XSD 宣告，name 屬性的宣告表示定義 XML 文件的元素標籤名稱。元素 <complexType> 宣告此為一複雜型態，表示此 XML 文件的欄位具有子元素或屬性。元素 <sequence> 宣告子元素或屬性的出現必須依據宣告次序，子元素出現次序的宣告，如表 5-7 所示共有三種模式。元素 <attribute> 宣告此 XML 元素的屬性定義，name 屬性宣告此 XML 元素的屬性名稱，type 屬性宣告此 XML 元素之屬性的資料型態。

表 5-7　子元素出現次序

| 模式 | 說明 |
| --- | --- |
| sequence | 子元素必須循序出現在此元素內 |
| choice | 只允許宣告的一個子元素可出現在此元素中 |
| all | 子元素可以按任何順序出現 |

參考此定義，假設有如下所示的一個 XML 文件片段的內容：<Student> 學生元素擁有 gender 性別屬性與 age 年齡屬性，以及 <Id> 學號與 <Name> 姓名兩個子元素：

```
<Student gender= " 男"   age= "18">
    <Id>A9301003<Id>
    <Name> 張三豐 </Name>
</Student>
```

如果是以 DTD 描述的型別定義，宣告方式可以是如下所示，比較單純：

```
<!ELEMENT Student (Id, Name)>
<!ELEMENT Id (#PCDATA)>
<!ELEMENT Name (#PCDATA)>
<!ATTLIST Student gender（男 | 女）#REQUIRED >
<!ATTLIST Student age CDATA #REQUIRED >
```

以 XML Schema 描述的型別定義如下，能夠定義的比較精確，相對的也比較繁複些：

```
1  <xs:element name="Student">
2      <xs:complexType>
3          <xs:sequence>
4              <xs:element name="Id" type="xs:string"/>
5              <xs:element name="Name" type="xs:string"/>
6          </xs:sequence>
7          <xs:attribute name="gender" use="required">
8              <xs:simpleType>
9                  <xs:restriction base="xs:string">
10                     <xs:enumeration value=" 男 "/>
11                     <xs:enumeration value=" 女 "/>
12                 </xs:restriction>
13             </xs:simpleType>
14         </xs:attribute>
15         <xs:attribute name="age" type="xs:integer" use="required"/>
16     </xs:complexType>
17 </xs:element>
```

此宣告的範例，第 2 行指定 <Student> 元素的資料型態爲複雜型態，而這個複雜型態包含第 4 與第 5 行所宣告的 <Id>、<Name> 兩個子元素，因此，在元素 <Student> 之下透過 <complexType> 宣告在第 3 行指定所屬的子元素出現的次序爲循序方式的 sequence。而 gender 屬性限定只有「男」、「女」兩個值，則需要在第 8 至 13 行自訂一具備列舉值的簡單型態。使用列舉值時，必須先在第 9 行的 <restriction> 元素內指定列舉值內容的資料型態，然後再使用 <enumeration> 元素逐一設定各列舉的值。

如果希望能將學號元素 <Id> 輸入的資料格式定義的更精確，可以再結合簡單型態的定義元素 <pattern> 設定資料的格式。假設學號格式長度爲 8 位數，第一位爲大寫字母，其餘爲數字，設定格式的規範必依據資訊領域普遍採用的正規表示式（Regular Express）來表達：

```
<xs:element name="Id">
    <xs:simpleType>
        <xs:restriction base="xs:string">
            <xs:maxLength value="8"/>
            <xs:pattern value="[A-Z][0-9]*"/>
        </xs:restriction>
    </xs:simpleType>
</xs:element>
```

宣告完成的 XSD 文件如下：

**XSD 文件檔名：student.xsd**

```
<?xml version="1.0" encoding="UTF-8"?>
<xs:schema xmlns:xs="http://www.w3.org/2001/XMLSchema"
elementFormDefault="qualified" attributeFormDefault="unqualified">
    <xs:element name="Student" type="studentType"/>
    <xs:complexType name="studentType">
        <xs:sequence>
            <xs:element name="Id">
                <xs:simpleType>
                    <xs:restriction base="xs:string">
                        <xs:maxLength value="8"/>
                        <xs:pattern value="[A-Z][0-9]*"/>
```

```
                </xs:restriction>
            </xs:simpleType>
        </xs:element>
        <xs:element name="Name" type="xs:string"/>
    </xs:sequence>
    <xs:attribute name="gender" use="required">
        <xs:simpleType>
            <xs:restriction base="xs:string">
                <xs:enumeration value=" 男 "/>
                <xs:enumeration value=" 女 "/>
            </xs:restriction>
        </xs:simpleType>
    </xs:attribute>
    <xs:attribute name="age" type="xs:integer" use="required"/>
  </xs:complexType>
</xs:schema>
```

## 五、自訂型態

如果某一 XML 文件的元素可能出現在許多位置，通常子元素最常會有這種情況。例如某個博碩士論文系統需要處理論文 XML 文件，而論文中包括研究生 <Postgraduate> 元素、指導老師 <instructor> 元素、口試委員 <committee> 元素等，各個元素都有姓名 <surname> 與 <firstname> 子元素。

```
<xs:element name="Postgraduate">
    <xs:complexType>
        <xs:sequence>
            <xs:element name="FirstName"/>
            <xs:element name="LastName"/>
        </xs:sequence>
    </xs:complexType>
</xs:element>
<xs:element name="Instructor">
```

```
    <xs:complexType>
        <xs:sequence>
            <xs:element name="FirstName"/>
            <xs:element name="LastName"/>
        </xs:sequence>
    </xs:complexType>
</xs:element>
<xs:element name="Committee" minOccurs="2" maxOccurs="5">
    <xs:complexType>
        <xs:sequence>
            <xs:element name="FirstName"/>
            <xs:element name="LastName"/>
        </xs:sequence>
    </xs:complexType>
</xs:element>
```

如同此例的 XSD 宣告示範，每個具備相同子元素的元素都要各別宣告，不僅會使整個宣告的內容相當龐大，對於後續 XSD 文件的管理與維護負擔也會很大，尤其是要更改元素結構，例如所有姓名子元素內都要增加一個性別元素，必須確保所有的元素與子元素均有同步修正完成。

為了考量重複使用的結構，或引用其他 XSD 的定義，XSD 的宣告提供了全域（global）自訂型態的宣告方式。使用 XSD 元素的「全域簡單型態」定義之複雜型態，透過元素參照（reference）方式引用先前定義的元素。參照的方式類似於物件繼承（inheritance）的效果，除了可以參照原先宣告的元素定義，還可以再擴增或複寫原先宣告的部分定義。參考下列 XSD 的宣告範例：

**(1) 區域（local）宣告方式：**

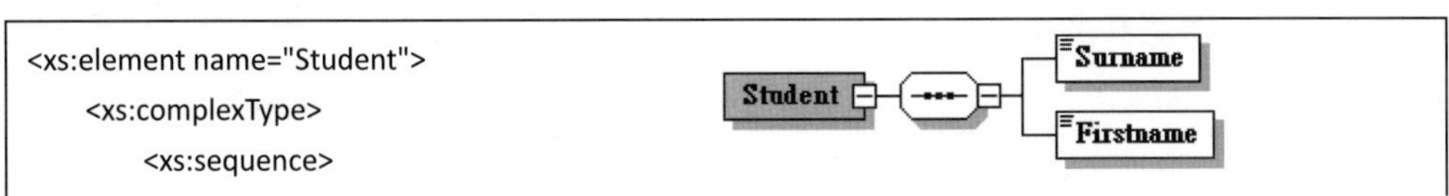


```
<xs:element name="Student">
    <xs:complexType>
        <xs:sequence>
```

```
            <xs:element name="Surname" type=" xs:string"/>
            <xs:element name="Firstname" type=" xs:string"/>
        </xs:sequence>
    </xs:complexType>
</xs:element>
```

如同介紹宣告區域（local）屬性的狀況相同，區域的宣告表示只歸屬於該宣告範圍的上一層元素。例如本範例宣告的 <Surename> 與 <Firstname> 兩個元素是專爲 <Student> 元素宣告的子元素。若其他元素也要具備這兩個元素，必須另外宣告。

**(2) 使用全域宣告的元素：**

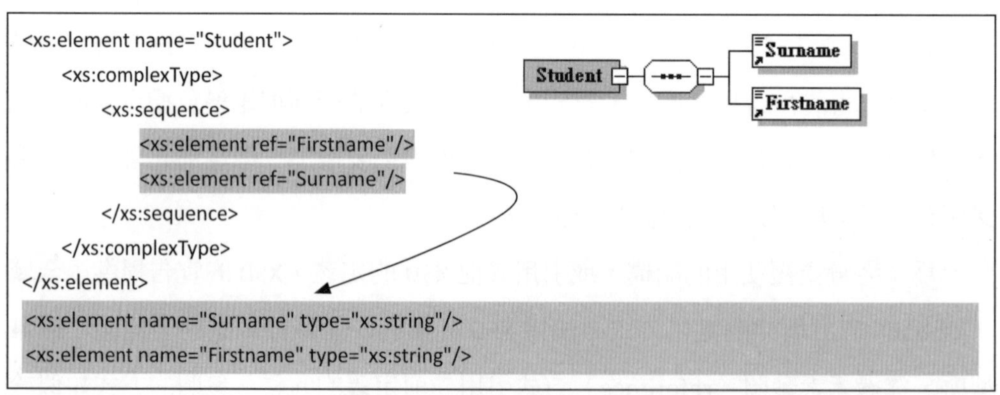

```
<xs:element name="Student">
    <xs:complexType>
        <xs:sequence>
            <xs:element ref="Firstname"/>
            <xs:element ref="Surname"/>
        </xs:sequence>
    </xs:complexType>
</xs:element>
<xs:element name="Surname" type="xs:string"/>
<xs:element name="Firstname" type="xs:string"/>
```



任何元素都可以使用 ref 屬性指定使用全域宣告的元素，例如本範例宣告的 <Surename> 與 <Firstname> 兩個全域元素，並不屬於任何元素的子元素。當有元素需要使用這兩個元素（或任何一個）作爲子元素時，只需要在 <xs:element> 內使用 ref 屬性指定其名稱即可。

(3) 使用自訂資料型態名稱

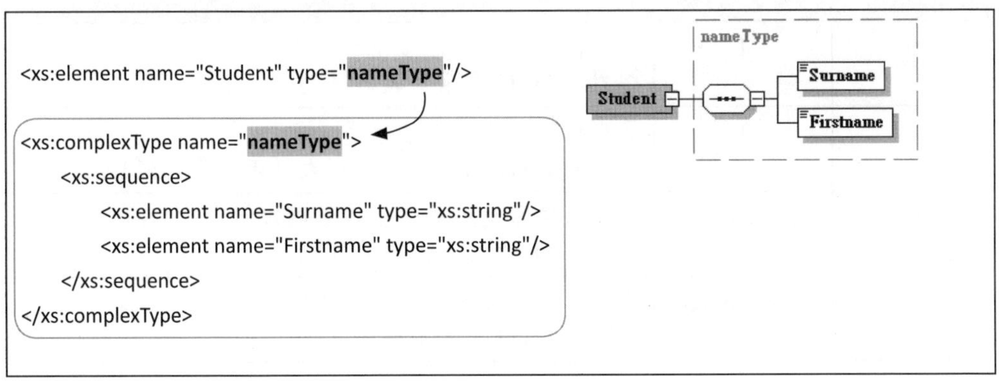


有時要參照的元素不只一個，或是有相對複雜的結構時，可以將一組元素與屬性宣告為自訂的資料型態。爾後要使用時，只需在宣告的元素型態指定該自訂型態名稱，即可包含該自訂型態的整個宣告內容。例如本範例將 <Surename> 以及 <Firstname> 兩個元素，宣告成名稱為 nameType 的自訂型態，在宣告的 <Student> 元素型態指定 nameType，即表示 <Student> 元素包含了 <Surename> 與 <Firstname> 這兩個子元素。

## 六、數集

如果需要定義 XML 文件中元素允許出現的次數，也就是數集（cardinality，或譯為基數），可以使用 minOccurs 和 maxOccurs 屬性定義，此二個屬性值和其意義，相對於 DTD 定義如表 5-8 所示：

表 5-8　XSD 數集定義

| minOccurs | maxOccurs | 說明 |
|---|---|---|
| 0 | 1 | 最少出現零次，最多出現一次<br>相對於 DTD 元素定義的「?」 |
| 1 | 1 | 最少出現一次，最多也是一次<br>相對於 DTD 元素的預設定義（未指定符號） |
| 0 | unbounded | 最少出現零次，最多出現無限次<br>相對於 DTD 元素定義的「*」 |
| 1 | unbounded | 最少出現一次，最多出現無限次<br>相對於 DTD 元素定義的「+」 |

XSD 的 minOccurs 和 maxOccurs 屬性若未指定則預設爲 1；兩者均未設定表示該欄位必須且只可出現一次；unbounded 表示「無限」。除了能夠涵蓋 DTD 數集的宣告範圍，minOccurs 和 maxOccurs 屬性還可分別指定特定的數目。例如系所規定碩士論文口試委員最少 3 人，最多 5 人，則 XSD 定義可如下列範例：

```
<xs:element name="Committee" minOccurs="3" maxOccurs="5">
    <xs:complexType>
        <xs:sequence>
            <xs:element name="FirstName"/>
            <xs:element name="LastName"/>
        </xs:sequence>
    </xs:complexType>
</xs:element>
```

## 第三節　DTD 與 XSD 轉換

爲了比較一下 DTD 與 XSD 在宣告上的差異，本節列舉一些常見的 DTD 宣告，並列出其對比的 XSD 宣告方式，一方面用於學習兩者不同宣告的方法，另一方面也可做為現有 DTD 或 XSD 文件的轉換參考。

## 1. 一般元素宣告

DTD 宣告

```
<!ELEMENT ROOT (A,B) >
```

XSD 宣告：

```
<xs:element name="ROOT">
    <xs:complexType>
        <xs:sequence>
            <xs:element name="A"/>
            <xs:element name="B"/>
        </xs:sequence>
    </xs:complexType>
</xs:element>
```

或是使用參照另有獨立宣告之 A 與 B 元素的方式：

```
<xs:element name="ROOT">
    <xs:complexType>
        <xs:sequence>
            <xs:element ref="A"/>
            <xs:element ref="B"/>
        </xs:sequence>
    </xs:complexType>
</xs:element>
<xs:element name="A" />
<xs:element name="B" />
```

## 2. 列舉元素宣告

DTD 宣告

```
<!ELEMENT ROOT (A|B) >
```

XSD 宣告

```
<xs:element name="ROOT">
    <xs:complexType>
        <xs:choice>
            <xs:element name="A"/>
            <xs:element name="B"/>
        </xs:choice>
    </xs:complexType>
</xs:element>
```

或是使用參照另有獨立宣告之 A 與 B 元素的方式：

```
    <xs:element name="ROOT">
    <xs:complexType>
        <xs:choice>
            <xs:element ref="A"/>
            <xs:element ref="B"/>
        </xs:choice>
    </xs:complexType>
</xs:element>
<xs:element name="A"/>
<xs:element name="B"/>
```

亦或是使用獨立宣告之複雜型態的方式：

```
<xs:element name="ROOT" type="rootType" />
<xs:complexType name="rootType">
    <xs:choice>
```

```
        <xs:element ref="A"/>
        <xs:element ref="B"/>
    </xs:choice>
</xs:complexType>
<xs:element name="A"/>
<xs:element name="B"/>
```

## 3. 混合元素宣告

DTD 宣告

```
<!ELEMENT ROOT (A|(B,C)) >
```

XSD 宣告

```
<xs:element name="ROOT">
    <xs:complexType>
        <xs:choice>
            <xs:element name="A"/>
            <xs:sequence>
                <xs:element name="B"/>
                <xs:element name="C"/>
            </xs:sequence>
        </xs:choice>
    </xs:complexType>
</xs:element>
```

或是使用參照另有獨立宣告之 A 與 B 元素，與獨立宣告之複雜型態的方式：

```
<xs:element name="ROOT" type="rootType"/>
<xs:complexType name="rootType">
    <xs:choice>
        <xs:element name="A"/>
        <xs:sequence>
            <xs:element name="B"/>
            <xs:element name="C"/>
```

```
            </xs:sequence>
        </xs:choice>
    </xs:complexType>
    <xs:element name="A"/>
    <xs:element name="B"/>
```

## 4. 數集元素宣告

DTD 宣告

```
<!ELEMENT ROOT (A?,B+,C*) >
```

XSD 宣告

```
<xs:element name="ROOT">
    <xs:complexType>
        <xs:sequence>
            <xs:element name="A" minOccurs="0"/>
            <xs:element name="B" maxOccurs="unbounded"/>
            <xs:element name="C" minOccurs="0" maxOccurs="unbounded"/>
        </xs:sequence>
    </xs:complexType>
</xs:element>
```

亦或是使用獨立宣告之複雜型態的方式：

```
<xs:element name="ROOT">
    <xs:complexType>
        <xs:sequence>
            <xs:element ref="A" minOccurs="0" />
            <xs:element ref="B" maxOccurs="unbounded" />
            <xs:element ref="C" minOccurs="0" maxOccurs="unbounded" />
        </xs:sequence>
    </xs:complexType>
```

```
</xs:element>
<xs:element name="A"/>
<xs:element name="B"/>
<xs:element name="C"/>
```

需注意的是，不可以在提供其他元素參照使用的獨立宣告元素宣告數集，必須是在參照的元素宣告。例如下列宣告的方式是不合法的：

```
<xs:element name="ROOT">
    <xs:complexType>
        <xs:sequence>
            <xs:element ref="A"/>
            <xs:element ref="B"/>
            <xs:element ref="C"/>
        </xs:sequence>
    </xs:complexType>
</xs:element>
<xs:element name="A" minOccurs="0" />
<xs:element name="B" maxOccurs="unbounded" />
<xs:element name="C" minOccurs="0" maxOccurs="unbounded" />
```

## 5. 一般屬性宣告

DTD 宣告

```
<!ATTLIST ROOT attr CDATA #IMPLIED>
```

XSD 宣告

```
<xs:element name="ROOT">
    <xs:complexType>
        <xs:attribute name="attr"/>
    </xs:complexType>
</xs:element>
```

## 6. 必備屬性宣告

DTD 宣告

```
<!ATTLIST ROOT attr CDATA #REQUIRED>
```

XSD 宣告

```
<xs:element name="ROOT">
    <xs:complexType>
        <xs:attribute name="attr" use="required"/>
    </xs:complexType>
</xs:element>
```

## 7. 固定值屬性宣告

DTD 宣告

```
<!ATTLIST ROOT attr CDATA #FIXED "NT">
```

XSD 宣告

```
<xs:element name="ROOT">
    <xs:complexType mixed="true">
        <xs:attribute name="attr" fixed="NT"/>
    </xs:complexType>
</xs:element>
```

## 8. 屬性的列舉值宣告

DTD 宣告

```
<!ATTLIST ROOT attr  (NT|US) #IMPLIED>
```

XSD 宣告

```
<xs:element name="ROOT">
    <xs:complexType>
        <xs:attribute name="attr">
            <xs:simpleType>
                <xs:restriction base="xs:NMTOKEN">
                    <xs:enumeration value="NT"/>
                    <xs:enumeration value="US"/>
                </xs:restriction>
            </xs:simpleType>
        </xs:attribute>
    </xs:complexType>
</xs:element>
```

## 9. 屬性的預設值宣告

DTD 宣告

```
<!ATTLIST ROOT xml:lang NMTOKEN "zh-tw">
<!ATTLIST ROOT attr1 CDATA "NT">
<!ATTLIST ROOT attr2 (TW|US|CN) "TW">
```

XSD 宣告

```
<xs:element name="ROOT">
    <xs:complexType>
        <xs:attribute ref="xml:lang" default="zh-tw"/>
        <xs:attribute name="attr1" default="NT"/>
        <xs:attribute name="attr2" default="TW">
            <xs:simpleType>
                <xs:restriction base="xs:NMTOKEN">
                    <xs:enumeration value="CN"/>
                    <xs:enumeration value="TW"/>
                    <xs:enumeration value="US"/>
```

```
                </xs:restriction>
            </xs:simpleType>
        </xs:attribute>
    </xs:complexType>
</xs:element>
```

# 第六章　實作練習

此章節的練習使用 XMLSpy（2019 版）軟體，學習如何編寫 XML 各類的文件，包含建立一個簡單的 XML Schema（綱要）。藉由建立過程，學習 XMLSpy 2019 的操作方式，以及實務操作 XML Schema 的建立、轉換、圖表文件的產生、XML 文件連結 Schema 與編寫等程序。練習的項目包括：

1. 定義 XML Schema。
2. 將 XML Schema 轉換成 DTD。
3. 製作 XML 文件，將此文件的結構綱要指定爲第 1. 項所建立之 XML Schema 檔案，並執行驗證。
4. 將第 3. 項 XML 文件的綱要，改爲第 2. 項所轉換之 DTD 檔案，並執行驗證。
5. 刪除 XML 文件內參考外部綱要（XML Schema 或 DTD）之宣告。透過此 XML 文件自動產生 XML Schema，再透過此自動產生之 XML Schema 轉換成 DTD。
6. 對比自動產生之文件與第 1.、2. 項宣告之差異。

本章節定位在已經確實完成第一至第五章有關 XML、DTD 與 XML Schema 相關宣告的基礎。

## 第一節　軟體概觀

XMLSpy 2019 的安裝請參見附件 A，執行時開啓的畫面如圖 6-1 所示，最上方爲工作選單、常用功能圖示，最下方爲狀態列，中間的區域包含三個主要區塊：

1. 左邊區域包括 Project（專案）與 Info（資訊）兩個視窗。

2. 中間區域爲 Main（主要編輯）視窗，也就是用來編輯或檢視各種型態 XML 文件之處。
3. 最右邊區域爲 Entity helper（實體輔助區），方便使用者在編輯內容輸入或是附加 element（元素）、attribute（屬性）、Entity（實體）。

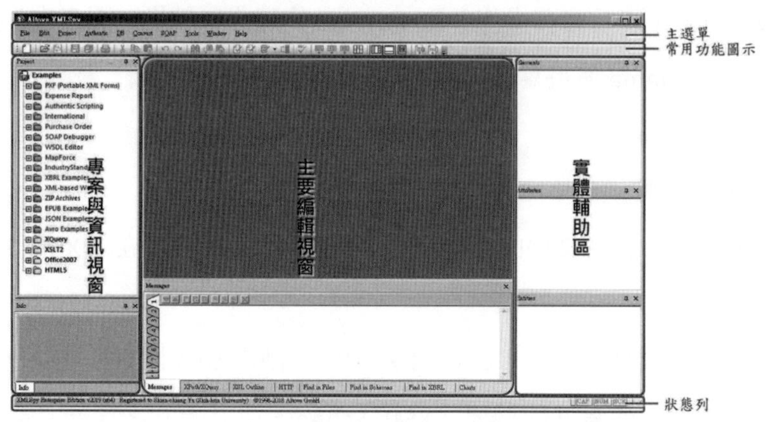


圖 6-1　XMLSpy 軟體執行時的主畫面

編輯或檢視 XML 文件時，主要編輯視窗下方提供多種檢視功能，包括 Grid View（格狀顯示）、Text View（文字模式顯示）、Schema/WSDL（顯示 XML Schema 或 WSDL[1]）、Authentic/Style sheet（樣式）等，使用者可依據需要或個人習慣切換不同顯示方式。

【說明】

| 如果視窗內沒有左方的「專案與資訊視窗」或右方「實體輔助區」的窗格，可以於主選單選擇 Window 選項，顯示／隱藏各個視窗。 |
| --- |

1 WSDL 全稱為 Web Services Description Language，是提供網路服務（Web Services）的 XML 語法格式

主要編輯視窗能夠顯示的格式種類，是依據不同 XML 文件而有差異，例如 XML 文件，可切換顯示如圖 6-2、6-3、6-4 的呈現方式，XML Schema 則可以圖 6-5 所顯示的方式呈現。

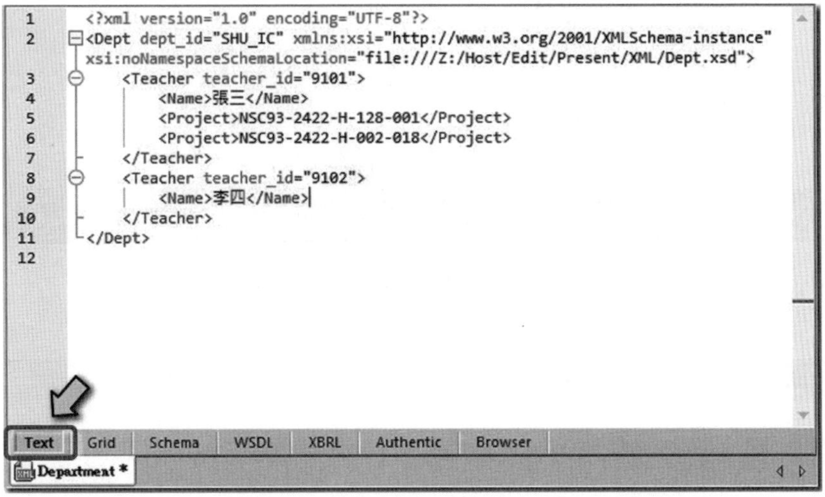

```
<?xml version="1.0" encoding="UTF-8"?>
<Dept dept_id="SHU_IC" xmlns:xsi="http://www.w3.org/2001/XMLSchema-instance"
xsi:noNamespaceSchemaLocation="file:///Z:/Host/Edit/Present/XML/Dept.xsd">
    <Teacher teacher_id="9101">
        <Name>張三</Name>
        <Project>NSC93-2422-H-128-001</Project>
        <Project>NSC93-2422-H-002-018</Project>
    </Teacher>
    <Teacher teacher_id="9102">
        <Name>李四</Name>
    </Teacher>
</Dept>
```

Text | Grid | Schema | WSDL | XBRL | Authentic | Browser

Department *

圖 6-2 文字模式的顯示範例

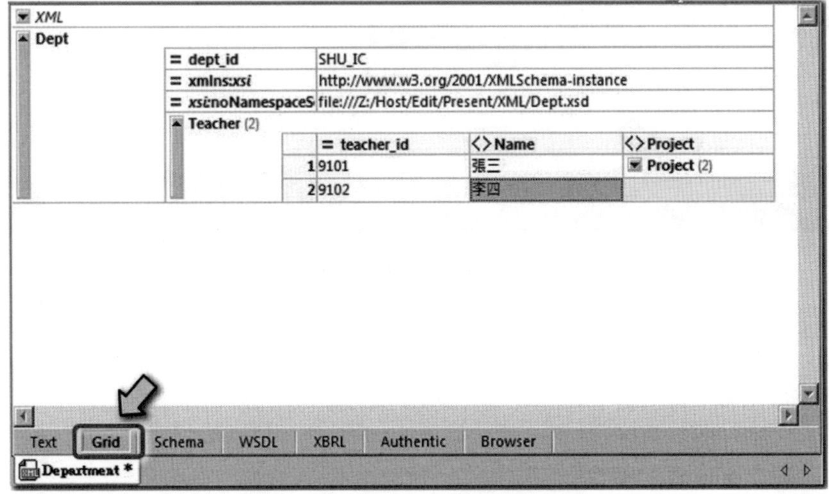


圖 6-3 格狀模式的顯示範例

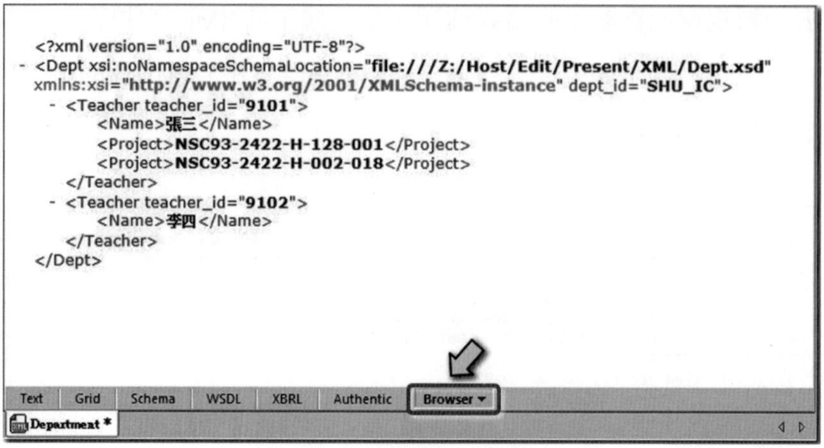

```
<?xml version="1.0" encoding="UTF-8"?>
- <Dept xsi:noNamespaceSchemaLocation="file:///Z:/Host/Edit/Present/XML/Dept.xsd"
  xmlns:xsi="http://www.w3.org/2001/XMLSchema-instance" dept_id="SHU_IC">
  - <Teacher teacher_id="9101">
      <Name>張三</Name>
      <Project>NSC93-2422-H-128-001</Project>
      <Project>NSC93-2422-H-002-018</Project>
    </Teacher>
  - <Teacher teacher_id="9102">
      <Name>李四</Name>
    </Teacher>
</Dept>
```

Text | Grid | Schema | WSDL | XBRL | Authentic | Browser ▾

Department *

圖 6-4　瀏覽器的顯示範例

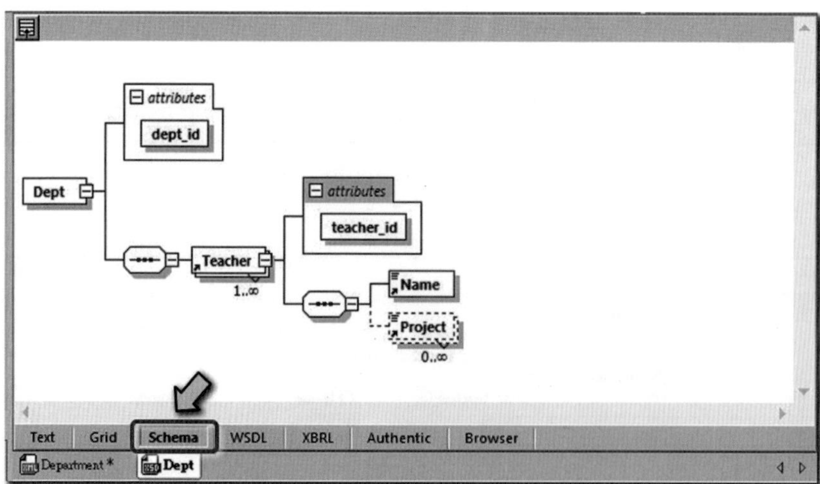


圖 6-5　Schema 圖形的顯示範例

# 第二節　建立 XML Schema

本單元首先練習建立一個如表 6-1 所示 XML 文件的結構綱要，也就是 XML 文件綱要定義（XML Schema Definition，簡稱 XSD）檔案。

表 6-1　XML Schema 練習

<table>
<tr><th colspan="3">練習：系所教職員資料綱要表</th></tr>
<tr><td rowspan="11">Dept（系所）<br>根元素</td><td colspan="2">[ 屬性 ] dept_id（系所代碼）<br>必備。文字型態</td></tr>
<tr><td rowspan="5">Staff（職員）<br>必備，最多兩名</td><td>[ 屬性 ] staff_id（職員代碼）<br>必備，文字型態</td></tr>
<tr><td>[ 屬性 ] rank（職級）<br>非必備，文字型態</td></tr>
<tr><td>DueDate（到職日）<br>必備，不可重複，日期型態</td></tr>
<tr><td>FirstName（名）<br>必備，不可重複，文字型態</td></tr>
<tr><td>LastName（姓）<br>必備，不可重複，文字型態</td></tr>
<tr><td rowspan="5">Teacher（老師）<br>必備，可重複</td><td>[ 屬性 ] Teacher_id（教師代碼）<br>必備，文字型態</td></tr>
<tr><td>[ 屬性 ] rank（職級）<br>非必備，文字型態</td></tr>
<tr><td>DueDate（到職日）<br>必備，不可重複，日期型態</td></tr>
<tr><td>FirstName（名）<br>必備，不可重複，文字型態</td></tr>
<tr><td>LastName（姓）<br>必備，不可重複，文字型態</td></tr>
</table>

| | | | |
|---|---|---|---|
| | | Project（計畫）<br>非必備，可重複，文字型態 | [屬性] project_id（計畫編號）<br>非必備，文字型態 |
| | | | Funding（經費）<br>必備，不可重複，整數型態 |
| | | | Title（計畫名稱）<br>必備，不可重複，文字型態 |
| | | | Assistant（助理）<br>非必備，可重複，文字型態 |
| | Assistant（工讀生）<br>非必備，可重複，文字型態 | | |

以樹狀圖表示，可以如同圖 6-6 所示的樣式，其中長方形表示元素，有弧邊的矩形表示屬性：

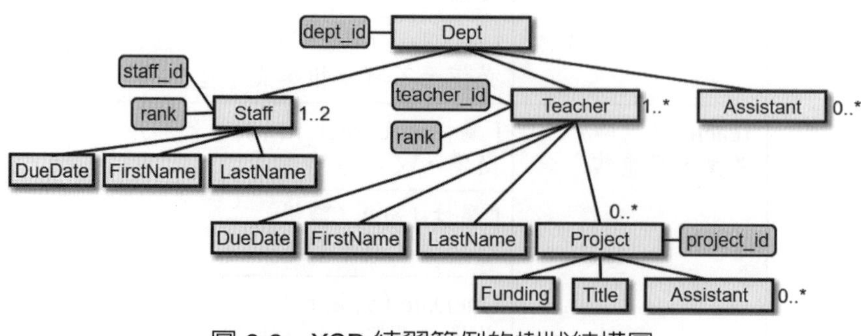

圖 6-6　XSD 練習範例的樹狀結構圖

## 一、新增 XML Scheam 檔案

1. 執行 XMLSpy，顯示如圖 6-7 所示的主畫面：

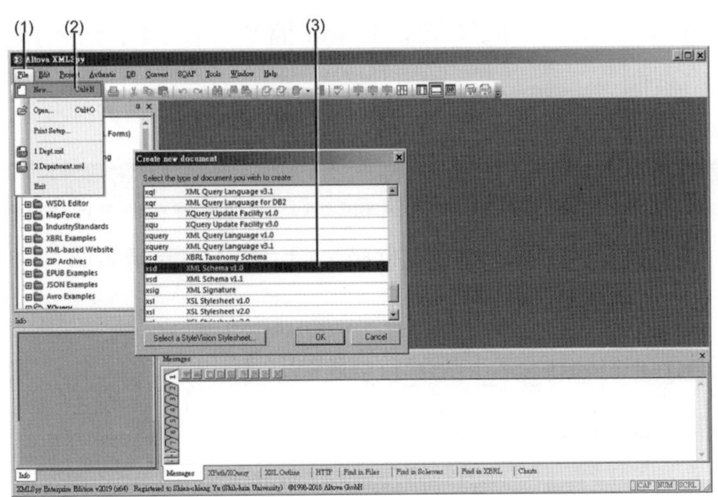


圖 6-7　新增 XSD 文件

2. 依據圖示的步驟，(1) 於主選單 File 中選擇 (2)New，在開啓的「Create new document」對話框內選擇 (3) xsd XML Schema 選項，並按下「Ok」按鈕。

在「Create new document」對話框內可以發現副檔名 xsd 包括三種文件：

(1) XBRL：是依據 XML 爲企業資訊所制定的標示語言，適合應用於企業財務報告的自動化編製、傳送與分析。

(2) XML Schema v1.0：此爲 W3C 於 2001 年 5 月 2 日最初公布的正式版本，也是先今大多數 XSD 處理器支援的版本。

(3) XML Schema v1.1：此爲 2012 年 4 月 5 日，W3C 針對商業應用而做的修定版，主要新增能夠指定和驗證更細膩（granular）的商業規則。（詳細的說明請參見 W3C 發布的文件：https://www.w3.org/TR/xmlschema11-1/）

因爲大多數 XSD 處理器仍舊是以 1.0 版本爲主，考量後續使用的相容性因素，本書的範例均是以 v1.0 爲主。

完成後系統會顯示一個空的 Schema 檔案，並指示輸入根元素（root element）的名稱。

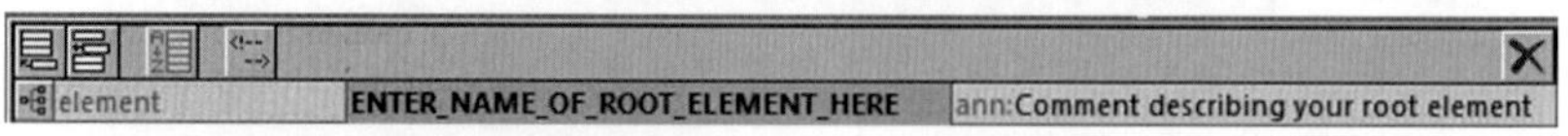


圖 6-8　新增 XSD 文件時，提示輸入根元素名稱

3. 請 Click「ENTER_NAME_OF_ROOT_ELEMENT」處，輸入根元素名稱「Dept」，輸入完後按下 Enter 鍵。

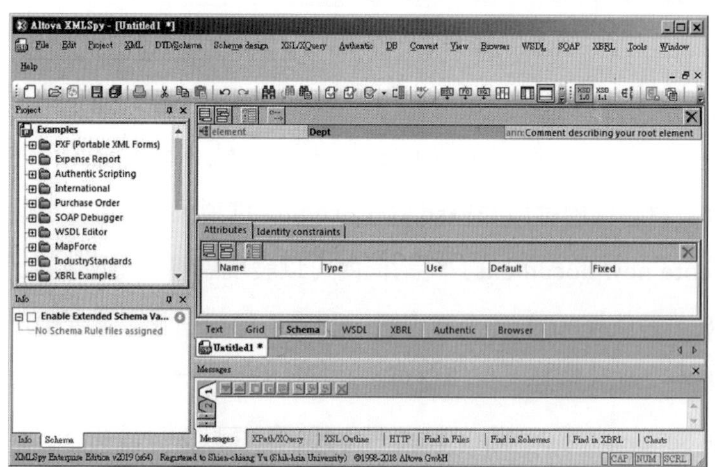


圖 6-9　將新增的 XSD 根元素名稱更改為 Dept

4. 如需存檔，可使用選單 File|Save，將此 XML Schema 檔案儲存起來（檔名請輸入 Dept.xsd）；如果已經存檔，但之後需要另存新檔，可使用選單 File|Save As。

【說明】

| 根元素名稱與 XSD 存檔的名稱可以完全不同，但考量使用與管理的方便性，建議盡量一致。 |
|---|

## 二、定義自己的名稱空間

宣告 XSD 內所使用的元素必須是 W3C 針對 XSD 所定義的名稱，包括各元素的標籤名稱、屬性宣告、資料型態等，會以名稱空間的字首（prefix，也就是該名稱空間的簡稱）xs 爲名稱。若有需要在 XSD 內使用自訂的名稱空間，宣告的方式爲：

1. 於主選單選擇 Schema design | Schema Setting.. 選項。
2. 於顯示如圖 6-10 的 Schema settings 對話框內選擇「Target namespace」，並輸入 namespace 定義內容。

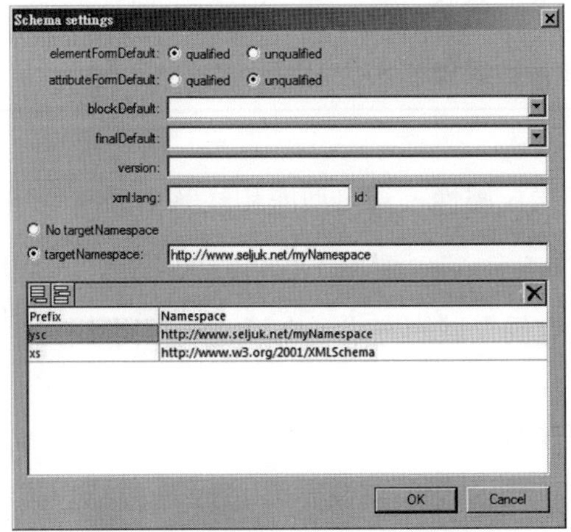


圖 6-10

你可以考慮是否定義此一自訂 namespace 的字首名稱（prefix）。如果新增的名稱空間沒有設定字首名稱，表示此一 XSD 內所使用的標籤、屬性、型態…等名稱；如果沒有標示字首名稱，就表示是此一名稱空間。（爲了精簡畫面，本練習不使用自訂的名稱空間）

3. 如果要刪除名稱空間，可以先選點欲刪除的名稱空間，然後再以滑鼠左鍵選點視窗內右方紅色的「X」，即可刪除。
4. 按下 OK 按鈕，完成自訂 namespace 程序。

## 二、新增內容的編輯方式

新增的內容包括元素、屬性、資料型態、註解，也可包括處理指令（PI）。

方法一：可以直接使用圖示增加。

|  | 將元素新增在資料最後 |
|---|---|
| | 在所在位址插入新增的元素 |

此處可以新增元素、屬性、資料型態和註解，成爲全域（Global）的模式，提供其他元素參照（reference）使用。也可以使用接下來說明的方法二，使用圖形介面新增之後再設定爲全域的方式，亦可達成相同的結果。

方法二：切換至圖形介面。

(1) 於主要編輯視窗以滑鼠左鍵選點圖 6-11 內標示的圖示。

(2) 主選單選擇 Schema design | Display Diagram 選項，顯示圖形模式。

回顧第五章 XSD 宣告子元素的特性：

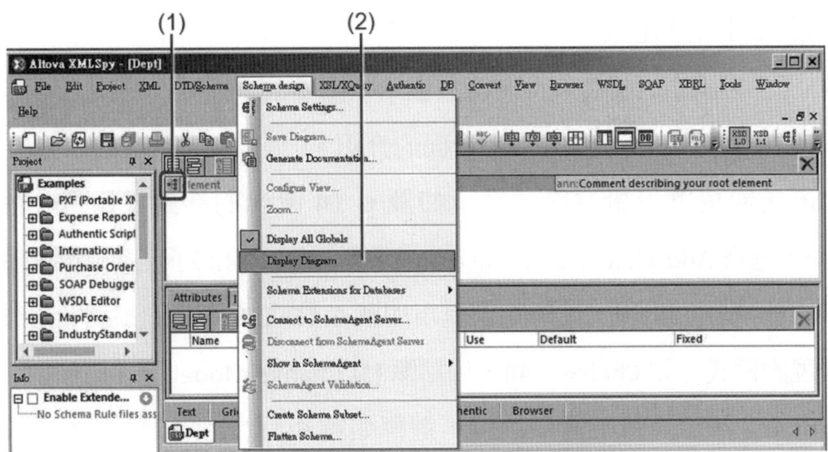


圖 6-11　切換 XSD 圖形編輯模式

宣告某一元素的子元素時，並需先界定出現的排序方式（compositor），包括：循序（Sequence）、選擇（Choice）、完全（All）。元素有出現次數的限制時，需要在元素宣告的屬性 minOccur 屬性指定最少出現次數或 maxOccur 指定最多出現次數；而屬性的宣告只有必備（required）、選擇（optional）、限制（prohibited）。簡單的說，在設定 XSD 時，某一元素的下一層可以是出現的排序方式（Sequence、Choice 或 All）或是屬性，而出現方式的下一層才是子元素的宣告，也就是如圖 6-12 所示的層次關係。

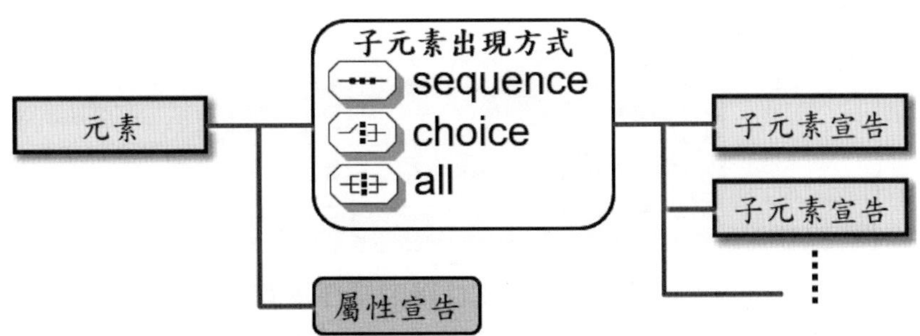


圖 6-12　元素與子元素、屬性宣告的層次關係圖

## 三、增加 XSD 的元素

1. 在 Main（主要編輯）視窗。此時應該顯示如圖 6-13 的畫面，若是沒有，請參考上一項的「方法二」切換至圖形介面的介紹。
2. 於 Dept 元素按下滑鼠右鍵，顯示如圖 6-14 所示的浮動式選單（Popup menu），選擇 Add child | Sequence，表示新增下一層的子元素之間的關係為循序（sequence）出現，此時視窗呈現如圖 6-15 左方所示的畫面。之後如需改變出現的模式，如 Choice、All，可點擊 (1) Change Model 選其他類型。
3. 於 Sequence 圖示處按下滑鼠右鍵，選擇如圖 6-15(2) 所顯示的 Add child | Element 選項。
4. 在新增了元素的圖示內輸入 Teacher，完成後顯示如圖 6-16 所示。

   如果有設定自訂的名稱空間，系統預設會在此元素前加上如圖 6-17 所示的自訂名稱空間的字首名稱（prefix）。

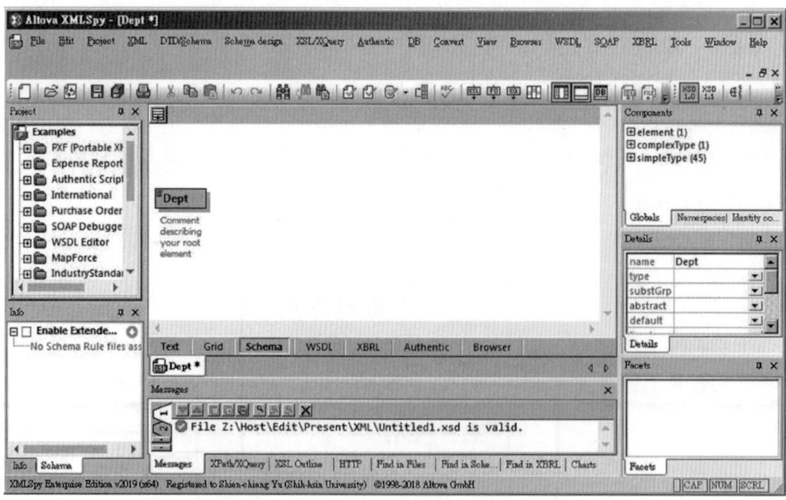


圖 6-13　XSD 圖形編輯畫面

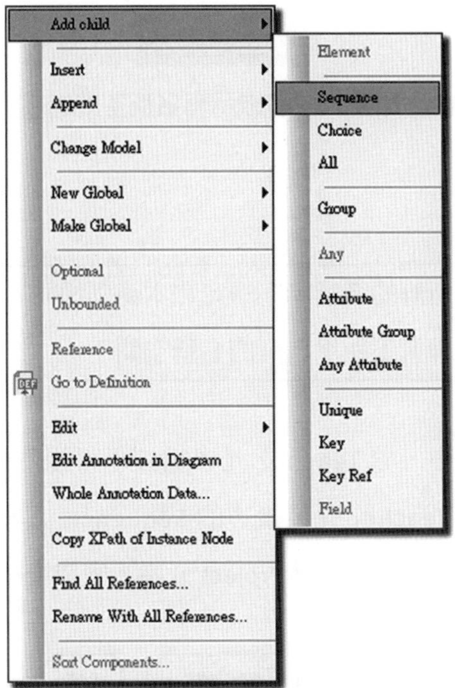


圖 6-14 增加子項目浮動式選單

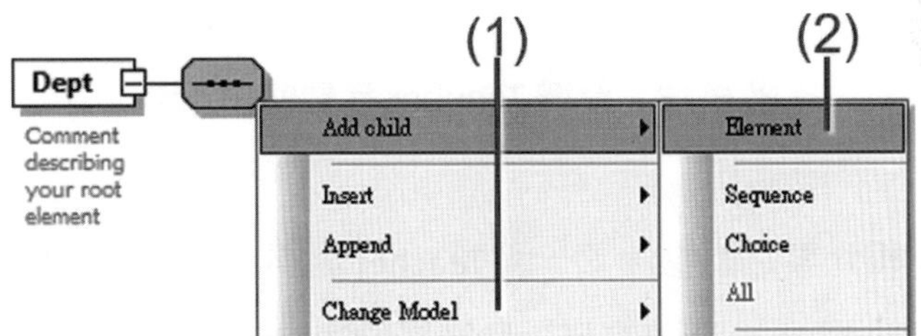


圖 6-15 新增或更改子元素之間關係的選項

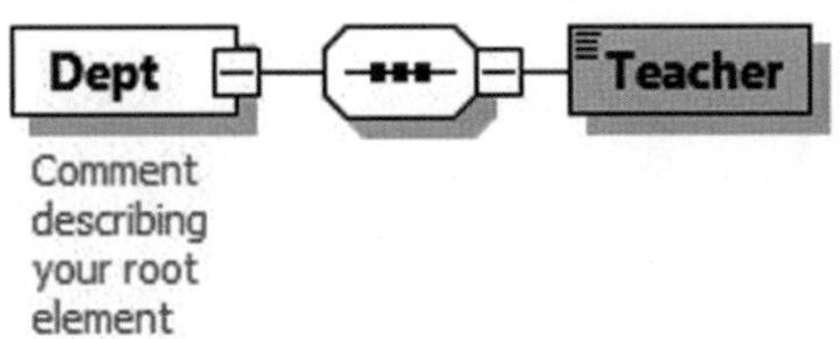


圖 6-16 新增完成 Dept 根元素的 Teacher 子元素

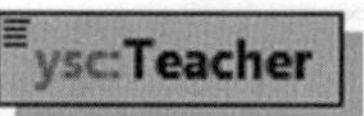


圖 6-17　元素名稱前標示有名稱空間的字首名稱

【註】

| 1. 字首名稱會依據您所訂的名稱，不一定和本範例相同。<br>2. 爲了精簡畫面，本練習不使用自訂的名稱空間。 |
|---|

5. 重複元素新增的程序，於 Teacher 元素處按下滑鼠右鍵，選擇 Add child | Sequence。繼續在 Teacher 元素後方的 Sequence 方塊按下右鍵滑鼠，選擇 Add child | Element，新增下一層 Project 元素。完成後顯示如圖 6-18 所示

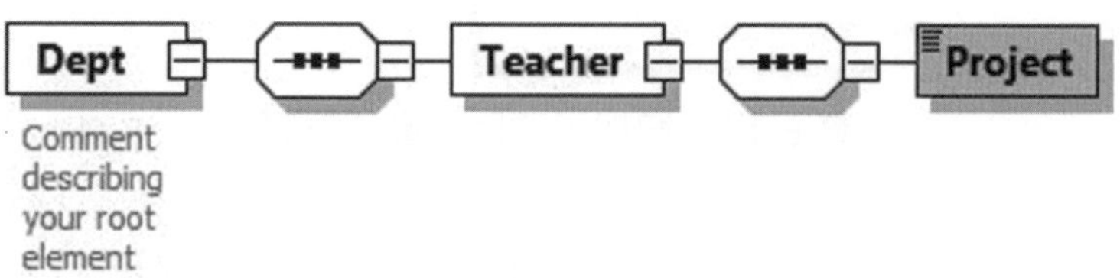


圖 6-18　新增 Teacher 元素的子元素

現在 Dept 根元素之下包含了一個 Teacher 元素，Teacher 之下又再包含一個 Project 元素。而 Teacher 元素有另一同階層的 Staff 元素；Project 元素同階層的元素依序有 DueDate、FirstName、LastName 四個元素。

【說明】

| 同一階層的元素，稱爲同層或兄弟姊妹元素（sibling elements）。 |
|---|

5. 新增同層元素。新增方法有兩種方式：

   方法一：繼續在 book 元素的 Sequence 方塊按下滑鼠右鍵，選擇 Add child | Element，新增子元素。

   方法二：在 Teacher 元素按下右鍵滑鼠，選擇 Insert 或 Append | Element，新增元素。

   Insert 會將新元素加在現有元素之前；Append 會將新元素加在現有元素之後。如果要刪除元素請直接選點該元素圖示後，按下 Del 鍵。若新增後，要調整各元素先後的次序，可以使用拖拉（Drag and Drop）的方式，也就是以滑鼠左鍵選點欲調整的元素，不要放開滑鼠左鍵拖拉至希望放置的位置後，再放開滑鼠即可。

   新增完成 Teacher 與 Project 的同層元素，另外再增加 Project 元素下一層的 Funding 與 Title 兩個子元素，結果顯示如圖 6-19 的結果。

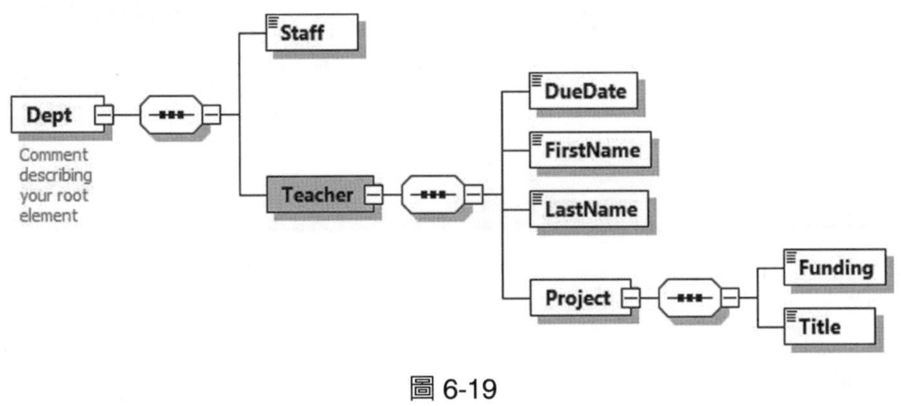


圖 6-19

6. 定義元素出現次數。

   參考表 6-1 或圖 6-6 練習範例的樹狀結構圖，Staff 元素出現次數為 1 至 2 次，表示 Staff 元素的定義屬性 maxOccur 需宣告為 2；Teacher 元素可出現的次數為 1 至無上限；Project 元素的次數為 0 至無上限。

【說明】

| 元素宣告的定義屬性 minOccur 與 maxOccur，分別代表該元素允許出現的最少次數與最多次數，預設爲 1。例如沒有設定 minOccur，就表示 minOccur=1。 |
|---|

(1) 請選點 Staff 元素。

(2) 然後在右邊 Details 視窗設定 maxOccus=2。接著選點 pub_date 元素，並在右邊 Details 視窗設定 minOccus=0。

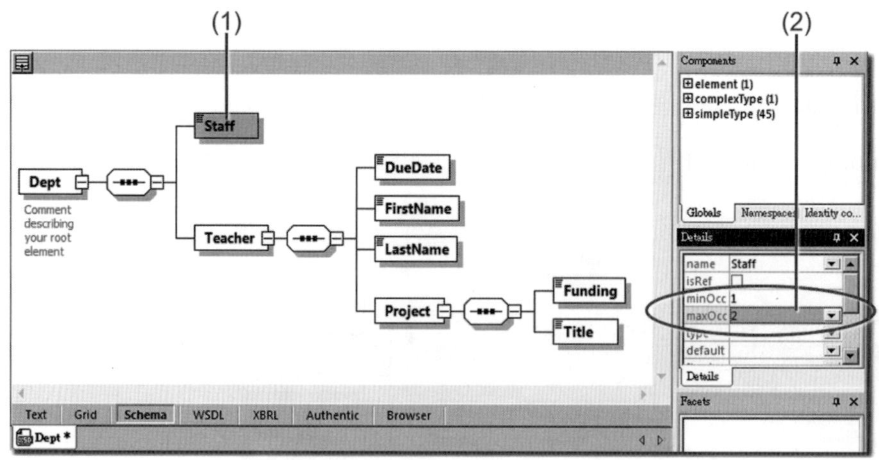


圖 6-20

重複上述的方式，分別完成 Teacher 與 Project 元素出現次數的設定。完成後顯示如圖 6-21 所示，可以發現元素下方會標示其出現的次數，並且元素圖形有不同表現的方式。

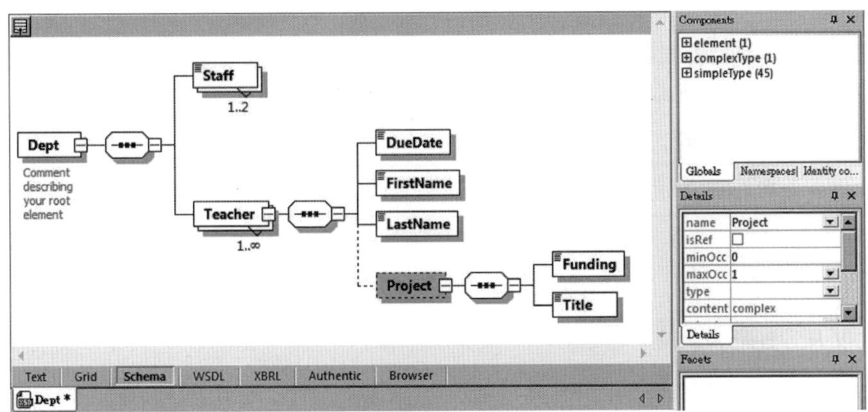


圖 6-21

最少出現次數 minOccur=0，顯示虛線的框，否則顯示實線的框（表示元素必備）；最多出現次數 maxOccur=1，顯示一個實線框，否則顯示多個實線框（表示元素可以重複多個）。

Details 視窗內容，各元素可設定的屬性說明簡述可參考表 6-2 所示：

表 6-2　XSD 內各元素可設定的屬性一覽表

| name | 元素名稱 |
|---|---|
| isRef | 是否參照。如果勾選，表示此處的元素是參照到文件中預先定義的元素。（指令 ref=" *預先定義元素的名稱* "） |
| minOccur | 元素最少出現次數 |
| maxOccur | 元素最多出現次數（unbounded 表示無限） |
| type | 元素的資料型態 |
| content | 元素所屬型態為簡單型態或複雜型態（擁有子元素或屬性的元素必須宣告成複雜型態） |
| default | 內容預設值 |
| fixed | 內容為固定值不可修改 |

| name | 元素名稱 |
|---|---|
| nillable | 內容可否虛值（null 或 nil） |
| block | 將型態的定義聚合在一起 |
| form | 宣告此一元素的品質要求 |

## 四、設定元素定義

DueDate 元素的資料型態爲日期，Funding 資料型態爲整數，其餘元素：FirstName、LastName 與 Ttitle 資料爲字串型態。以 DueDate 元素爲例：先以滑鼠左鍵選點 DueDate 元素，於右邊 Detail 視窗 type 屬性輸入 xs:date。（或直接使用 type 屬性右方的下拉選單按鈕挑選），即可完成該元素的資料型態設定。

請依序將 Funding、FirstName、LastName 與 Ttitle 資料型態設定完成。

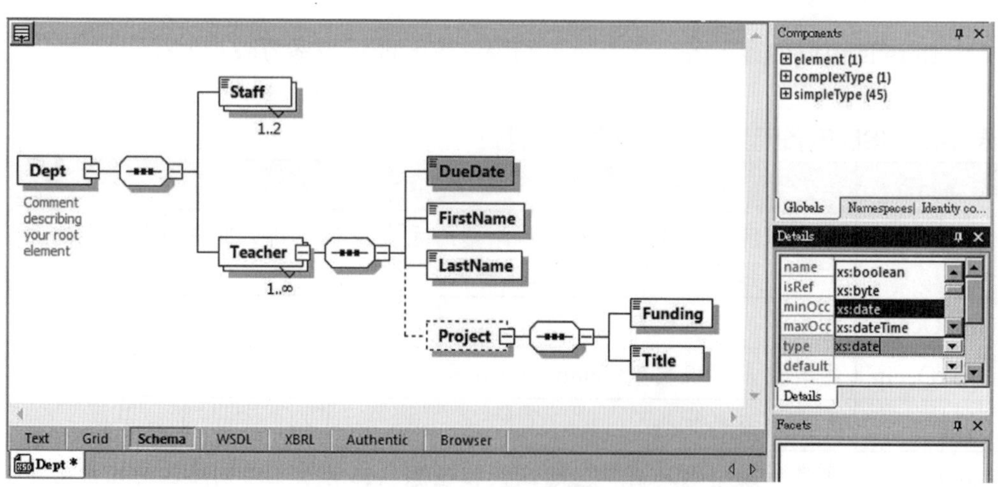


圖 6-22　於 Details 視窗內 type 屬性設定元素的資料型態

【說明】

其中資料型態字首名稱的 xs 表示 W3C XML Schema 的名稱空間，宣示了此一資料型態爲 W3C 爲 XML Schema 所定義之型態。

## 五、使用拖拉方式複製元素

Staff 元素與 Teacher 元素一樣，具有 DueDate、FirstName、LastName 三個子元素，可以使用先前介紹下一層元素的新增方式逐一新增。最方便的方式就是使用拖拉（drag and drop）+CTRL 鍵的方式複製元素。不過必須注意的是如果是要複製子元素，因爲元素與子元素之間必須先具備 Sequence, Choice 或 All 的宣告，所以需要透過複製此一排序方式（compositor）來複製子元素（系統會將該 compositor 之後的子元素完全複製過來）。

【說明】

拖拉元素：移動該元素（包含該元素的子元素）；

拖拉 +CTRL 單一元素：複製該元素（包含該元素的子元素）。

如圖 6-23 所示，先以滑鼠左鍵按住 Teacher 元素的 sequence 方框不放，按下 CTRL 鍵，拖拉至 Staff 元素後方，放開滑鼠與 CTRL 鍵，即會在 Staff 元素後方複製完成原本 Teacher 元素的 DueDate、FirstName、LastName 與 Project 子元素，其中 Proejct 子元素爲多餘，可以選點該元素後按下 Delete 鍵刪除。

完成後的元素顯示如圖 6-24 所示。

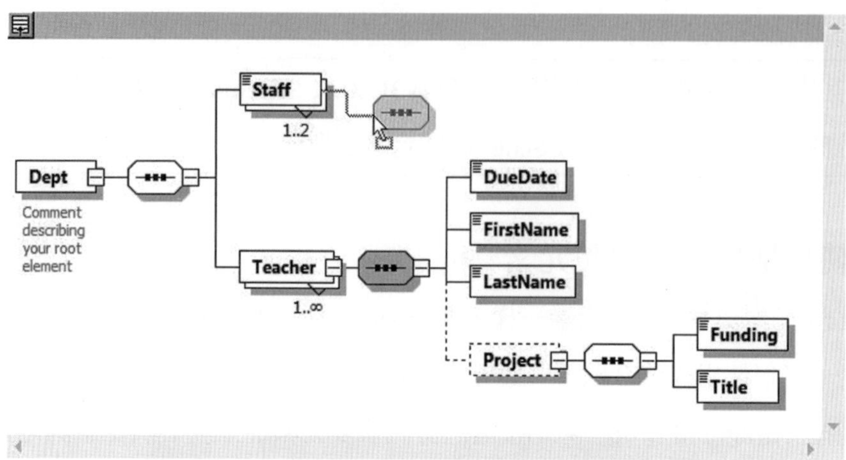


圖 6-23　使用拖拉 +CTRL 鍵方式複製元素

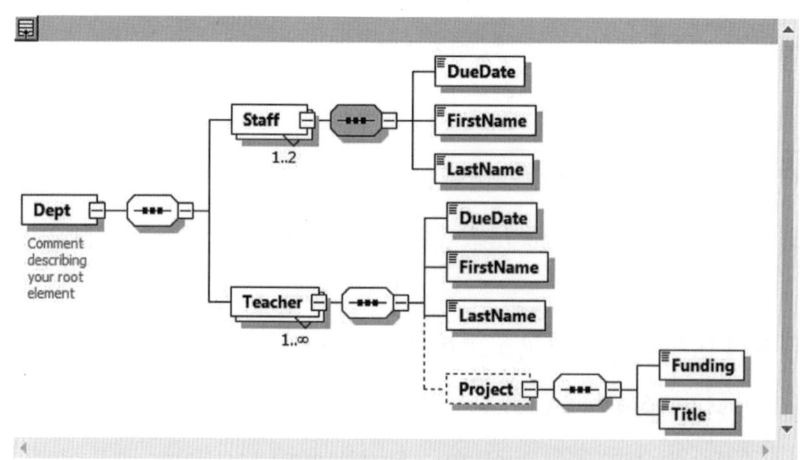


圖 6-24　使用拖拉 +CTRL 鍵方式複製元素結果

## 六、全域元件

全域元件（Globals component）包括元素、屬性與自訂資料型態，設定爲全域的元件表示在此 XSD 內架構中可提供其他元件引用。例如練習的 XSD 結構中

Teacher 與 Staff 元素均有 DueDate、FirstName、LastName 三個子元素，在先前的練習是使用複製的方式，如果爾後有元素的定義要異動，例如要在 FirstName 與 LastName 元素之間增加一個 MidName 元素，則需要在 Teacher 與 Staff 元素的子元素各別新增，如果 XSD 的結構繁多複雜時，如此調整不僅麻煩且容易遺漏。因此可以將一組元素個別或是群組設定爲全域元件，提供其他元件引用。

接著練習如何將元素宣告爲全域元件，可以在 XSD 中提供其他元素引用的操作方式：

1. 此處練習是將 DueDate、FirstName、LastName 三個元素指定爲全域元件，提供 Teacher 與 Staff 引用。
2. 如圖 6-25 所示，先以滑鼠左鍵點選 Staff 元素，再點擊滑鼠右鍵選擇 Make global | Complex type。完成後會顯示如圖 6-26 所示，Staff 的子元素會包含在一個黃框內，這個黃框即表示爲一全域的自訂資料型態元件，預設的名稱爲 StaffType。

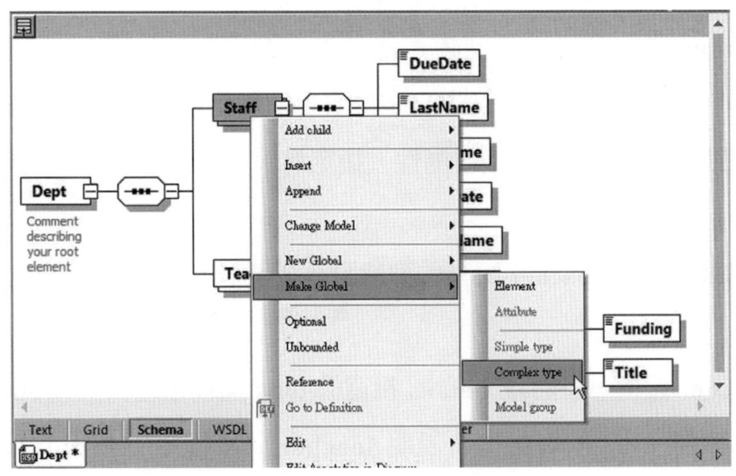


圖 6-25　將元素群組指定為全域元件

3. 更改全域元件名稱：請以滑鼠左鍵點擊視窗左上角的 回主頁圖示，或於主選單選擇 schema design|Display All Globals，顯示如圖 6-26 所示的 Schema overview（整體概要）兩個全域元件：Dept 根元素與剛才新增的 StaffType。接著以滑鼠左鍵雙擊 StaffType 名稱或選點右方 Details 視窗的 name 屬性，更改名稱為「PeopleType」。

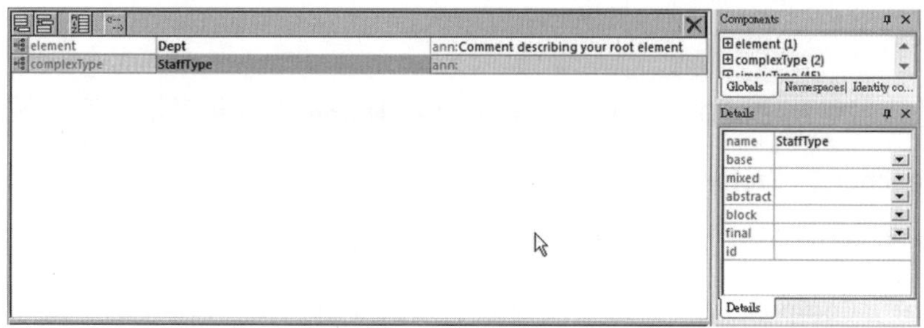


圖 6-26　整體概要畫面顯示全域元件

4. 點擊圖 6-26 視窗 Dept 項目左方的 展開圖示，或於主選單選擇 schema design|Display Diagram，返回圖 6-25 的圖形編輯介面。這時會發現原先 Staff 元素的子元素消失，是因為 Staff 元素的資料型態仍是改名前的「StaffType」。
5. 只要將右邊 Details 視窗的 type 屬性，指定為「PeopleType」即可。

同樣的方式，要將 Teacher 元素的型態也改成全域的「PeopleType」自訂資料型態。

6. 點選 Teacher 元素，將右邊 Details 視窗的 type 屬性指定為「PeopleType」。如果出現如圖 6-27 的對話框，說明 Teacher 元素指定的 PeopleType 會加入 Teacher 元素現有定義的子元素或屬性。請按下「Yes」鈕。
7. 因為 Teacher 元素先前的練習已經定義了 DueDate、FirstName、LastName 三

個子元素，現在可以逐一將其刪除。（選點欲刪除的元素，再按下鍵盤 Delete 鍵）

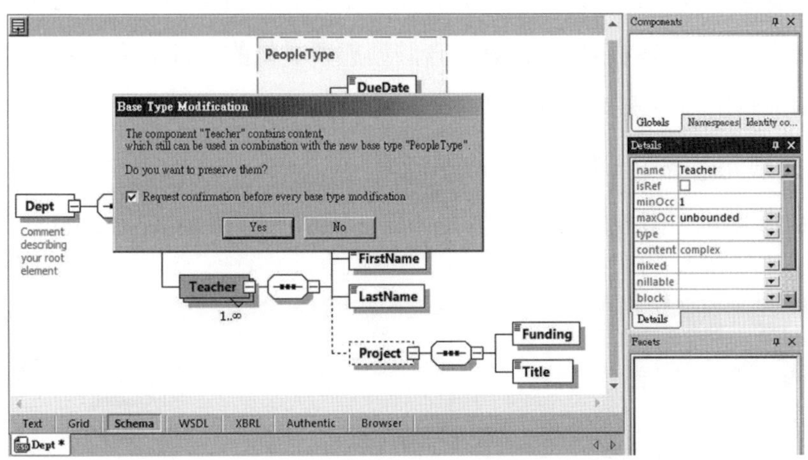


圖 6-27　指定全域元件併入既有型態時的說明對話框

8. 完成後顯示如圖 6-28 所示，可以發現 Teacher 元素包含兩個型態，一個是參照的全域元件「PeopleType」，另一個是具備 Project 子元素的複雜資料型態。

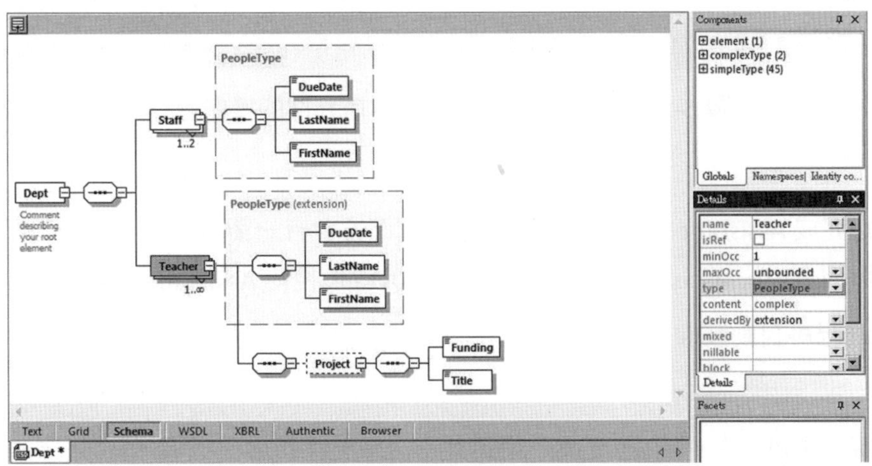


圖 6-28　指定全域元件

## 七、單一全域元素

前一練習將多個元素以群組方式指定爲全域的資料型態，只要任何元素的資料型態指定爲該全域的名稱，便會包含該型態所具備的全部元素。接下來的練習則是單純地將單一元素設定爲全域元件。

1. 於 Dept 根元素增加一個 Assistant 子元素。
2. 如圖 6-29 所示，滑鼠右鍵選點該 Assistant 元素，選擇 Make Global。

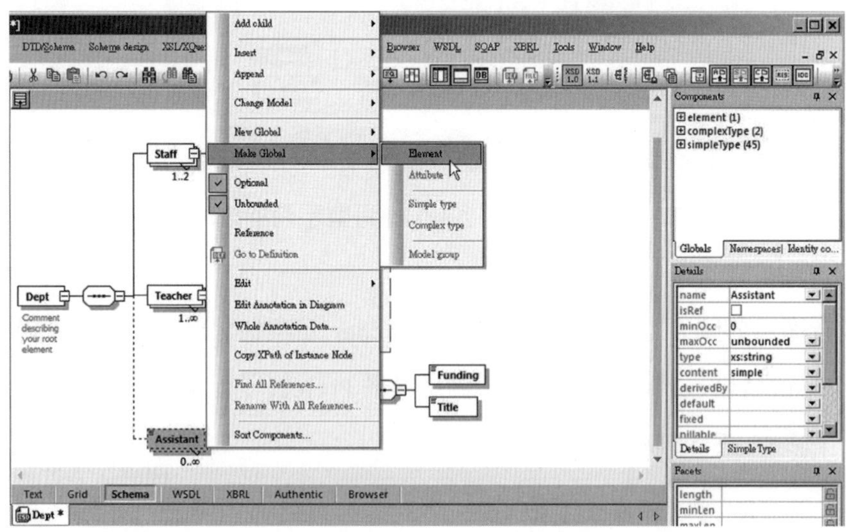


圖 6-29　將單一元素設定為全域元件的操作過程

3. 設定完成 Assistant 元素圖示 Assistant 左下方會有一箭號，表示此一元素現在參照到全域的 Assistant 元素（注意右方 Details 視窗 Assistant 元素的屬性定義 isRef 已經自動被勾選）。

接下來可以在 Project 元素下使用此一全域元件新增一元素。

4. 於 Project 元素下增加一新元素（可於 sequence 排序圖示點擊滑鼠右鍵，選擇

Add child|element，或是於 Title 元素點擊滑鼠右鍵，選擇 Append）

5. 於新增空白欄位會自動顯示已經定義的全域元件名稱，提供選擇。也可直接於右方 Details 視窗的 name 屬性值指定此元素的名稱爲「Assistant」。

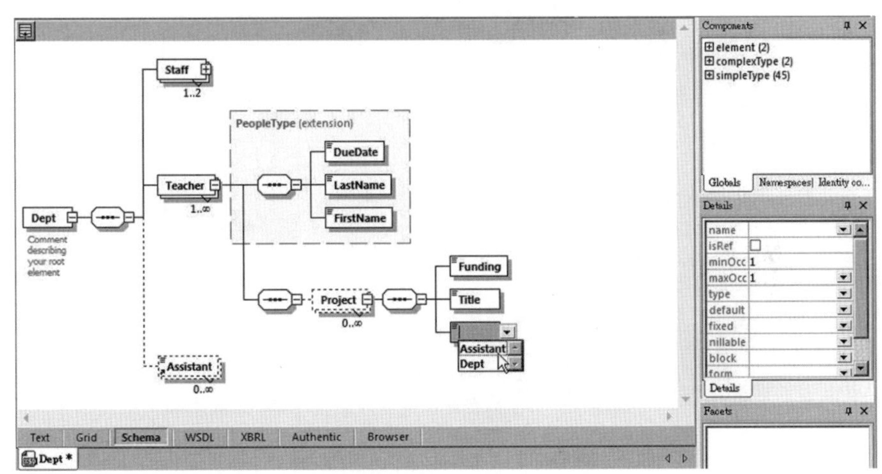


圖 6-30　新增一個使用全域元件的元素

# 八、定義元素的屬性

接下來的練習是要增加元素的屬性。參考表 6-1 或圖 6-6 練習範例的樹狀結構圖，Teacher 元素有 teacher_id 與 rank 兩個屬性。

1. 如圖 6-31 所示，以滑鼠右鍵選點 Teacher 元素，選擇 Add child|Attribute 新增屬性。
2. 當焦點在該新增屬性時，可於圖 6-32 所示右方 Details 視窗輸入該屬性的相關設定值：Name（屬性名稱）爲「teacher_id」、Type（資料型態）爲字串「xs:string」、Use（使用狀態）爲必備「required」。
3. 同樣的方式，在 Teacher 元素新增一 rank 屬性，並在其右方 Details 視窗輸入該屬性的相關設定值：Name（屬性名稱）爲「rank」、Type（資料型態）爲字串「xs:string」、Use（使用狀態）爲非必備「optional」。

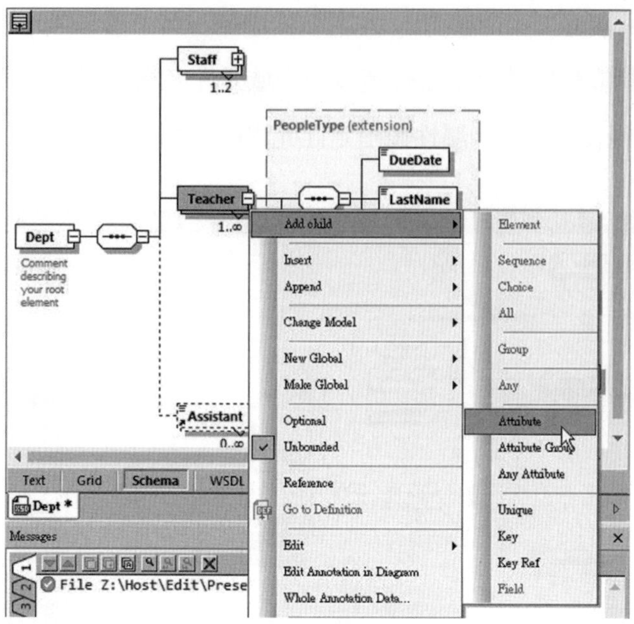


圖 6-31　新增屬性的宣告

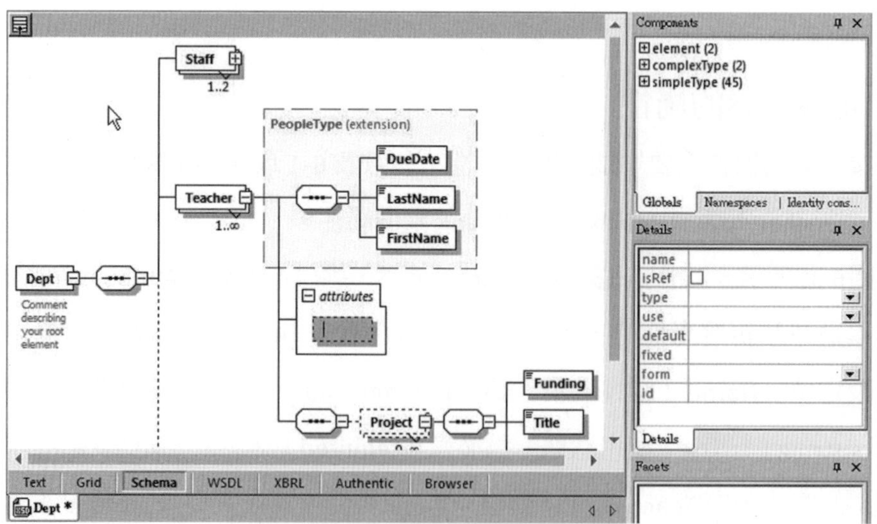


圖 6-32　設定屬性的相關設定值

設定列舉值：這一個 rank 屬性用來記錄 Teacher 元素的職級，老師的職級包括講師、助理教授、副教授與教授。

1. 焦點在 rank 屬性時，以滑鼠左鍵選點圖 6-33 所示之 (1)Facets 視窗，其中的 (2)Enumerations 頁籤內的 （Append）鈕，將列舉值逐一輸入。
2. 完成 rank 屬性的列舉值設定後，如果要指定 rank 屬性的預設值，此時選點右方 Details 視窗的 default 下拉選項，便可看到剛才所設定的列舉值。

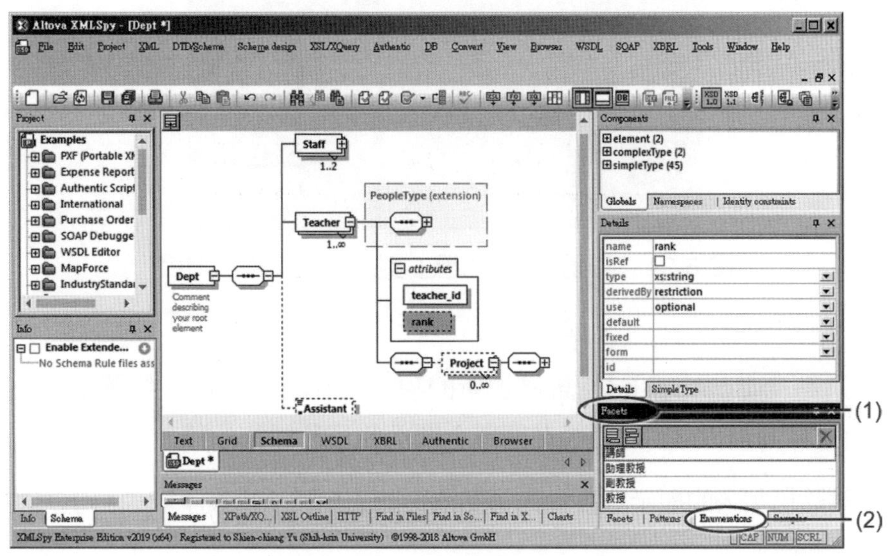


圖 6-33　設定屬性的列舉值

## 九、設定 Schema/WSDL 顯示格示

先前範例所設定一直都是在 Schema/WSDL 頁面，以預設的圖形介面方式呈現。依據使用者的需要，設定呈現的圖形內容，是透過「綱要顯示組態」對話框所提供的顯示項目，只要在該對話框的清單加入顯示項目即可。

1. 於主選單選擇 Schema design | Configure view…選項，顯示如圖 6-34 所示的「綱要顯示組態」設定對話框。

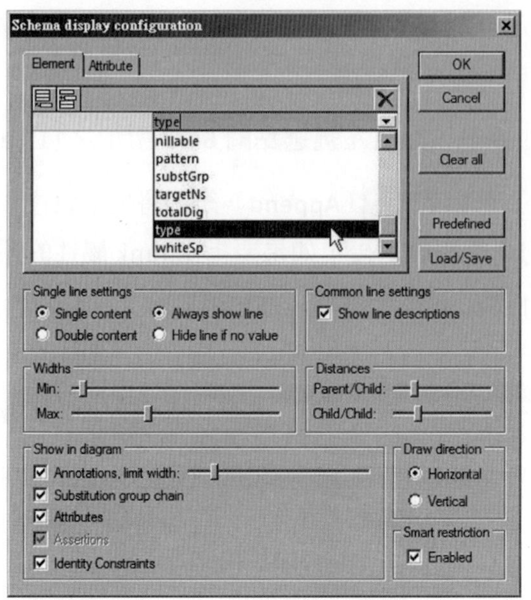


圖 6-34 「綱要顯示組態」對話框設定顯示項目

2. 滑鼠選點 [Append 鈕圖示]（Append）鈕增加新的項目，並在項目內下拉選單（combo box）選擇 type，表示希望能在圖形上顯示各元素的 type 值。
3. 如欲刪除已加入的顯示項目，先選點欲刪除的項目，再按下表列右上方的 [刪除鈕圖示] 鈕執行刪除。
4. 按下 OK 鈕，完成設定。此時圖形介面顯示如圖 6-35 所示的結果，原先各元素的圖示已經包含新加入 type 資料型態的顯示。

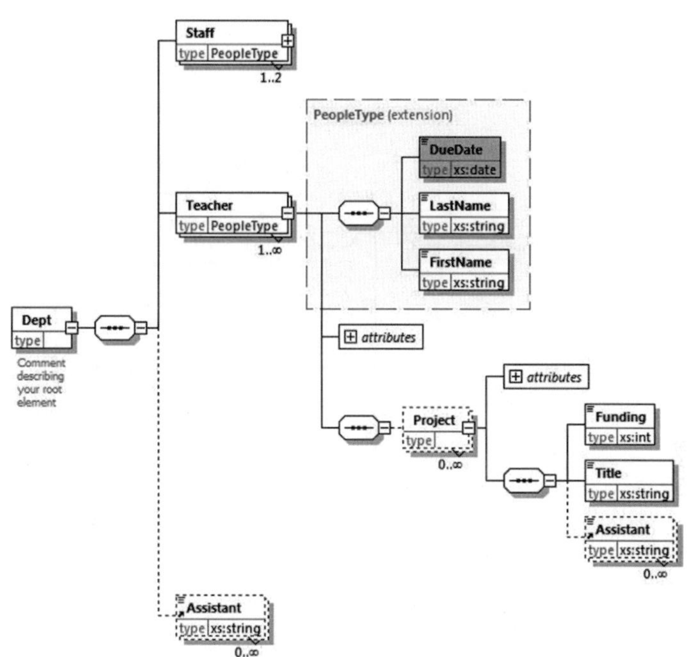


圖 6-35　元素圖示增加顯示資料型態（type）

若欲修改元素的資料型態，除了可在右方 Details 視窗的 type 內容進行更改，也可直接以滑鼠左鍵雙擊該元素圖示的 type。例如欲將其中先前練習設定過 DueDate 元素的資料型態 xs:date，改爲 xs:gYearMonth。

5. 滑鼠左鍵雙擊 DueDate 元素圖示的 type，如圖 6-36 所示，再鍵入或利用下拉式選單選擇 xs:YearMonth。

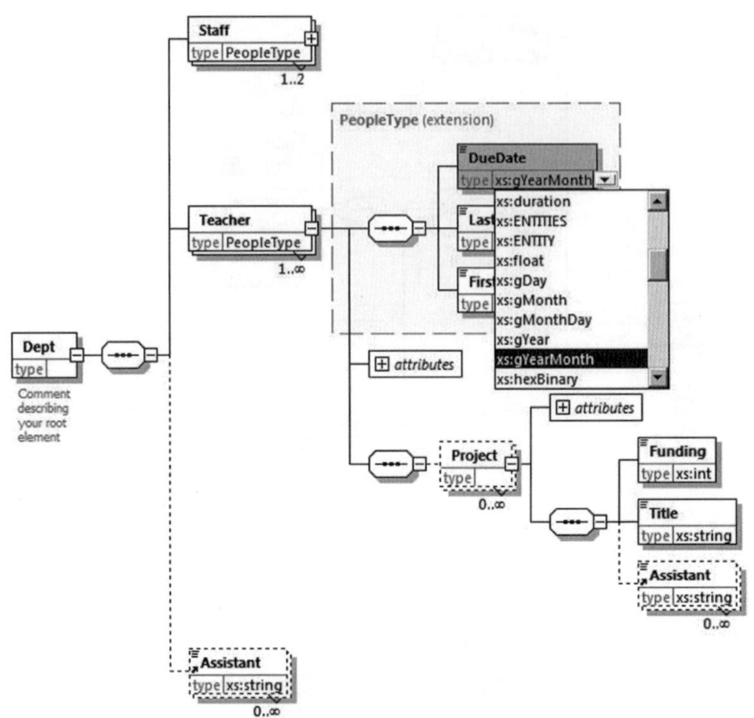


圖 6-36　使用元素圖示逕行修改資料型態

## 十、檢視完整定義內容

完成上述練習後，請先將資料存檔。接著於 Main（主要編輯）視窗下方 page（頁籤）選擇 Text，切換成文字顯示模式。顯示此 XSD 定義的完整內容如下。

```
<?xml version="1.0" encoding="UTF-8"?>
<xs:schema xmlns:xs="http://www.w3.org/2001/XMLSchema" elementFormDefault="qualified"
attributeFormDefault="unqualified">
 <xs:element name="Dept">
  <xs:complexType>
   <xs:sequence>
    <xs:element name=”Staff” maxOccurs=”2”>
     <xs:complexType>
```

```
    <xs:complexContent>
     <xs:extension base="PeopleType">
      <xs:attribute name="staff_id" type="xs:string" use="required"/>
      <xs:attribute name="rank">
       <xs:simpleType>
        <xs:restriction base="xs:string">
         <xs:enumeration value=" 助理 "/>
         <xs:enumeration value=" 秘書 "/>
         <xs:enumeration value=" 書記 "/>
        </xs:restriction>
       </xs:simpleType>
      </xs:attribute>
     </xs:extension>
    </xs:complexContent>
   </xs:complexType>
  </xs:element>
  <xs:element name="Teacher" maxOccurs="unbounded">
   <xs:complexType>
    <xs:complexContent>
     <xs:extension base="PeopleType">
      <xs:sequence>
       <xs:element name="Project" minOccurs="0" maxOccurs="unbounded">
        <xs:complexType>
         <xs:sequence>
          <xs:element name="Funding" type="xs:int"/>
          <xs:element name="Title" type="xs:string"/>
          <xs:element ref="Assistant" minOccurs="0" maxOccurs="unbounded"/>
         </xs:sequence>
         <xs:attribute name="project_id" type="xs:string" use="optional"/>
        </xs:complexType>
       </xs:element>
      </xs:sequence>
      <xs:attribute name="teacher_id" type="xs:string" use="required"/>
      <xs:attribute name="rank" use="optional">
       <xs:simpleType>
        <xs:restriction base=”xs:string”>
         <xs:enumeration value=” 講師 ”/>
         <xs:enumeration value=” 助理教授 ”/>
```

```
              <xs:enumeration value=" 副教授 "/>
              <xs:enumeration value=" 教授 "/>
            </xs:restriction>
          </xs:simpleType>
        </xs:attribute>
      </xs:extension>
    </xs:complexContent>
  </xs:complexType>
</xs:element>
<xs:element ref="Assistant" minOccurs="0" maxOccurs="unbounded"/>
</xs:sequence>
</xs:complexType>
</xs:element>
<xs:complexType name="PeopleType">
  <xs:sequence>
    <xs:element name="DueDate" type="xs:gYearMonth"/>
    <xs:element name="LastName" type="xs:string"/>
    <xs:element name="FirstName" type="xs:string"/>
  </xs:sequence>
</xs:complexType>
<xs:element name="Assistant" type="xs:string"/>
</xs:schema>
```

全域型態

全域元素

## 十一、產生 XSD 規格文件

規格文件的作用是方便整理與文件化整個制定的 XSD 內容，以便歸檔管理。XMLSpy 2019 版本可以產生成四種相當普及的文件格示：HTML、MS Word、豐富文件格式（Rich Text Format，RTF），以及便攜式文件格式（Portable Document Format，PDF）。產生規格文件必須是在 XSD 以圖形顯示的情況，**因此請於主要編輯視窗下方 page（頁籤）選擇 Schema/WSDL，切換成圖形顯示模式。**

1. 請於主選單選擇 Schema design | Generate Documentation⋯選項。系統顯示如圖 6-37 所示「綱要文件」的設定對話框。

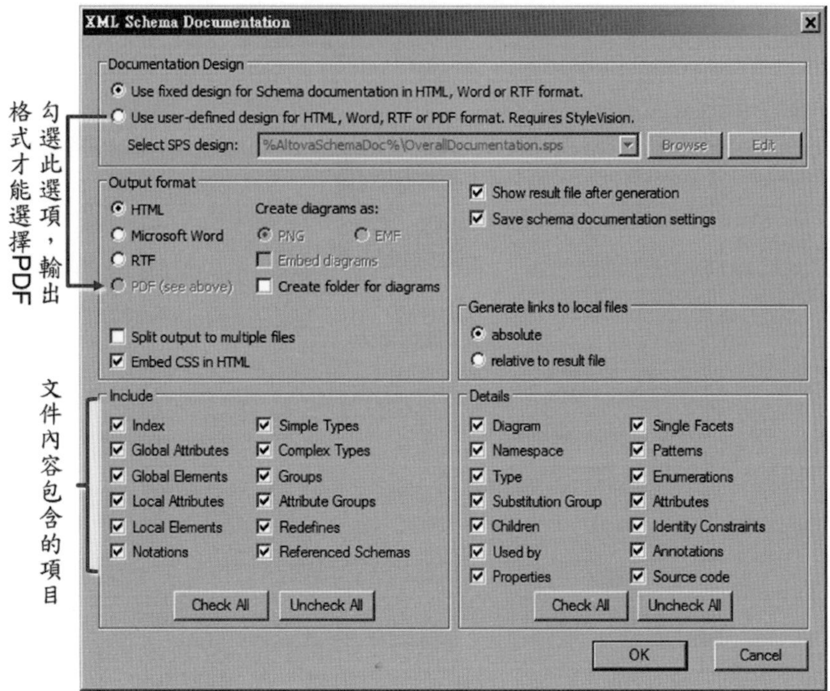


圖 6-37 產生 XSD 文件的設定對話框

2. 選擇輸出的格式，並按下 OK 鈕。

3. 系統提示輸入儲存的目錄位址與檔案名稱。

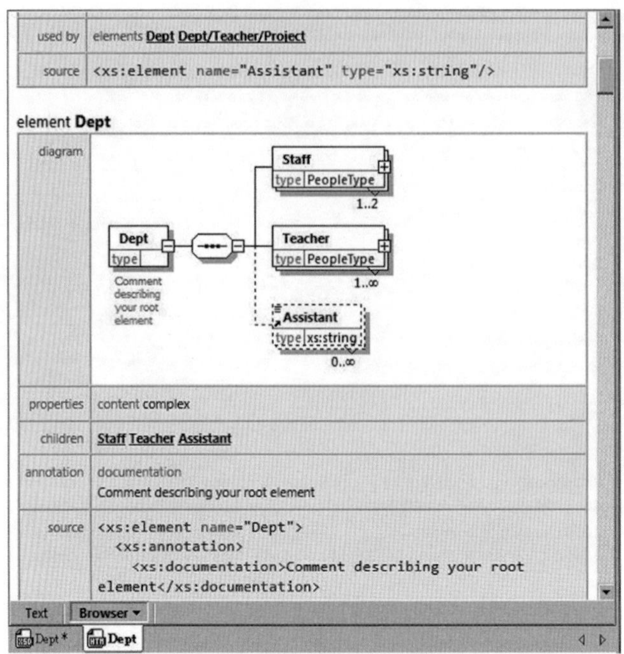


圖 6-38　產生 HTML 格式之規格文件內容範例

## 十二、產生 DTD 檔案

當宣告完成 XSD 或從外界取得第三方制定的 XSD，若有需要轉換成 DTD 檔案，可以使用 XMLSpy 提供的轉換功能。相同的程序一樣可以逆轉 DTD 成為 XSD 檔案，不過由於 DTD 的定義比較簡單與鬆散，如果是由 DTD 轉換成 XSD，建議仍需由人工檢視並修訂一些細部的定義，例如資料型態與元素出現的次數等設定。

1. 請於主選單選項 DTD/Schema | Convert Schema To DTD…。
2. 系統會先詢問產生之 DTD 檔案存放目錄與檔名，完成轉換後產生如圖 6-39 所示的結果。

```
<?xml version="1.0" encoding="UTF-8"?>
<!--DTD generated by XMLSpy v2019 (x64) (http://www.altova.com)-->
<!--element and attribute declarations-->
<!--Comment describing your root element-->
<!ELEMENT Dept ((Staff, Staff?), Teacher+, Assistant*)>
<!ELEMENT Staff (DueDate, LastName, FirstName)>
<!ATTLIST Staff
    staff_id CDATA #REQUIRED
    rank (助理 | 秘書 | 書記) #IMPLIED
>
<!ELEMENT Teacher ((DueDate, LastName, FirstName), (Project*))>
<!ATTLIST Teacher
    teacher_id CDATA #REQUIRED
    rank (講師 | 助理教授 | 副教授 | 教授) #IMPLIED
>
<!ELEMENT Project (Funding, Title, Assistant*)>
<!ATTLIST Project
    project_id CDATA #IMPLIED
>
<!ELEMENT Funding (#PCDATA)>
<!ELEMENT Title (#PCDATA)>
<!ELEMENT DueDate (#PCDATA)>
<!ELEMENT LastName (#PCDATA)>
<!ELEMENT Assistant (#PCDATA)>
<!ELEMENT FirstName (#PCDATA)>
```

Text Grid

Dept * Dept *

轉檔完成之DTD內容

轉檔來源之XSD

圖 6-39 XSD 轉換為 DTD

# 第三節 建立 XML 文件

本單元依據上一節練習建立的 XSD（檔名：Dept.xsd）作爲文件的結構依據，編制一個如表 6-3 所示的 XML 文件。文件可以使用的元素與屬性必須依據 XSD 宣告的定義，包括次序、型態與出現次數，而各個元素與屬性的內容只是方便練習，可以自行嘗試調整。

表 6-3 XML 練習內容

<table>
<tr><th colspan="5">練習：系所教職員資料</th></tr>
<tr><td rowspan="24">Dept<br>*根元素*</td><td colspan="2">[ 屬性 ]dept_id</td><td colspan="2">IC</td></tr>
<tr><td rowspan="5">Staff</td><td>[ 屬性 ] staff_id</td><td colspan="2">S005</td></tr>
<tr><td>[ 屬性 ] rank</td><td colspan="2">秘書</td></tr>
<tr><td>DueDate</td><td colspan="2">2019-1-1</td></tr>
<tr><td>FirstName</td><td colspan="2">青牛</td></tr>
<tr><td>LastName</td><td colspan="2">胡</td></tr>
<tr><td rowspan="12">Teacher</td><td>[ 屬性 ] teacher_id</td><td colspan="2">T001</td></tr>
<tr><td>[ 屬性 ] rank</td><td colspan="2">教授</td></tr>
<tr><td>DueDate</td><td colspan="2">2010-5-1</td></tr>
<tr><td>FirstName</td><td colspan="2">三豐</td></tr>
<tr><td>LastName</td><td colspan="2">張</td></tr>
<tr><td rowspan="2">Project</td><td>Funding</td><td>200000</td></tr>
<tr><td>Title</td><td>圖像深度學習</td></tr>
<tr><td rowspan="5">Project</td><td>[ 屬性 ] project_id</td><td>NSC99-3305</td></tr>
<tr><td>Funding</td><td>350000</td></tr>
<tr><td>Title</td><td>新聞情感分析</td></tr>
<tr><td>Assistant</td><td>冷謙</td></tr>
<tr><td>Assistant</td><td>張中</td></tr>
<tr><td rowspan="5">Teacher</td><td>[ 屬性 ] teacher_id</td><td colspan="2">T007</td></tr>
<tr><td>[ 屬性 ] rank</td><td colspan="2">副教授</td></tr>
<tr><td>DueDate</td><td colspan="2">2018-9-1</td></tr>
<tr><td>FirstName</td><td colspan="2">天正</td></tr>
<tr><td>LastName</td><td colspan="2">殷</td></tr>
<tr><td>Assistant</td><td colspan="3">張無忌</td></tr>
</table>

## 一、建立一個新的 XML 文件

1. 執行 XMLSpy，顯示如圖 6-40 所示的畫面（若還開啓前一節所編輯的 XSD、DTD 文件，未關閉並不會影響 XML 文件的編輯）。

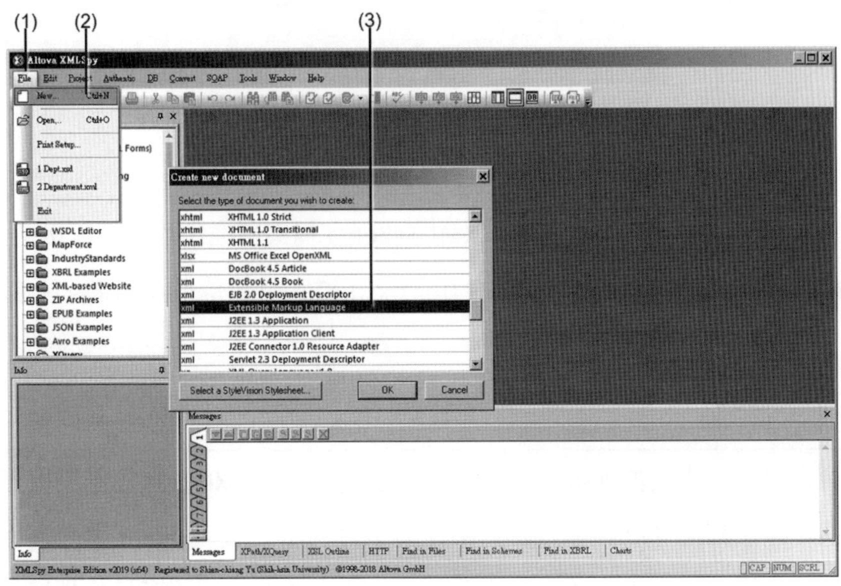


圖 6-40　新增 XML 文件

2. 依據圖示的步驟，(1) 於主選單 File 之中選擇 (2)New，在開啓的「Create new document」對話框內選擇 (3) xml Extensible Markup Language 選項，並按下「OK」按鈕。
3. 如圖 6-41 所示，系統會詢問此一 XML 是否有遵循的 XML Schema 或 DTD，請選擇 Schema，並按下 OK 鈕。

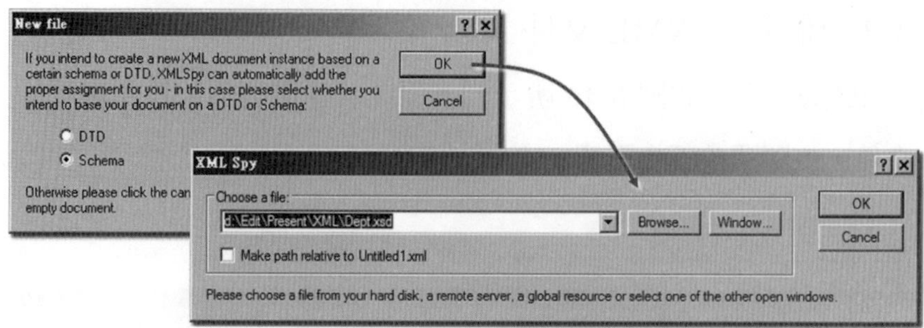


圖 6-41　選擇 XML 文件依據的綱要種類與來源

4. 系統要求輸入此一 XML 所遵循的 XML Schema 檔案所在位址，請直接輸入或按下 Browse 鈕選擇前一節所編製的 Dept.xsd 檔案目錄位址及檔名，並按下 OK 鈕。

【說明】

| 系統會自動依據指定的 XSD 或 DTD 所定義的結構產生 XML 的宣告與根元素。如果系統無法藉由 XSD 判斷正確的根元素，會顯示 root element 選擇畫面要求選擇根元素。如果因爲全域元件或全域元件的定義造成系統不易分辨根元素，可能會將全域的元素也當作根元素的情形發生。此時只需以手動方式將不正確的元素刪除即可。 |
|---|

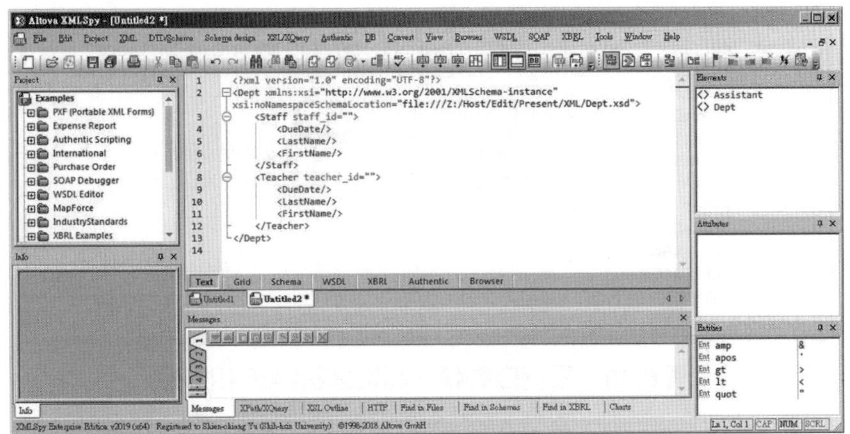


圖 6-42　系統會自動依據指定的綱要產生 XML 文件的元素

## 二、輸入元素資料

1. 系統會自動依據指定的 XSD 或 DTD 所定義的結構產生 XML 的宣告與根元素，所以會以必備元素爲主，並產生爲空元素。如果要改成具備起始標籤與結束標籤的正常元素，可以直接刪除空元素的斜線，系統會自動轉換成起始標籤與結束標籤。

   註：若直接選點元素標籤表示要修改標籤名稱，而非輸入資料內容。

2. 如果元素非必備（也就是宣告最小出現次數的定義 minOccur = 0），必須自行輸入該元素的標籤名稱，輸入時只需鍵入小於符號「<」（也就是標籤名稱的開始標示），系統會自動帶出現在此處可以使用的元素名稱清單，直接選擇便會帶入標籤名稱，這時再按下大於符號「>」（也就是標籤名稱的結束標示），系統即會帶出完整的起始標籤與結束標籤。

   空白處→鍵入「<」→系統表列可輸入的標籤名稱→選定標籤名稱→系統帶出標籤名稱→輸入「>」→系統帶出完整起始標籤與結束標籤。

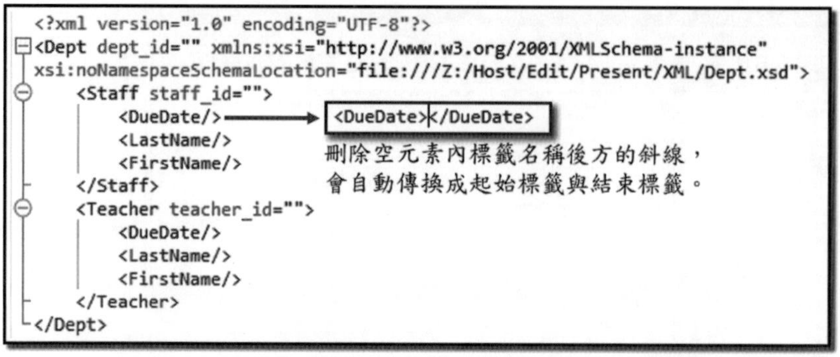

```
<?xml version="1.0" encoding="UTF-8"?>
<Dept dept_id="" xmlns:xsi="http://www.w3.org/2001/XMLSchema-instance"
xsi:noNamespaceSchemaLocation="file:///Z:/Host/Edit/Present/XML/Dept.xsd">
    <Staff staff_id="">
        <DueDate/>  →  <DueDate></DueDate>
        <LastName/>
        <FirstName/>
    </Staff>
    <Teacher teacher_id="">
        <DueDate/>
        <LastName/>
        <FirstName/>
    </Teacher>
</Dept>
```

刪除空元素內標籤名稱後方的斜線，會自動傳換成起始標籤與結束標籤。

圖 6-43　系統自動帶入起始標籤與結束標籤

【說明】

如果在編修元素時，「<」符號後沒有自動帶出標籤名稱，通常原因是：

(1) 並非新鍵入「<」符號，而是修改該標籤名稱；

(2) 該 XSD 並未定義此元素內的子元素；

(3) 此一 XML 文件並未指定結構依據的 XSD 或 DTD。

3. DueDate 元素內輸入日期「2019-1-1」。需注意的是 XSD 宣告 DueDate 元素的資料型態是「xs:date」，而 XSD 的依據 ISO 8601 所規範的日期格式：「YYYY-MM-DD」。所以年度使用西元四碼，年、月、日的區隔符號使用「-」（dash）。例如你輸入的是「2019/1/1」，當按下工具列的 檢驗資料格式時，於主要編輯視窗下方的訊息（Messages）視窗，顯示格示錯誤，並於右方顯示應修正的格式建議。

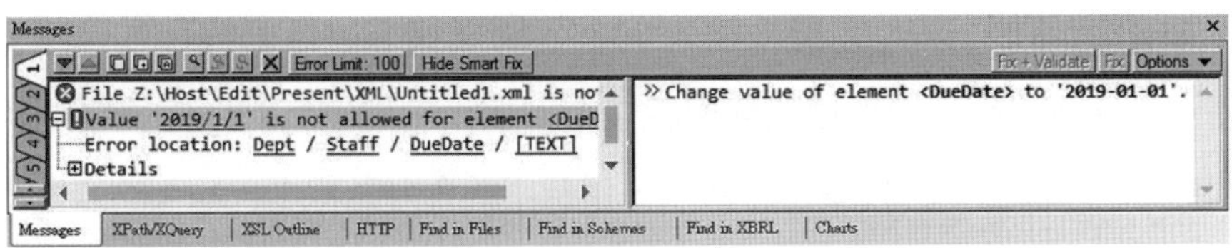


圖 6-44 格示驗證時顯示日期格示錯誤

【說明】

ISO8601 日期格示年必須是四位數字，月與日必須是兩位數字，若是 2019 年 1 月 1 日，必須表示爲 2019-01-01。

XMLSpy 提供兩種驗證：

(1) 文法（well-formed）驗證：檢驗是否合乎 XML 文法；

(2) 格式（validate）驗證：檢驗格示是否合乎綱要（XSD 或 DTD）的定義。

如果 XML 文件沒有指定依據的綱要種類與來源（參考圖 6-41），就不需要執行格式驗證。

驗證的操作說明請參見第 169 頁「四、驗證文法與格式」的介紹。

4. 請依上述方式，參考表 6-3 所列的範例內容，逐一練習完成「系所教職資料」各元素的輸入。藉由這些元素輸入的過程，熟悉 XMLSpy 編修資料的操作。

## 三、輸入屬性資料

1. 如同元素資料，系統會自動依據指定的 XSD 或 DTD 所定義的結構產生 XML 各個必備元素，以及各元素必備的屬性。如圖 6-45 所示，Staff 元素的 XSD 結構宣告包括 staff_id 與 rank 兩個屬性，但是因爲 rank 屬性宣告爲非必備（use="optional"），所以預設此 XML 文件有 staff_id 屬性，但是沒有 rank 屬性。

2. 請於 Staff 元素的 staff_id 屬性輸入 S005（隨意輸入，沒有特別意義），輸入完將游標往後移動至屬性值的雙引號後方，按下一個空格鍵（因爲屬性與屬性之間要有空格區隔）。如圖6-45所示，這時系統會自動帶出可輸入的屬性表列。
3. 於表列中選擇屬性名稱，系統即會帶出該屬性。

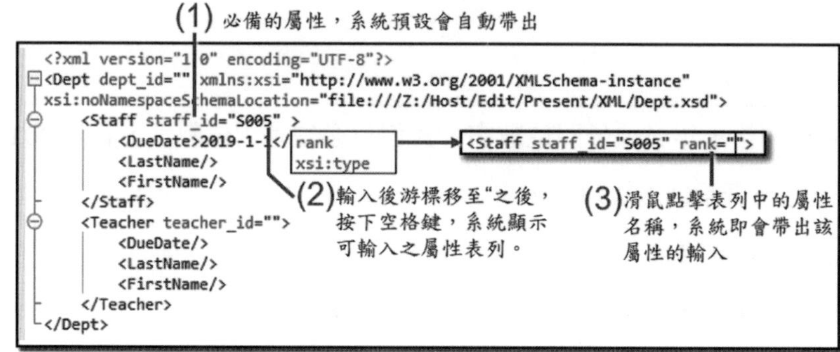


圖 6-45　使用屬性表列，帶出欲輸入的屬性

4. 如圖 6-46 所示，輸入 rank 屬性時，可以注意主要編輯視窗左方的「info」資訊視窗，會顯示此一屬性具備有列舉值。請在屬性的雙引號內隨意鍵入一個字，系統便會帶出列舉值。

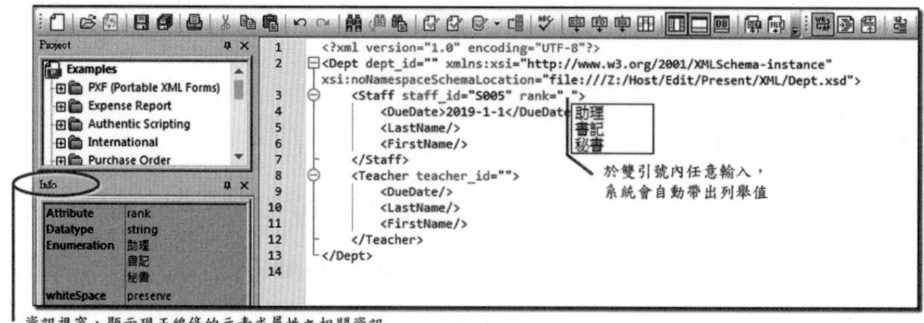


圖 6-46

請依上述方式，參考表 6-3 所列的範例內容，逐一練習完成「系所教職資料」各元素的屬性輸入。藉由這些屬性輸入的過程，熟悉 XMLSpy 編修屬性資料的操作。

## 四、驗證文法與格式

一份 XML 文件，無論是否有指定依據的 XSD 或 DTD 綱要種類與來源，都必須符合文法的（well-formed）要求。因此當資料建檔完畢，可使用 XMLSpy 的文法檢驗工具驗證是否符合文法。

1. 確定主要編輯視窗內容為 XML 文件。

【說明】

| XSD 是 XML 文件，但是 DTD 並不是。DTD 有特定的語法，和 XML 的語法是不相同的。 |
|---|

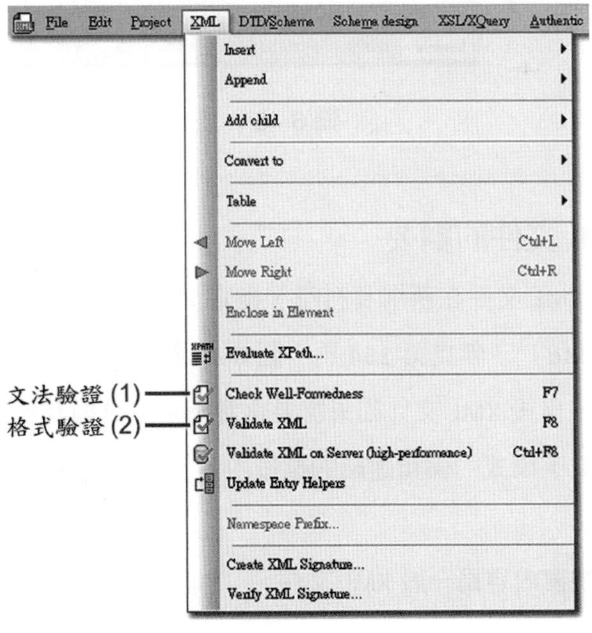


圖 6-47

2. 主選單選擇 XML | Check Well-formedness 選項，或直接使用熱鍵 F7，或是選點工具列的 （黃色）鈕，執行文法驗證。
3. 主選單選擇 XML | Validate XML 選項，或直接使用熱鍵 F8，或是選點工具列的 （綠色）鈕，執行格式驗證。

如圖 6-48 所示，如果 XML 文件符合文法，系統會於主要編輯視窗下方的「Messages」訊息視窗顯示正確圖示。文法驗證正確顯示黃色打勾符號；格式驗證正確顯示綠色打勾符號。若有任何違反文法或文件型別規範檢查的要求，便會在「Messages」訊息視窗顯示錯誤的圖示與判斷的錯誤原因。

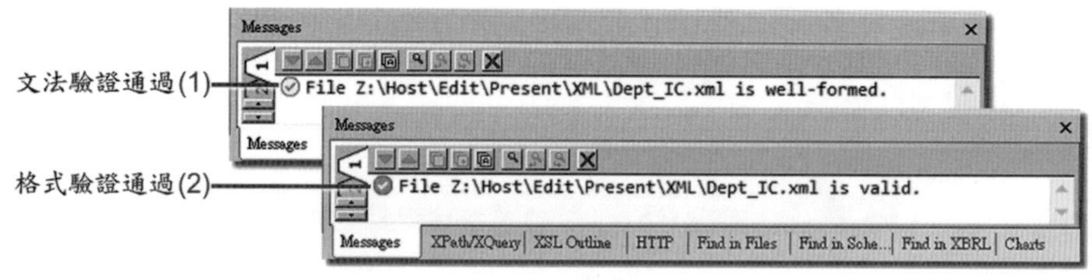


圖 6-48

## 五、更換 XML 文件的綱要

先前使用的 XML 文件在新增資料時，指定文件的型別爲前一單元所建立的 XSD 檔案（Dept.xsd）（參見第 164 頁，圖 6-41 新增 XML 文件時選擇綱要種類與來源的內容）。日後 XML 文件如果需要重新指定或更換其他的 XSD 或 DTD 檔案，除了直接在文字模式內編輯連結的標籤內容，亦可透過 XMLSpy 提供的綱要指定工具更改。

1. 確定主要編輯視窗內容爲一般 XML 文件。

【說明】

> 此處所指的一般 XML 文件，是排除 XSD、XSL，以及各類 Metadata 格式等用於定義的 XML 文件，因為這些用於定義的 XML 文件，已經有被規範的綱要，並不能隨意變動。

2. 主選單 DTD/Schema 內，如果要更換為 DTD，選擇「Assign DTD… 」選項；若要更換為另外的 XSD，則選擇「Assign Schema… 」選項。

   本練習將更換成先前練習所產生的 DTD 檔案（檔名：Dept.dtd）。選擇「Assign DTD… 」選項後，系統會出現如圖 6-49 所示的提示訊息，說明指定新的定義檔後，XMLSpy 會執行 parse（剖析）文件，以驗證 XML 文件是否符合定義檔的結構規範。

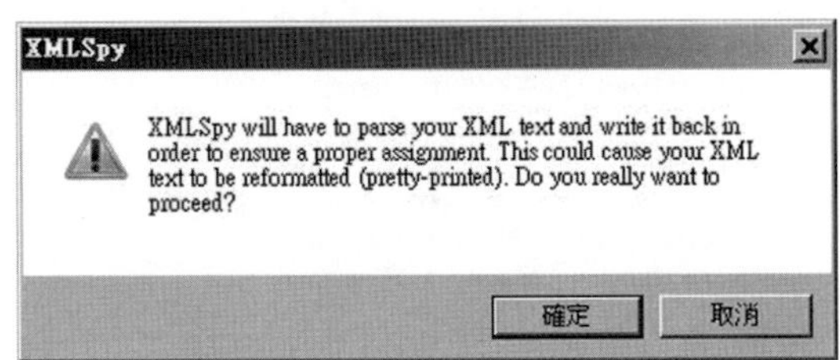


圖 6-49　系統提示更換 XML 文件綱要的訊息對話框

3. 按下「確定」鈕後，系統顯示如圖 6-50 所示的綱要檔案選擇對話框，可於編輯欄直接輸入，或使用「Browse… 」鈕開啟資料夾方式選擇檔案，或是使用「Window… 」鈕開啟專案樹狀目錄選擇檔案。選定後按下「OK」鈕，完成更換的作業。

如果原先 XML 文件內已有指定其他的 XML Schema 或 DTD 檔案，系統會出現警告說明，詢問是否確定要更換。此時按下「確定」鈕即可。

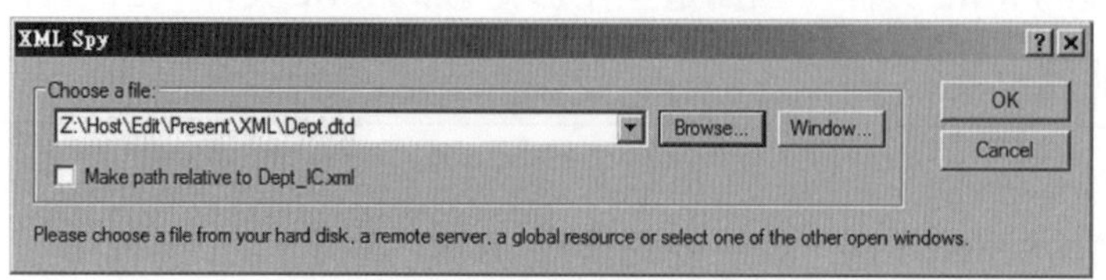


圖 6-50　綱要檔案選擇對話框

4. 如圖 6-51 所示，完成更換指定綱要作業後，XML 文件內容便更換為 DTD 檔案的指定內容。

```
<?xml version="1.0" encoding="UTF-8"?>
<!DOCTYPE Dept SYSTEM "Z:\Host\Edit\Present\XML\Dept.dtd">
<Dept dept_id="IC" xmlns:xsi="http://www.w3.org/2001/
XMLSchema-instance">
    <Staff staff_id="S005" rank="秘書">
        <DueDate>2019-01-01</DueDate>
        <FirstName>青牛</FirstName>
        <LastName>胡</LastName>
    </Staff>
    <Teacher teacher_id="T001" rank="教授">
        <DueDate>2010-05-01</DueDate>
        <FirstName>三豐</FirstName>
        <LastName>張</LastName>
    </Teacher>
    <Teacher teacher_id="T007" rank="副教授">
        <DueDate>2018-09-01</DueDate>
        <FirstName>天正</FirstName>
        <LastName>殷</LastName>
    </Teacher>
    <Assistant>張無忌</Assistant>
</Dept>
```

圖 6-51　更換指定綱要的 XML 文件內容

# 第七章　CSS 樣式語言

## 第一節　概述

階層式樣式（Cascading Style Sheets，簡稱 CSS，也有翻譯爲層疊樣式表、串接樣式表…等名稱）。它是由許多樣式名稱和樣式指定值所組成的字串，可以套用在 HTML 或 XML 的標籤來使用。而被套用的標籤，剖析器（parser）將會依據所套用的 CSS 來顯示它的外觀。

CSS 不能單獨使用，其作用主要是利用各種排版的樣式來輔助 HTML 或 XML 標籤呈現的效果，簡潔的語法可以很容易的控制標籤，CSS 可以宣告在 HTML 文件內，也可以儲存成一個副檔名爲 .css 獨立的文字檔，提供將資料與顯示格式分開處理的方式。

最初 HTML 採用內定的樣式，所有標籤呈現的方式，均預先定義在瀏覽器內，並不能任意改變，所以各個標籤能夠呈現的效果固定，除非有提供屬性調整，例如 HTML 的表格標籤 <table> 沒有提供表格線框的顏色屬性，就無法改變表格線框的顏色。

爲了解決許多 Web 網頁開發人員在應用 HTML 所遭遇的呈現效果困難，W3C 在 1996 年 12 月 17 日公布了 CSS，提供 HTML 能夠依據 CSS 自訂的樣式，決定各個標籤呈現的效果。實現資料內容與外觀呈現方式的分離，同樣的資料只要給予不同的樣式設定，就可以得到不同的顯示結果。如表 7-1 所示，透過樣式的宣告，HTML 表格就可以有不同呈現的效果。

表 7-1　HTML 使用 CSS 呈現效果示範

| HTML 內容 | 瀏覽器呈現結果 |
|---|---|
| <table cellpadding="10" border="1"><br><tr><td> 表格欄位 </td><td> 表格欄位 </td></tr><br><tr><td> 表格欄位 </td><td> 表格欄位 </td></tr><br></table> | 表格欄位 表格欄位<br>表格欄位 表格欄位 |
| <table **style="border:3px #FF0000 dashed;"** **cellpadding="10"** border="1"><br><tr><td> 表格欄位 </td><td> 表格欄位 </td></tr><br><tr><td> 表格欄位 </td><td> 表格欄位 </td></tr><br></table> | 表格欄位 表格欄位<br>表格欄位 表格欄位 |
| <table **style="border:8px #FF9912 groove;"** **cellpadding="10"** border="0"><br><tr><td> 表格欄位 </td><td> 表格欄位 </td></tr><br><tr><td> 表格欄位 </td><td> 表格欄位 </td></tr><br></table> | 表格欄位 表格欄位<br>表格欄位 表格欄位 |

XML 文件主要是用來承載資訊，不像 HTML 的標籤原生即具備了樣式的功用，所以在瀏覽器上看到的盡是標籤、屬性與資料所組成的元素。爲了能夠呈現如同 HTML 的視覺效果，除了使用第九章介紹 XML 專屬的樣式語言（Extensible Stylesheet Language，XSL），最簡便的方式就是使用 CSS。例如圖 7-1 所示的範例，藉由 CSS 定義各 XML 標籤所呈現的結果：

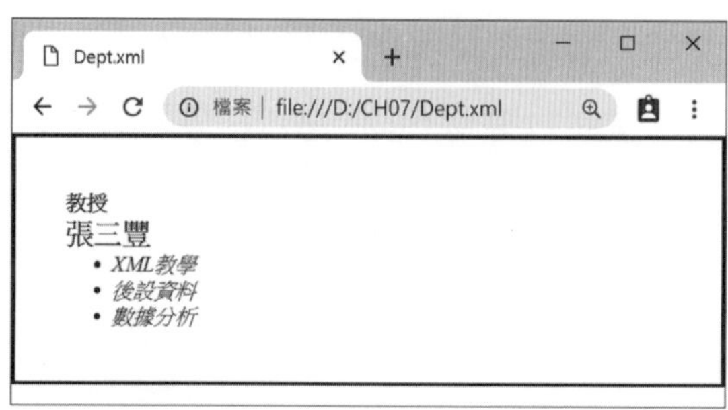


圖 7-1　XML 使用 CSS 呈現效果示範

範例檔名：**Dept.xml**

```
<?xml version="1.0" encoding="UTF-8"?>
<?xml-stylesheet type="text/css" href="Dept.css" ?>
<Dept>
 <Teacher>
  <Rank> 教授 </Rank>
  <Name> 張三豐 </Name>
  <Course>XML 教學 </Course>
  <Course> 後設資料 </Course>
  <Course> 數據分析 </Course>
 </Teacher>
</Dept>
```

範例檔名：**Dept.css**

```
Teacher{
 display:block;
 border: 2px solid blue;
 padding:4ex; }

Rank{
 display:block;
 font-size:12px;
 color:#0000ff;
 font-weight:bold; }
Name{
 font-size:16px;
 color:#555555;
 font-weight:bold; }

Course{
 display:list-item;
 font-size:12px;
 color:blue;
 font-style: italic;
 margin-left:20pt; }
```

【說明】

實際上 XML 可以使用三種樣式語言：

CSS：可以使用在 HTML 與 XML 文件；

XSL：專屬於 XML 的樣式語言。

DSSSL：全稱爲文件樣式語意與專業語言（Document Style Semantics and Specification Language）是專爲 SGML 所制定的樣式語言，並通過 ISO11179-1996 的標準。因爲 XML 是簡化 SGML 所制定的標示語言，所以最初發展時也是直接採用 DSSSL 作爲樣式語言。

就如同 SGML 過於複雜的問題一樣，W3C 之後還是爲 XML 量身訂做了 XSL，所以可以將 DSSSL 忽略。

## 第二節　樣式的使用

HTML 有三種方式連結 CSS 樣式，包括：

1. 在 HTML 文件內宣告；
2. 宣告在外部獨立的檔案；
3. 在 HTML 文件的標籤內使用 STYLE 屬性宣告樣式。

不過 XML 文件只有使用外部樣式檔案的一種方式。XML 文件使用樣式時，需要在內容加入下述宣告，其目的在於提供剖析器（Parser）知道樣式的種類（XML 可以使用 CSS 與 XSL）、路徑與檔案名稱：

```
<?xml-stylesheet type="text/ 樣式種類"  href=" 路徑 / 檔名 " ?>
```

例如某一 XML 文件使用儲存於同一目錄且檔名爲 Dept.css 這一個 CSS 文件時，其宣告爲：

```
<?xml-stylesheet type="text/css" href="Dept.css" ?>
```

若是使用同一目錄另一個檔名爲 Dept.xsl 這一個 XSL 文件時，其宣告便會是：

```
<?xml-stylesheet type="text/xsl" href="Dept.xsl" ?>
```

事實上，<?xml-stylesheet ?> 並非是 XML 內建的規格，嚴格來講算是約定成俗（agreed-upon）的慣例，最初是由網景（Netscape）與微軟的 IE 所使用的方式，最終形成各家瀏覽器都能支援這種宣告方式來連結外部的樣式檔案。這也是爲什麼使用「<?...?>」處理指令（processing instruction，PI）的宣告方式，因爲處理指令是用來指示軟體如何處理 XML 的指令。

雖然理論上在 XML 文件使用樣式的宣告可以放在文件內任何元素之間，不過建議放在 <?xml ?> 宣告之後，根元素之前的位置。

## 第三節　CSS 基本語法

### 1. 宣告語法

CSS 宣告的語法如下：

```
選擇器 { 屬性名稱：屬性值；屬性名稱：屬性值；…；}
```

括起範圍內的宣告稱爲樣式組，也就是希望該標籤呈現的樣式。

參考圖 7-2 的範例，CSS 每個樣式分爲兩個部分：

(1) 第一是用來決定那些元素會被處裡的選擇器（selector），選擇器就是對應至指定的元素名稱，也就是處理的目標。

(2) 第二是標籤名稱之後使用大括號「{…}」括起範圍內由一組或多組屬性組成的宣告（declaration），稱爲樣式組，也就是選擇器的屬性。一個樣式組可以由多個樣式組成，樣式的語法爲「*屬性名稱：屬性值*」，各個樣式之間使用分號「;」分隔。

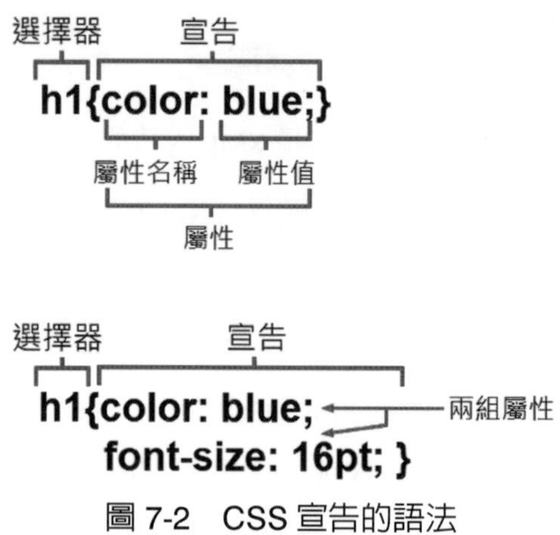


圖 7-2　CSS 宣告的語法

例如：先前示範的 Dept.css 內的宣告：

```
Teacher{
  display:block;
  border: 2px solid blue;
  padding:4ex; }
```

此樣式選擇器選擇 <Teacher> 元素名稱，表示文件中所有的 <Teacher> 元素都會套用此選擇器所定義的樣式組。其樣式組共有三個樣式，也就是有三組屬性。分別是：

- 屬性 display，屬性值爲 block
- 屬性 border，屬性值爲 2px solid blue

- 屬性 padding，屬性值爲 4ex

其中屬性 border 並非有三個屬性值，而是該屬性值依序包含如表 7-2 所述的三個部分：

表 7-2 CSS border 屬性值依序各部分的名稱與意義

| 名稱 | 說明 |
|---|---|
| border-width | 指定邊框的寬度 |
| border-style | 指定邊框的樣式 |
| border-color | 指定邊框的顏色 |

【說明】

(1) 可以在宣告之間加入空白或斷行，方便閱讀。

(2) 每一個屬性需要以分號「;」分隔，最後一個可以省略，但是建議全部都加上分號，以避免日後增加時因爲遺漏分號而造成不正確的呈現結果。

## 2. 選擇器類型與常用屬性

表 7-3 CSS 選擇器宣告語法

| 選擇器（selector） | 名稱 | 說明 |
|---|---|---|
| *elementName* | 型態選擇器 | 選擇所有名稱為 *elementName* 的元素 |
| *elementName1 elementName2* | 後代選擇器 | 選擇所有名稱為 *elementName2* 且出自於（未必是子元素）名稱為 *elementName1* 元素之下的元素 |
| *elementName1, elementName2, [elementName3...]* | 群組選擇器 | 選擇任何一個符合在此表列內的元素 |
| *elementName1>elementName2* | 直屬選擇器 | 選擇所有 *elementName2* 元素，且該元素必須是 *elementName1* 的子元素 |

| 選擇器（selector） | 名稱 | 說明 |
|---|---|---|
| *elementName1+elementName2* | 鄰近同層選擇器 | 選擇所有 *elementName2* 元素，且該元素必須是直接接在（且視同一個父元素的旁系的元素）*elementName1* 元素之後 |
| *[attName]* | 屬性選擇器 | 選擇元素並為 *attName* 屬性指定一個值（不管是什麼值） |
| *[attName="attValue"]* | | 選擇元素並為 *attName* 屬性指定一個 *attValue* 值 |
| *[attName~="attValue"]* | | 當 *attValue* 值是被包含在任何一個 *attName* 屬性的表列時選擇該元素 |
| *[attName\|="attValue"]* | | 選擇元素名稱為 *elementName* 且屬性名稱為 *attName* 的元素，且它們的值開始於 attValue 並接於一個連字元號（-）之後 |
| *.className* | 類別選擇器 | 選擇名稱為 *elementName* 且包含一個屬性值為 *className* 的 class 或 CLASS 的屬性 |
| *#IDvalue* | ID 選擇器 | 選擇名稱為 *elementName* 且包含一個屬性值為 *IDvalue* 的 ID 型態屬性 |
| *（星號） | 通用選擇器 | 通用選擇器<br>選擇所有元素，不管它們的名稱或內容，星號能在選擇器內任何地方代表一個元素名稱 |
| :first-child | 虛擬選擇器 | 選擇在一個父元素內出現的第一個子元素 |
| :link | | 選擇具備超連結但使用者尚未造訪的元素 |
| :visited | | 選擇具備超連結但使用者已經造訪的元素 |
| :active | | 選擇使用這正觸發其超連結的元素 |
| :focus | | 當使用者與其互動時選擇該元素 |
| :lang(language) | | 選擇所指定語文的元素內容。CSS 2 規格建議與 xml:lang 屬性結合使用來標明元素的語文內容 |

【說明】

因為 CSS 並非專屬於 XML 的技術，因此本章只有基本的介紹，如果想要精通 CSS 的使用，除了透過專書的學習與網路上廣泛的蒐集相關資料，實務的練習也是不可或缺，如果需要測驗自己的學習成效，推薦可以使用 CSS Diner 透過遊戲的關卡來檢驗。網址：http://flukeout.github.io/

表 7-4　常用的 CSS 屬性

| 屬性 | 說明 | 設定值 |
| --- | --- | --- |
| background | 指定所有背景屬性允許設定的值 | 提供其他屬性可以設定的一組值 |
| background-attachment | 指定背景的內文與捲軸，或固定某一位置的原狀 | scroll、fixed、inherit |
| background-color | 指定此元素的背景顏色 | 顏色名稱或 16 進位 RGB 值（例如 #FFFFFF 代表白色） |
| background-image | 一個元素的背景影像 | 使用 URL 所指向的圖像 |
| background-repeat | 指定此背景是否重複 | repeat、repeat-x、repeat-y、no-repeat、inherit |
| border | 指定此元素所有的邊界屬性一個值 | 提供其他屬性可以設定的一組值 |
| border-bottom-color | 設指定底部邊界的顏色 | 顏色名稱或 16 進位值 |
| border-bottom-style | 設定底部區塊的邊界樣式 | None（預設值）、dotted、dashed、solid、double、groove、ridge、inset、outset |
| border-bottom-width | 設定底部區塊的邊界寬度 | thin、medium、thick 或一個精確的測量值 |
| border-color | 設定整個邊界的顏色 | 顏色名稱或 16 進位值 |
| border-left-color | 設定左邊界的值 | 顏色名稱或 16 進位值 |

| 屬性 | 說明 | 設定值 |
|---|---|---|
| border-left-style | 設定區塊左邊的邊界樣式 | None（預設值）、dotted、dashed、solid、double、groove、ridge、inset、outset |
| border-left-width | 設定區塊左邊的邊界寬度 | thin、medium、thick 或一個精確的測量值 |
| border-right-color | 設定右邊界的顏色 | 顏色名稱或 16 進位值 |
| border-right-style | 設定區塊右邊的邊界樣式 | None（預設值）、dotted、dashed、solid、double、groove、ridge、inset、outset |
| border-right-width | 設定區塊右邊的邊界寬度 | thin、medium、thick 或一個精確的測量值 |
| border-style | 設定整個邊界的樣式 | None（預設值）、dotted、dashed、solid、double、groove、ridge、inset、outset |
| border-top-color | 設定區塊上邊界的顏色 | 顏色名稱或 16 進位值 |
| border-top-style | 設定區塊上端的邊界樣式 | None（預設值）、dotted、dashed、solid、double、groove、ridge、inset、outset |
| border-top-width | 設定區塊上端的邊界寬度 | thin、medium、thick 或一個精確的測量值 |
| clear | 允許浮動式區塊可以依附著一個物件的邊緣 | none、left、right、both 或 inherit |
| color | 設定元素前景的顏色值 | 顏色名稱或 16 進位值 |
| direction | 標示文字流的方向。對於國際化相當重要 | ltr（由左至右）、rtl（由右至左）、inherit |
| display | 提供如何格式一個元素的基本描述 | block、inline、listItem、none、run-in、compact、marker、inherit、table、inline-table、table-row-group、table-header-group、table-footer-group、table-row、table-column-group、table-column、table-cell、table-caption |

| 屬性 | 說明 | 設定值 |
|---|---|---|
| float | 建立一個區塊浮動（block float） | none、left、right、inherit |
| font-family | 標示一個元素的字型 | serit，通常為 sans-serif 和單一間距，也可以是一組實際的字型名稱（‘Arial’, ‘Times’），不過必須考慮每個人的電腦並非包含所有各種字型 |
| font-size | 設定一個元素的字型大小 | small、medium、large，也可以是一個點數值 |
| font-style | 設定一個元素的字型樣式 | normal、italic、oblique |
| font-variant | 用於建立小寫格式 | normal 或 small-caps |
| font-weight | 指定字型的效果 | 由 100 至 900 的整數值（如果支援的話），或是 normal、bold、bolder、lighter |
| height | 指定元素的空間高度 | 測量值 |
| left | 指定元素左邊的邊緣距離瀏覽器視窗左邊邊界的距離 | 測量值 |
| letter-spacing | 字母和文字之間的增加間距 | 測量值 |
| line-height | 設定文字底線之間的距離 | normal、點數值、絕對測量值或是百分比值 |
| list-style-image | 允許顯示一個圖像（而不是一個項目符號） | 一個 URL、none、inherit |
| list-style-position | 設定在一個項目符號表列（bullet list）的項目應該置入的符號的位置 | inside、outside、inherit |
| list-style-type | 設定預設的項目符號 | disk、circle、sequare、decimal、inherit |
| margin | 指定所有邊界屬性的值 | 一組用於其他邊界屬性的值 |

| 屬性 | 說明 | 設定值 |
|---|---|---|
| margin-bottom | 指定在元素底部置入的空格數 | 測量值 |
| margin-left | 指定在元素左邊置入的空格數 | 測量值 |
| margin-right | 指定元素右邊所保留的空格數 | 測量值 |
| margin-top | 指定元素上端所保留的空格數 | 測量值 |
| overflow | 通知展現的應用程式，當元素的內容超過指定的高度與寬度時應如何處理 | visible、scroll |
| page | 標示列印時的頁數 | 設定一個識別器或 auto 預設值) |
| page-break-after | 指定在元素出現之後斷頁的方式 | auto、always、avoid、left、right、inherit |
| page-break-before | 指定在元素出現之前斷頁的方式 | auto、always、avoid、left、right、inherit |
| page-break-inside | 指定在處理此元素時斷頁的方式 | auto、always、avoid、left、right、inherit |
| text-align | 指定文字對齊排列的方式 | left、right、center、justify |
| text-decoration | 指定此元素文字的標示方式 | none、underline、overline、line-through、blink |
| text-indent | 設定一個元素第一行的縮格數 | 測量值或百分比值 |
| text-transform | 容許文字的轉換方式 | none（預設值）、capitalize、uppercase、lowercase、inherit |
| top | 指定關聯至視窗頂端的上方邊界位置 | 通常是一個測量值；但也可以設定為 auto 或 inherit |
| vertical-align | 指定排列元素內文的方式，通常用於建立下方所附的下標（subscript）或上標（superscript） | baseline（預設值）、sub、super、top、text-top、middle、bottom、text-bottom、或一個百分比值或在此底線上的一個測量值 |

| 屬性 | 說明 | 設定值 |
|---|---|---|
| visibility | 一個物件是否可視。不像display:none，並不會防止子元素的顯示 | inherit、collapse、visible、hidden |
| whitespace | pre 表示告知瀏覽器在所有元素內文所期待的空白，包括不需 <BR> 標籤的斷行<br>nowrap 告知瀏覽器不要斷行，除非明確的使用<BR><P> 或其他強迫斷行的元素告知斷行 | normal、inherit、pre、nowrap |
| width | 指定一個圖像的寬度 | 測量值 |
| word-spacing | 指定在自語字之間的間隔空間 | 測量值、normal、inherit |
| z-index | 指定一個位置區塊的z-layer 值。最大值是在最小值頂端的分層 | 一個整數值 |

【說明】

表 7-4 並未包含 CSS 全部的屬性，如果想要獲得所有屬性的完整清單，及更爲詳細的說明，可以參考網址 https://www.w3.org/TR/CSS/ 有關 CSS 的規格說明。

## 第四節　選擇器

CSS 的選擇器提供對應至指定的元素名稱。其種類大致可分爲基本選擇器（Selector）與複合選擇器（Combinatory）兩種。

基本選擇器包括：

(1) 型態（type）選擇器；

(2) 群組（grouping）選擇器；

(3) 類別（class）選擇器；

(4) ID 選擇器；

(5) 通用（universal）選擇器；

(6) 屬性（attribute）選擇器；

(7) 群組（grouping）選擇器。

複合選擇器包括：

(1) 鄰近同層（adjacent sibling）選擇器；

(2) 通用同層（general sibling）選擇器；

(3) 直屬（child）選擇器；

(4) 後代（descendant）選擇器。

### 1. 型態選擇器

型態選擇器依據名稱對應指定的元素。也就是說，型態選擇器選擇文件中指定名稱的所有元素進行其樣式的處理。其語法爲：

***元素名稱 { 樣式的屬性 }***

例如下列 CSS 的宣告範例，文件中所有的 <span> 元素，均會依據此樣式處理，使其文字的背景色爲藍色。

```
span{
    background-color: blue;
}
```

## 2. 群組選擇器

如果有很多不同的元素使用相同的樣式，就可以使用群組選擇器。宣告時不同元素名稱之間使用逗號「,」連結。其語法為：

***元素名稱 , 元素名稱 ,…{ 樣式的屬性 }***

例如下列宣告的範例，示範網頁內 <span> 元素與 <div> 元素均使用相同的樣式：

**HTML 文件檔名：groupingSelector.html**

```
<!DOCTYPE html>
<html>
    <head>
        <title> 選擇器練習 </title>
        <meta charset="UTF-8">
        <style>
        span, div {
            display:inline;
            color: purple;
        }
        </style>
    </head>
    <body>
        中文：<span> 您好世界 </span><br/>
        日文：<span> こんにちは世界 </span><br/>
        韓文：<div> 안녕  세상 </div>
    </body>
</html>
```

於瀏覽器顯示的結果如圖 7-3 所示：

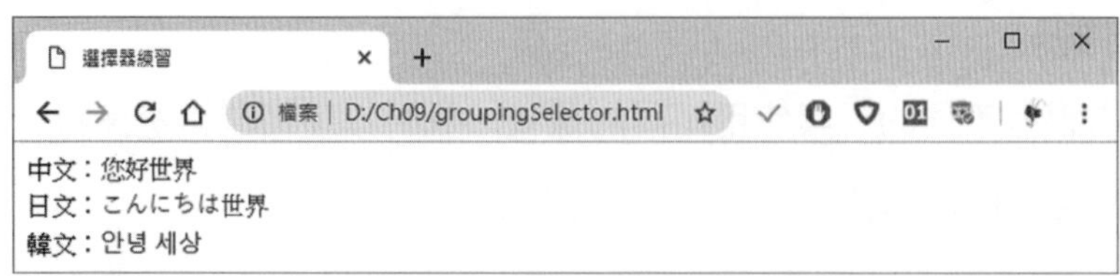


圖 7-3　CSS 通用選擇器顯示結果

### 3. 類別選擇器

類別選擇器的名稱以點「.」開頭，對應文件內容元素的 class 屬性。其語法爲：

*. 類別名稱 { 樣式的屬性 }*

參考下列範例，

**HTML 文件檔名：classSelector.html**

```
<!DOCTYPE html>
<html>
    <head>
        <title> 選擇器練習 </title>
        <meta charset="UTF-8">
        <style>
        .red{
            color: #f33;
        }
        .yellow-bg {
            background: #ffa;
        }
        .fancy {
            font-weight: bold;
            text-shadow: 4px 4px 3px #77f;
        }
        </style>
    </head>
```

```
    <body>
        <p class="red"> 本段文字顏色爲紅色文字 .</p>
        <p class="red yellow-bg"> 本段文字爲黃色背景 </p>
        <p class="red fancy"> 本段文字顏色爲紅色與藍色陰影 </p>
        <p> 這段文字爲正常顯示方式 </p>
    </body>
</html>
```

於瀏覽器顯示的結果如圖 7-4 所示：

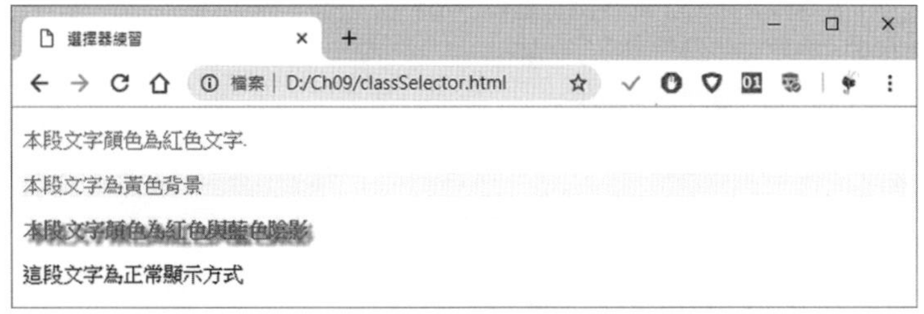


圖 7-4　CSS 類別選擇器顯示結果

## 4. ID 選擇器

類別選擇器匹配文件內元素的 class 屬性，而 ID 選擇器則是匹配文件內元素的 ID 屬性，ID 選擇器的名稱以井字號「#」開頭。其語法爲：

***#ID 名稱 { 樣式的屬性 }***

參考下列範例：

**HTML 文件檔名：idSelector.html**

```
<!DOCTYPE html>
<html>
    <head>
        <title> 選擇器練習 </title>
```

```
        <meta charset="UTF-8">
        <style>
        #no1 {
            background-color: skyblue;
        }
        #no2 {
            color: red;
        }
        </style>
    </head>
    <body>
        <p id="no1"> 本段文字背景顏色爲天藍色 .</p>
        <p id="no2"> 本段文字顏色爲紅字 </p>
        <p> 這段文字爲正常顯示方式 </p>
    </body>
</html>
```

於瀏覽器顯示的結果如圖 7-5 所示：

圖 7-5　CSS ID 選擇器顯示結果

### 5. 通用選擇器

通用（universal）選擇器使用「*」，其意義等同萬用字元，匹配文件內任何類型的元素。其語法爲：

```
* { 樣式的屬性 }
```

參考下列範例：

**HTML 文件檔名：universalSelector.html**

```
<!DOCTYPE html>
<html>
    <head>
        <title> 選擇器練習 </title>
        <meta charset="UTF-8">
        <style>
        * [lang^=zh] {
            color: blue;
        }
        *.warning {
            color: red;
        }
        *#main {
            border: 1px solid blue;
        }
        </style>
    </head>
    <body>
        <p class="warning">
        <span lang="zh-tw"> 藍色文字 </span> 接著文字顏色是紅色。
        </p>
        <p id="main" lang="zh-tw">
        <span class="warning"> 紅色文字 </span> 接著文字顏色是藍色。
        </p>
    </body>
</html>
```

這一個範例宣告三個通用選擇器：

(1) *[lang^=zh] 表示通用的屬性選擇器，方括號內置屬性判斷條件，表示文件內元素的屬性 lang 之屬性值開頭為「zh」；

(2) *.warning 表示通用的類別選擇器，匹配文件內 class 屬性值為 warning 的元素；

(3) *#main 表示通用的 ID 選擇器，匹配文件內 id 屬性值爲 main 的元素。

於瀏覽器顯示的結果如圖 7-6 所示：

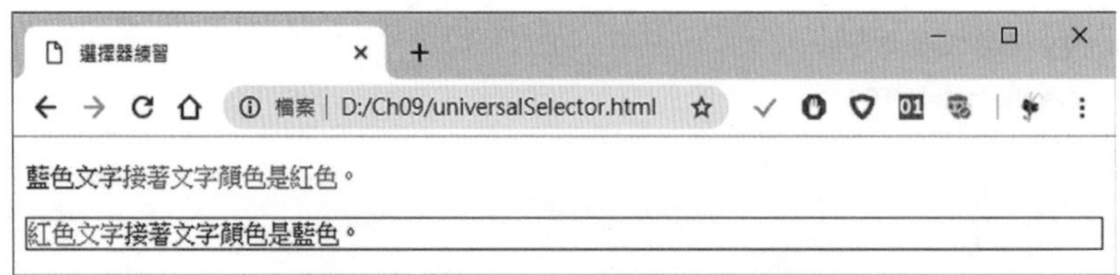


圖 7-6　CSS 通用選擇器顯示結果

### 6. 屬性選擇器

屬性（attribute）選擇器依據方括號 [ ] 內指定屬性及屬性值來選擇元素。其語法爲：

***[ 屬性條件 ] { 樣式的屬性 }***

屬性條件分爲下列九種指定的方式：

(1) [attr]

表示屬性名稱爲 attr 的元素。

(2) [attr=value]

表示屬性名稱爲 attr 且屬性值完全符合指定值的元素。

(3) [attr~=value]

表示屬性名稱爲 attr 且屬性值完全符合指定值的元素。可以以空格分隔的形式包含多個指定的值。

(4) [attr|=value]

表示屬性名稱爲 attr 的元素，其值可以是精確值，或者可以是值後跟連字符號（-）開頭，它通常用於語言字碼，例如 zh-TW 可以用 zh 做爲值。

(5) [attr^=value]

「^」表示後方切結（concation），也就是後方爲任意字元，例如：

[abc^="def "] 表示選擇 abc 屬性值以 "def " 開頭的所有元素。

(6) [attr$=value]

「$」表示前方切結，也就是前方爲任意字元，例如：

[abc$="def "] 表示選擇 abc 屬性值以 "def " 結尾的所有元素。

(7) [attr*=value]

「*」表示前後切結。表示屬性名稱爲 attr 的元素，其屬性值內含有指定的值。例如：

[abc*="def "] 表示選擇 abc 屬性值中包含 "def " 的所有元素。

(8) [attr operator value i]

在右方括號之前添加小寫 i（或大寫 I），會使屬性值與指定的值不區分大小寫。

(9) [attr operator value s]

在右方括號之前添加小寫 s（或大寫 S），會使屬性值與指定的值以區分大小寫的方式進行比較。

參考下列示範使用屬性選擇器改變 <a> 元素顯示樣式的範例內容：

**HTML 文件檔名：attributeSelector.html**

```
<!DOCTYPE html>
<html>
    <head>
        <title> 選擇器練習 </title>
        <meta charset="UTF-8">
        <style>
        /* 沒有特別指定時，a 元素的文字顯示為藍色 */
        a {
            color: blue;
        }

        /* url 開始含有 "#" 符號的，表示內部連結，背景顯示天空藍 */
        a[href^="#"] {
            background-color: skyblue;
        }

        /* href 屬性的 url 含有 "google" 字串，背景顯示黃色  */
        a[href*="google"] {
            background-color: yellow;
        }

        /* href 屬性的 url 含有不分大小寫的 "facebook" 字串，文字顯示珊瑚色 */
        a[href*="facebook" i] {
            color: coral;
        }

        </style>
    </head>
    <body>
        <ul>
            <li><a href="https://www.google.com"> 谷歌搜尋 </a></li>
            <li><a href="https://yahoo.com.tw"> 雅虎奇摩 </a></li>
            <li><a href="https://www.FaceBook.com"> 臉書 </a></li>
            <li><a href="#internal"> 網頁內部內容 </a></li>
        <ul>
    </body>
</html>
```

於瀏覽器顯示的結果如圖 7-7 所示：

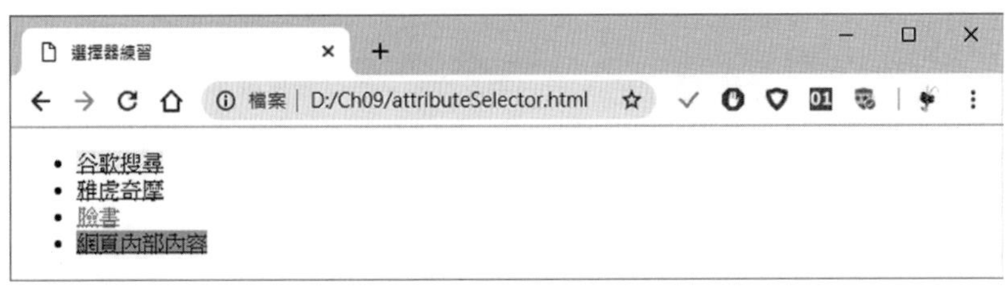


圖 7-7　CSS 屬性選擇器顯示結果

### 7. 鄰近同層選擇器

鄰近同層選擇器使用加號「+」分隔兩個選擇器，匹配在第一元素（前元素）相鄰的第二個元素（目標元素），且指定的前元素與目標元素均是同一父元素的子元素。例如 p + div 表示在與 <p> 元素同一層關係的相鄰 <div> 元素才會套用。其語法為：

***前元素 + 目標元素 { 樣式的屬性 }***

參考下列範例：

**HTML 文件檔名：adjacentCombinator.html**

```
<!DOCTYPE html>
<html>
    <head>
        <title> 選擇器練習 </title>
        <meta charset="UTF-8">
        <style>
        h4 { background-color: yellow; }
        h4 + p {
            background-color: skyblue;
        }
```

```
        </style>
    </head>
    <body>
        <h4> 文字背景為黃色 </h4>
        <p> 與 &lt;h4&gt; 元素相鄰的 &lt;p&gt; 元素會匹配，文字背景為天空藍 </p>
        <p> 沒有和 &lt;h4&gt; 元素相鄰的 &lt;p&gt; 元素會匹配，文字背景為預設值 </p>
    </body>
</html>
```

於瀏覽器顯示的結果如圖 7-8 所示：

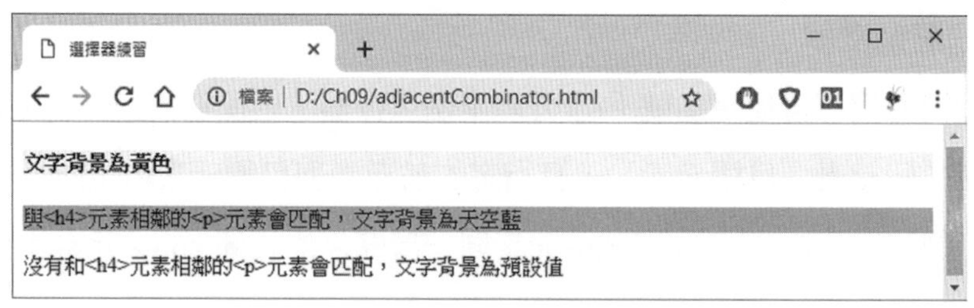


圖 7-8　CSS 鄰近同層選擇器顯示結果

### 8. 通用同層選擇器

通用同層選擇器使用取代符號（tilde）「~」將兩個選擇器分開，匹配在第一元素（前元素）同一層（不需要一定相鄰）的第二個元素（目標元素），且指定的前元素與目標元素均是同一父元素的子元素。其語法為：

*前元素 ~ 目標元素 { 樣式的屬性 }*

參考下列範例：

**HTML 文件檔名：genSiblingCombinator.html**

```
<!DOCTYPE html>
<html>
```

```
    <head>
        <title> 選擇器練習 </title>
        <meta charset="UTF-8">
        <style>
        p ~ span {
            color: red;
        }
        </style>
    </head>
    <body>
        <span>1. 文字顏色爲預設。</span>
        <p>2. 文字顏色爲預設。</p>
        <code>3. 文字顏色爲預設。</code>
        <span>4. 文字顏色爲紅色。</span>
        <code>5. 文字顏色爲預設。</code>
        <span>6. 文字顏色爲紅色。</span>
    </body>
</html>
```

範例宣告 CSS 的通用同層選擇器 p~span，表示與 <p> 元素同一層的 <span> 元素均會匹配此一選擇器的樣式，因此於瀏覽器顯示的結果如圖 7-9 所示，只有編號 4, 6 的文字會顯示爲紅字：

圖 7-9　CSS 通用同層選擇器顯示結果

### 9. 後代選擇器

後代選擇器使用空格結合兩個元素，只有當第二個選擇器的目標爲第一個選擇器目標的後代元素（也就是子元素）才會匹配。例如宣告 E F，表示在 E 元素內的 F 元素才會匹配。其語法爲：

***選擇器 1　選擇器 2 { 樣式的屬性 }***

參考下列範例：

**HTML** 文件檔名：**descendantCombinator.html**

```
<!DOCTYPE html>
<html>
    <head>
        <title> 選擇器練習 </title>
        <meta charset="UTF-8">
        <style>
        span { background-color: yellow; }
        div span {
            background-color: skyblue;
        }
        </style>
    </head>
    <body>
        <div>
            <span>1. 文字背景爲天空藍
                <span>2. 文字背景爲天空藍 </span>
            </span>
        </div>
        <span>3. 文字背景爲黃色 </span>
    </body>
</html>
```

於瀏覽器顯示的結果如圖 7-10 所示：

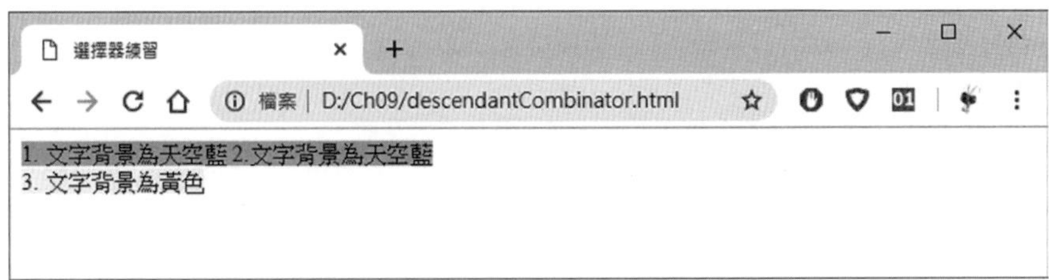


圖 7-10 CSS 通用選擇器顯示結果

## 10. 直屬選擇器

直屬選擇器使用「>」，表示在有父子關係的元素才會匹配此選擇器的樣式。與後代選擇器不同的是 E 及 F 元素之間不能再插入其他的元素，否則就不是父子關係了。其語法為：

***選擇器 1 > 選擇器 2 { 樣式的屬性 }***

參考下列範例：

**HTML 文件檔名：childCombinator.html**

```
<!DOCTYPE html>
<html>
    <head>
        <title> 選擇器練習 </title>
        <meta charset="UTF-8">
        <style>
        span {
            background-color:yellow;
        }
        div>span {
            background-color: skyblue;
        }
        </style>
    </head>
```

```
    <body>
        <div>
            <span>1. 是 &lt;div&gt; 的子元素，文字背景爲天空藍。
                <span>2. 不是 &lt;div&gt; 的子元素，文字背景爲黃色。</span>
            </span>
            <p>3. 文字背景爲預設值 </p>
            <span>4.  是 &lt;div&gt; 的子元素，文字背景爲天空藍。</span>
        </div>
        <span>5. 不是 &lt;div&gt; 的子元素，文字背景爲黃色。</span>
    </body>
</html>
```

範例宣告 CSS 的直屬選擇器 div > span，表示只要是 <div> 元素的子元素 <span> 均會匹配此一選擇器的樣式，因此於瀏覽器顯示的結果如圖 7-11 所示，編號 1 號與 4 號的 <span> 均是 <div> 的子元素，因此文字會匹配選擇器設定的樣式將文字背景顯示爲天空藍，但編號 2 號雖然也是 <span> 元素，但其是在編號 1 號的 <span> 元素之內，並非 <div> 的子元素，因此會匹配型態選擇器，將文字背景顯示爲黃色。

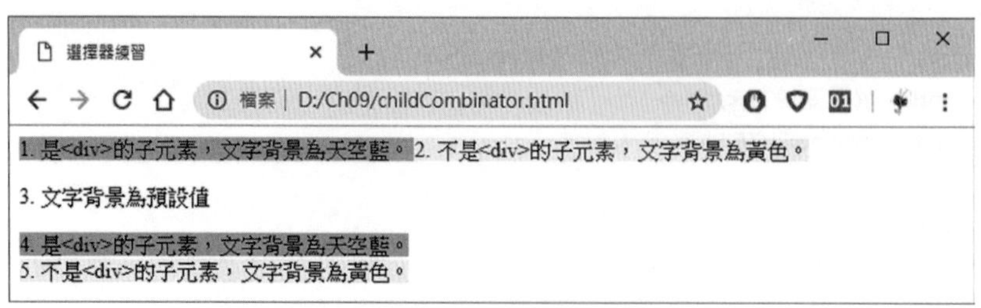


圖 7-11　CSS 直屬選擇器顯示結果

# 第八章　路徑語言 XPath

XSL 是專門處理 XML 內容資料轉換的延伸技術，XSL 又有 XSLT、XPath 和 XSL-FO 三個分支的技術，這三個分支從 XSL 分出來成為完整獨立的延伸技術。

XPath 是專屬應用在 XML 文件內依據設定的路徑指向資訊的語言，用來定位 XML 文件內節點的功能，其作用就如同關聯式資料庫結構查詢語言（Structured Query Language，SQL）裡的 SELECT 指令定位並取得定位的資料內容一般。

## 第一節　概述

當處理 XML 文件時，經常需要選取 XML 文件中特定部分的內容，例如記錄商品資料的 XML 文件內取得商品名稱、價格，計算平均數…等；也可能是要從 XML 文件內去除某些元素的資料後再進行處理，例如：隱藏員工資料的薪資，不允許顯示。

為了達到這些需求，需要使用某種類似於「路徑」的方式從 XML 文件內選擇特定的部分節點或一組節點，實現對 XML 文件內任一個或一組節點的元素、屬性資料的定位與取得。基於此種需求，W3C 於 1999 年 11 月 6 日正式發布了用於 XML 文件內容的路徑語言：XPath 1.0 建議書。

### 1. XPath 及其作用

W3C 設計 XPath 最初目的是要滿足 XSLT 和 XPointer 的需要，其功能主要是能夠在 XML 文件內特定的元素、屬性等節點提供尋址與定位，同時 XPath 還具備對於字串、數字、布林邏輯型態資料的處理。如圖 8-1 所示，在作業系統內透過目錄（或稱資料夾）、子目錄，將所有文件構成了一棵具有層次關係的樹狀結構，此時文件的位置可以透過樹狀結構的路徑（path）來表示。

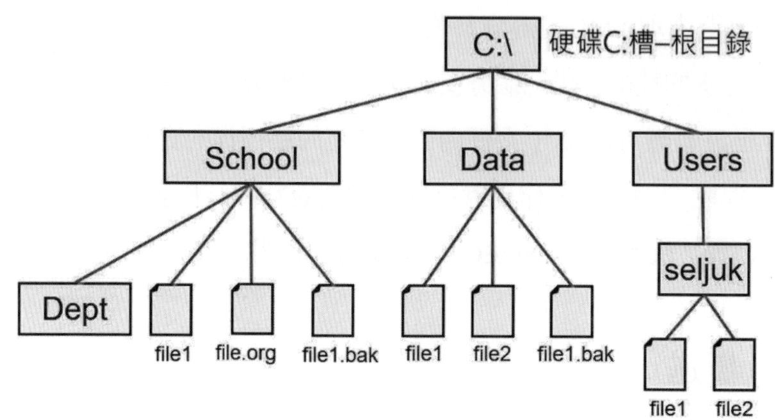


圖 8-1　作業系統內的目錄與文件組成一個具有層次關係的樹狀結構

XPath 也是使用相同方式，將 XML 文件以樹狀結構表示。例如下列示範一個系所包括行政人員與老師的 XML 文件內容：

**XML 文件檔案：Dept.xml**

```
<?xml version="1.0" encoding="UTF-8"?>
<Dept dept_id="IC">
    <Staff staff_id="S005" rank=" 秘書 ">
        <DueDate>2019-01-01</DueDate>
        <FirstName> 青牛 </FirstName>
        <LastName> 胡 </LastName>
    </Staff>
    <Teacher teacher_id="T001" rank=" 教授 ">
        <DueDate>2010-05-01</DueDate>
        <FirstName> 三豐 </FirstName>
        <LastName> 張 </LastName>
        <Project>
            <Funding>200000</Funding>
```

```
            <Title> 圖象深度學習 </Title>
        </Project>
    </Teacher>
    <Teacher teacher_id="T007" rank=" 副教授 ">
        <DueDate>2018-09-01</DueDate>
        <FirstName> 天正 </FirstName>
        <LastName> 殷 </LastName>
    </Teacher>
</Dept>
```

上述的 XML 文件對於 XPath 而言，其樹狀結構表示如圖 8-2 所示：

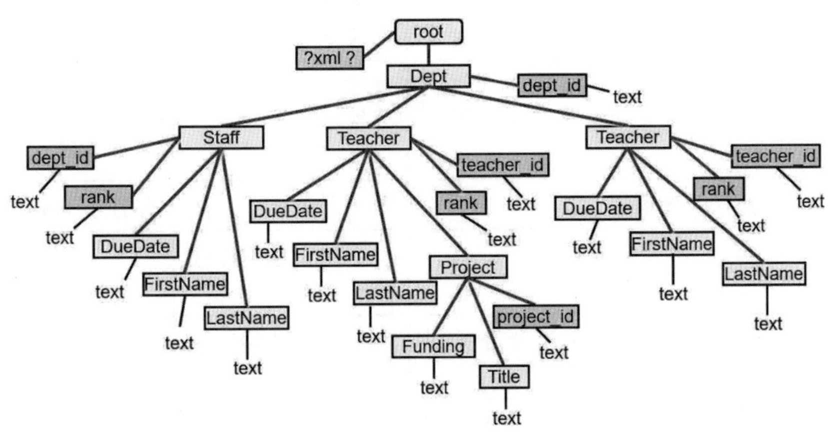


圖 8-2　Detp.xml 文件的 XPath 樹狀結構

依據 W3C 的規範，XPath 樹狀結構節點的類型共分爲：根（root）、元素（element）、屬性（attribute）、內文（text）、名稱空間（namespace）、處理指令（processing instruction，PI）、注釋（comment）七種類型的節點。XML 文件是以節點型式的樹狀結構來處理，樹的根節點就是 XML 文件的根元素，各節點的說明如表 8-1 所示。

表 8-1　XPath 節點的類型

| 類型 | 目標 | 名稱空間字首 | 說明 | 圖 8-2<br>範例內容 |
|---|---|---|---|---|
| 根 | 將所有子元素節點的內容依照原本元素的順序連接起來 | 無 | 表示 XML 文件的根元素，該節點位於樹的最頂端，包含所有元素、屬性、注釋等子節點 | root |
| 元素 | 將該元素的所有子元素節點的內容依照原本元素的順序連接起來 | 包括標籤名稱與名稱空間的字首名稱（prefix） | 表示 XML 文件的一個元素，包含該元素和該元素的屬性、內文、注釋等子節點 | 如 Staff, Teacher, DeuDate, FirstName, LastName, Project, Funding, Title 等元素 |
| 屬性 | 屬性值 | 屬性名稱與名稱空間的字首名稱 | 表示元素的一個屬性 | 如 dept_id, rank, teacher_id, project_id 等屬性 |
| 內文 | 內文所有的資料 | 無 | 表示元素的內文 | 所有的 text |
| 注釋 | 注釋內所有的資料 | 無 | 表示一個 XML 注釋 | |
| 處理指令 | | 處理指令的目標 | 表示一個 XML 處理指令 | 如 <?xml?> |
| 名稱空間 | 名稱空間的 URI | 名稱空間的字首名稱 | 表示一個 XML 名稱空間 | |

XPath 每一個樹的節點都有一字串值（string-value），XPath 就是使用此字串值來處理樹的節點，各類型的節點有下列四項特性：

(1) 如同 XML 文件的語法規定，XPath 樹狀結構只能有一個根節點，該節點包含所有子節點。

(2) 除根節點以外，所有節點都有一個父節點，父節點可以包含任意多個子節點或其他衍生的節點。

(3) 子節點的類型只可以是元素節點、內文節點、注釋節點和處理指令節點。

(4) 屬性節點或名稱空間節點的父節點可以是根節點或元素節點，但是屬性節點和名稱空間節點並不是父節點的子節點。因爲父節點與子節點有上下層的關係，而屬性節點與名稱空間節點只是用來描述父節點，並不存在上下層的關係。

## 2. XPath 工作原理

XPath 使用路徑表示式對 XML 文件的節點進行定位或指定範圍。位置的路徑可以是絕對路徑，也可以是相對路徑。絕對路徑起始於根節點，以斜線「/」表示；而相對路徑則是相對於某一節點的位置。

```
絕對位置路徑表示爲：  /step/step/...
相對位置路徑表示爲：  step/step/...
```

上述路徑中，每一個分隔的稱爲步（step）。置於路徑最前的斜線表示爲根節點，置於各步之間的表示是分隔符號。

【說明】

絕對路徑：是一個絕對的位置，不會隨著節點位置的變換而改變其路徑的起始點。

相對路徑：相對於現在節點的路徑表示方式，也就是現在的節點在哪裡，這個節點的路徑起始點就在哪裡，所以不同節點的相對路徑起始點都會不同。

## 3. 工具軟體的操作

學習 Xpath 的過程，如何直觀地測試和觀察 XPath 表示式執行的結果，對於理解 XPath 的工作原理非常有幫助。因此可以考慮透過 XML 編輯工具來協助觀察 XPath 表示式的執行。本書主要採用 XMLSpy 軟體來輔助 XML 的學習，使用 XMLSpy 練習 XPath 的方式。參見圖 8-3 所示 XMLSpy 軟體執行的畫面，中間區域的「主要編輯視窗」下方是「訊息輸出視窗」（若是未顯示「訊息輸出視窗」，表示已經被關閉，可以透過主選單 Window 點選開啓 Output Windows），即是 XPath 表示式輸入與執行的練習區。

(1) 在「訊息輸出視窗」選擇「XPath」頁籤，切換顯示 XPath 編輯視窗。

(2)「訊息輸出視窗」內分成兩部分，上半部爲 XPath 表示式輸入區。

(3)「訊息輸出視窗」內下半部爲執行結果的顯示區。

在 (2) 輸入 XPath 表示式時，系統會隨著輸入的過程，立即顯示執行的結果。

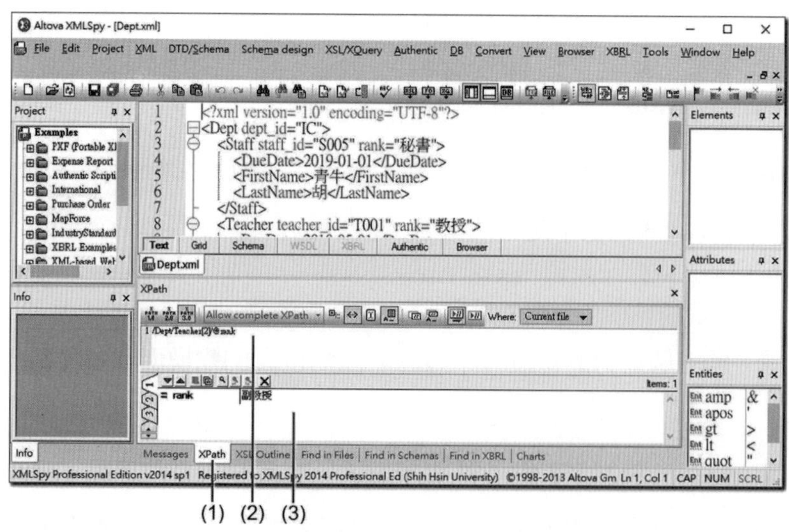


圖 8-3　XMLSpy 練習 XPath 功能

【說明】

如果只需要練習 XPath，而不需要其他 XML 擴充技術的功能，可以使用 XPathVisualizer 工具。這是一個執行在 Windows 作業系統平臺免費的 XPath 練習工具。軟體操作的說明與檔案下載的網址爲：https://archive.codeplex.com/?p=xpathvisualizer

## 第二節　路徑表示式

XPath 包含軸（axis）、節點測試（node-test）與謂語（predicate）三個部分：

表 8-2　路徑表示名詞

| 名稱 | 說明 |
|---|---|
| 軸 | 定義所選節點與當前節點之間的樹關係 |
| 節點測試 | 識別某個軸內部的節點 |
| 謂語 | 謂語是一個小型表達式，可以對節點集內的節點進行判斷，以便進行資料的篩選。 |

XPath 透過路徑表示式來取得節點，一個路徑表示式可以由符號、謂語和萬用字元（wildcard character）結合使用，以取得不同類型的路徑。

### 1. 符號

路徑表示式中，除了使用斜線分隔代表每一步，還有許多符號可以用來分隔不同類型的路徑節點。絕對路徑起始定位的元素由根元素開始，逐步定位到指定的一個節點或範圍。

如表 8-3 所示，路徑表示式之中有定義相對應的符號，也就是路徑運算子（operator），用以獲取不同類型的路徑：

表 8-3　路徑運算子

| 運算子 | 說明 |
| --- | --- |
| 節點名稱 | 選取此節點的所有子節點 |
| / | 置於路徑最前表示為根節點<br>置於各步之間的分隔，表示為節點路徑的運算子，作為節點與子節點的分隔 |
| // | 遞迴下層節點的運算子，表示該節點之下所有符合子節點的節點（不只子節點，也包含子子節點） |
| . | 目前的節點 |
| .. | 上一層節點 |
| @ | 元素的屬性 |
| \| | 組合多個路徑，每個路經使用此運算子分隔 |

## 2. 謂語

謂語是針對節點的篩選，也就是用來定位某一個特定的節點或某一個包含指定值的節點。可以將謂語視爲一個篩選條件，使用時是將謂語嵌在表達式的方括號內。使用方式可參考下列 Detp.xml 文件內容的表達式和獲取結果的範例：

```
/Dept/Teacher[1]                   選取 Dept 子元素的第一個 Teacher 元素
/Dept/Teacher[last()]              選取 Dept 子元素的最後一個 Teacher 元素
/Dept/Teacher[position()<3]        選取 Dept 子元素的前兩個 Teacher 元素
//Teacher[@rank]                   選取所有具有 rank 屬性的 Teacher 元素
//Teacher[@rank='教授']            選取所有具有 rank 屬性值爲'教授'的 Teacher 元素
```

【說明】

許多程式語言，如 C、Java 索引或序列的起始值為 0，而 XPath 索引或序列的起始值為 1。

### 3. 萬用字元

表 8-4 萬用字元運算子

| 運算子 | 說明 |
| --- | --- |
| * | 目前節點的所有子節點，也就是目前元素之下所有的子元素與屬性 |
| @* | 目前節點的所有子節點的屬性 |
| node() | 目前節點之下任何類型的節點 |

使用方式可參考下列 Detp.xml 文件內容的表達式和獲取結果的範例：

```
//*                      選擇所有元素
//FirstName              選取所有的 FirstName 元素
/*/*/FirstName           選取前面有兩層元素的 FirstName 元素
/Dept/Teacher/*          選取 Dept 的子元素 Teacher 之下的所有元素
/Dept/Teacher[@*]        選取 Dept 的子元素具有屬性的 Teacher 元素
```

### 4. 軸（Axis）

XML 文件資料呈現為樹狀結構，在樹狀結構內的元素有下列關係：

- 父（parent）：除根元素之外，每一個元素及屬性都有一個父節點；
- 子（children）：元素的節點可以零個、一個或多個子節點；
- 同層（sibling）：擁有相同父節點的節點，也就兄弟姊妹節點；
- 先輩（ancestor）：某一節點的父、父的父等節點；

- 後代（descendant）：某節點的子、子的子等節點。

軸表示與（當前）上下節點的關係，用於定位樹狀結構中與該節點相關的其他節點。就像是數學表示的軸，以 0 爲原點，左方爲負，右方爲正；XPath 的作用就類似於數學，以當前節點爲原點，向上爲父節點，向下爲子節點。軸使用的名稱如表 8-5 所示，透過軸來顯示節點的內容：

表 8-5　軸名稱一覽表

| 名稱 | 說明 |
|---|---|
| ancestor | 選擇現在節點的所有先輩節點（父節點、父父節點…等） |
| ancestor-or-self | 選擇現在節點與所有先輩節點 |
| attribute | 選擇現在節點的全部屬性，等同運算子「@」的功用 |
| child | 選擇現在節點的所有子節點 |
| descendant | 所有下層的節點，包括子節點 |
| descendant-or-self | 選擇節點本身與其所有下層的節點，等同運算子「//」的功用 |
| following | 選擇所有在此節點下層所有節點 |
| following-sibling | 選擇現在節點之後的同一層的節點 |
| namespace | 選擇現在節點的所有名稱空間節點 |
| parent | 選擇現在節點的父節點，等同運算子「..」的功用 |
| preceding | 選擇現在節點上層的所有節點，但排除先輩節點、屬性節點和名稱空間節點 |
| preceding-sibling | 選擇現在節點的同一層的節點 |
| self | 選擇節點本身，等同運算子「.」的功用 |

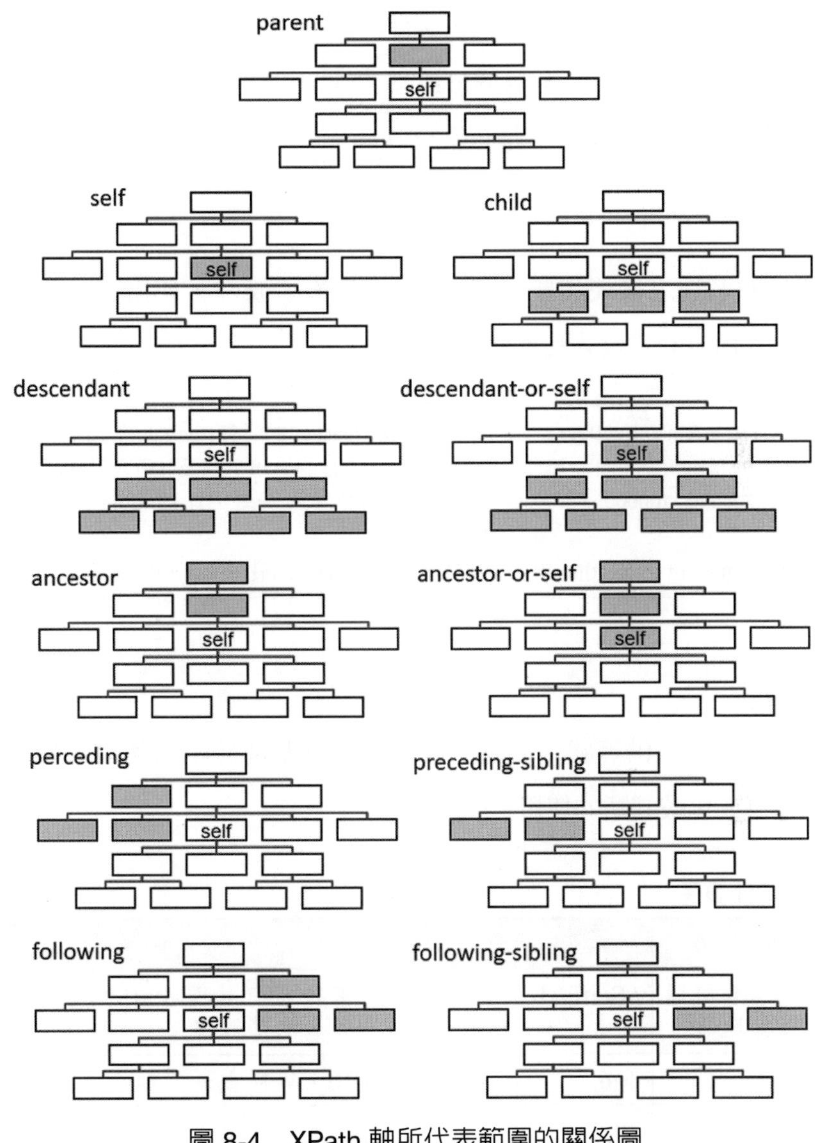


圖 8-4　XPath 軸所代表範圍的關係圖

在 XPath 的使用軸，可以搭配先前介紹的索引條件，位置的路徑是根據位置步（location steps）構建的。每個位置步指定目標文件中的一個點，而這個點必須相對於其他明確已知的點，例如文件的開頭或先前的位置步。這個明確已知的點稱為上下文節點（context node）。位置步使用的語法包含三個部分：軸（axis），節點（node test）和非必須的謂語：

***軸 :: 結點 [ 謂語 ]***

軸路徑的名稱之後使用雙冒號「::」連接索引條件，使用方式可參考下列 Detp.xml 文件內容的表達式和獲取結果的範例：

| | |
|---|---|
| /descendant::Teacher/child::DueDate | 選擇父元素為 Teacher 的所有 DueDate 子元素 |
| /descendant-or-self::Staff[@rank] | 選擇具有 rank 屬性的 Staff 元素及其所有下層元素 |
| //child::Project[Funding>100000] | 選擇 Project 的所有子元素，且 Funding 元素內容值大於 100000 |
| /descendant::Title[parent::Project][last()] | 選擇父元素為 Project 的最後一個 Title 元素的子孫 |

### 5. 符號運算子

XPath 的定位提供等號、加號、減號…等符號運算子的使用，如表 8-6 所示，提供運算或比較判斷的使用：

表 8-6　符號運算子

| 名稱 | | 說明 | 範例 | 結果 |
|---|---|---|---|---|
| 運算符號運算子 | \| | 組合兩個節點集 | //Staff\|//Teacher | 取得所有具備 Staff 元素和 Teacher 元素的節點集 |
| | + | 加 | 4+6 | 10，等同數學的加法運算 |
| | - | 減 | 20-5 | 15，等同數學的減法運算 |
| | * | 乘 | 3*7 | 21，等同數學的乘法運算 |
| | div | 除 | 60 div 5 | 12，等同數學的除法運算 |
| | mod | 餘數 | 12 mod 5 | 2，計算 125 的餘數 |

| 名稱 | | 說明 | 範例 | 結果 |
|---|---|---|---|---|
| 比較符號運算子 | = | 等於 | price=120 | 如果 price 內容是 120 則傳回 true，否則傳回 false |
| | != | 不等於 | price!=120 | 如果 price 內容不是 120 則傳回 true，否則傳回 false |
| | < | 小於 | price<120 | 如果 price 內容小於 120 則傳回 true，否則傳回 false |
| | <= | 小於等於 | price<=120 | 如果 price 內容小於等於 120 則傳回 true，否則傳回 false |
| | > | 大於 | price>120 | 如果 price 內容大於 120 則傳回 true，否則傳回 false |
| | >= | 大於等於 | price>=120 | 如果 price 內容大於等於 120 則傳回 true，否則傳回 false |
| | or | 或 | price>120 or price<50 | 如果 price 內容大於 120 或小於 50 則傳回 true，否則傳回 false |
| | and | 且 | price>50 and price<120 | 如果 price 內容大於 50 且小於 120 則傳回 true，否則傳回 false |

## 第三節　函數

XPath 提供許多函數協助資料的處理，這些內定的函數可以直接在 XSL 文件中使用，常用的函數分爲字串（string）、數値（number）、布林（Boolean）、節點集（node-set）四種類型：

### 1. 字串函數

字串函數是用於處理 XPath 定位結果的文字型態資料的格式化，包括字串的合併、轉換和切字等。常用的字串函數如表 8-7 所示。

表 8-7　字串函數

| 名稱 | 說明 | 範例 | 結果 |
|---|---|---|---|
| concat( ) | 連接兩個或多個字串 | concat ('台澎',' ','金馬') | '台澎 金馬' |
| contains( ) | 若第一個字串包含第二個字串則傳回 true，否則傳回 false | contains ('台澎金馬','金') | true |
| normalize-space( ) | 刪除字串前後的空格 | normalize-space (' 台澎金馬 ', ') | '台澎金馬' |
| starts-with( ) | 若第一個字串的開頭是第二個字串則傳回 true，否則傳回 false | starts-with ('台澎金馬','金') | false |
| string-length( ) | 計算字串的長度 | string-length ('台澎金馬') | 4 |
| substring( ) | 從字串指定位置開始，取得指定長度的內容 | substring ('台澎金馬', 3, 2) | '金馬'<br>從指定字串'台澎金馬'的第 3 個字，取出 2 個字。 |
| substring-after( ) | 從字串指定位置開始，取得之後的內容 | substring-after ('台澎金馬', 2) | '金馬'<br>取出字串'台澎金馬'的第 2 個字以後的所有字串 |
| substring-before( ) | 從字串指定位置開始，取得之前的內容 | substring-before ('台澎金馬', 3) | '台澎'<br>取出字串'台澎金馬'的第 3 個字之前的所有字串 |
| translate( ) | 更換字串內容 | translate ('台澎金馬','台','臺') | '臺澎金馬'<br>將字串內容的'台'更換為'臺' |

使用方式可參考下列 Detp.xml 文件內容使用字串函數和獲取結果的範例：

| | |
|---|---|
| //Teacher/concat(LastName,@rank) | 將 Teacher 元素的 LastName 元素與 rank 屬性內容組合 |
| //Project/concat(substring(Title,1,2),'...') | 選取 Project 元素的 Title 元素內容的前兩個字，並加上「...」 |
| //Project/translate(Title,' 象 ',' 像 ') | 選取 Project 元素的 Title 元素，並將內容有「象」的文字更換爲「像」 |

## 2. 數字函數

數字函數是用來處理數字型態資料的基礎運算。常用的數字函數如表 8-8 所示。

表 8-8 數字函數

| 名稱 | 說明 | 範例 | 結果 |
|---|---|---|---|
| ceiling( ) | 取得不小於指定數值的最小整數 | ceiling(5.8) | 6 |
| floor( ) | 取得不大於指定數值的最大整數 | floor(5.8) | 5 |
| number( ) | 將字串型態的數轉換成數值型態 | number('1234') | 1234 |
| round( ) | 取得指定數值的四捨五入 | round(3.2)<br>round(4.9) | 3<br>5 |
| sum( ) | 取得指定節點內容的加總 | sum(/Project/Funding) | 計算 /Project/Funding 元素內容的加總 |

【說明】

由於 XML 文件主要是用來承載資料，提供數據的交換、移轉、整合…等資訊傳播，重點並不在於進階的數學運算，如果需要處理一些較複雜的數學運算，例如計算開根號、指數…等，必須結合應用程式的處理。

### 3. 布林函數

布林函數是用來處理資料的邏輯表示式，提供判斷資料內容是否爲預期值，或是將資料轉換成布林值。常用的布林函數如表 8-9 所示。

表 8-9　布林函數

| 名稱 | 説明 |
| --- | --- |
| boolean( ) | 取得布林值 |
| false( ) | 假值 |
| not( ) | 反向判斷 |
| true( ) | 真值 |

boolean( ) 函數的使用是根據下列規則將指定的資料或節點轉換成布林值：

- 若資料爲負數或正數，則取得 true；若資料爲零或 NaN 值，則取得 false。
- 若資料爲非空白的節點集，則取得 true；空白節點集會取得 false。
- 若資料爲非空白的字串，則會轉換爲 true；空字串會轉換爲 false。
- 若資料爲四種基本型別以外的物件，會依據其型別的對應方式轉換爲布林值。

使用方式可參考下列 Detp.xml 文件內容使用布林函數和獲取結果的範例：

```
//Teacher[not(Project)]          選取沒有 Project 子元素的 Teacher 元素
//Teacher[boolean(Project)]      選取有 Project 子元素的 Teacher 元素
```

### 4. 節點集函數

節點集表示是一組節點的集合，此函數提供取得有關節點集中特定節點的資訊。透過節點集函數的使用，能夠一次處理多個元素的節點。常用的節點集函數如表 8-10 所示。

表 8-10　節點集函數

| 名稱 | 說明 |
|---|---|
| last( ) | 取的節點集最後一個元素節點 |
| position( ) | 取得節點的位置索引 |
| count( ) | 取得節點的元素數量 |
| id( ) | 取得節點集中，其中 ID 等於指定名稱的值 |
| local-name( ) | 取得節點集中第一個節點的元素名稱，指定的值不包含名稱空間的字首名稱 |
| namespace-URI( ) | 取得節點集中第一個節點的名稱空間 URI |
| name( ) | 取得節點的元素名稱 |

使用方式可參考下列 Detp.xml 文件內容的節點及函數和獲取結果的範例：

| | |
|---|---|
| //Teacher/count(Project) | 計算各 Teacher 元素的 Project 子元素數量 |
| //Teacher[last()]/concat(LastName,FirstName) | 列出最後一個 Teacher 元素的 LastName 與 FirstName 子元素內容 |
| //*/*[local-name()='Teacher'] | 選取節點集內名稱爲 Teacher 的元素 |

# 第九章　XSL

## 第一節　概述

### 1. XSL 與 XSLT

XSL 使用 XML 的語法定義一系列的元素規範，該規範提供將 XML 轉換成其他型態的文件，包括 HTML、Text 與不同格式的 XML。透過此種轉換的功能，不僅可以使 XML 文件能夠在 Web 環境中根據指定的樣式來呈現；也可以跨越傳統格式的限制，很方便地在網路環境自由地分享、交換、移轉或整合各種不同格式的 XML 文件。

XSL 是專門處理 XML 內容資料轉換的延伸技術，XSL 又有如表 9-1 所示：XSLT、XPath 和 XSL-FO 三個分支的技術，這三個分支從 XSL 分出來成爲完整獨立的延伸技術。

表 9-1　XSL 包含的技術種類

| 技術 | 說明 |
| --- | --- |
| XSLT | 用於將 XML 文件內容的結構轉換成為其他格式的語言。XSLT 包含了一些轉換規則，可以將 XML 文件轉換成 HTML 格式、純文字的 Text 格式，或是轉換成另一種格式的 XML 文件。<br>XSLT 2.0 之後的版本再增加可以轉換成 XHTML 的文件格式。 |
| XPath | 用於 XML 文件內容節點的定位語言。 |
| XSL-FO | 用於格式化 XML 文件，FO 是格式化物件（Formatting Object）的縮寫，是將 XML 轉換的結果輸出成為「加上格式的文字」的語法。 |

XSLT 是 XSL 標準中最重要的部分，用於將一個 XML 文件轉換成另一種類型的文件，主要是瀏覽器能夠識別的格式。所以通常會將 XSLT 當成 XSL，這也是

爲什麼在許多資料上經常會將 XSL 與 XSLT 混淆的原因。XSL 使用 XPath 在來源的 XML 文件內定位、選擇指定的元素節點的內容（XPath 的使用請參見第八章的介紹）；而 XSLT 則是執行包括：

(1) 將 XML 元素轉換成其他的元素；

(2) 在輸出的內容內添加新的，或去掉原有的元素；

(3) 可以重新安排這些元素。

總結 XSL 的介紹，其語言的特色簡述如下：

(1) XSL 是一種可以將 XML 文件轉換換成 HTML、Text 和其他格式 XML 文件的語言；

(2) XSL 是一種可以過濾和分類 XML 文件內資料的語言；

(3) XSL 是一種可以對 XML 文件部分內容進行尋址的語言；

(4) XSL 可以向不同設備或目的輸出對應其格式之 XML 文件的語言。

### 2. 轉換技術

XSLT 的工作原理就是將 XML 文件視爲一個儲存資料的樹狀結構來看待，並把該 XML 稱爲來源樹。XML 文件所有元素都是樹的節點。如圖 9-1 所示，XSLT 將樹中所需要的資料提取出來，形成新的樹，也就是結果樹。所以 XSLT 轉換，就是將一個 XML 來源樹轉換成另一個 XML 結果樹。

結果樹和來源樹是獨立存在的，對結果樹的資料進行處理，不會影響來源樹內的資料，XSLT 透過這種方式實現了格式與資料分開的目的，可以方便地提取 XML 文件內的資料，而 XSLT 提取資料的工具就是 XSLT 處理器。

圖 9-1 XSLT 轉換架構

XSLT 處理器處理的步驟如下：

(1) 根據要找的節點在來源樹中尋找；

(2) 提取出資料後，對應與此節點匹配的樣式定義；

(3) 依照定義好的樣式，將處理後的資料加入結果樹。

XSLT 處理器在建立結果樹的過程中，可以對內容進行修改、過濾和增加其他內容，使結果樹的可以具有和來源樹完全不同的結構。這也就是 XSLT 轉換的主要關鍵：來源樹（原始 XML 文件）經由 XSLT 處理器（指定的規則），轉換成結果樹（輸出結果的文件，可以是 HTML、Text 或是 XML 格式的文件）。

### 3. 與 CSS 的比較

CSS 同樣可以格式化 XML 文件的呈現方式，且具備非常好的控制輸出樣式，但是 CSS 仍舊有下列的限制：

(1) CSS 不能重新排序文件中元素出現的位置；

(2) CSS 不能判斷和控制顯示哪個元素，不顯示哪個元素；

(3) CSS 不能計量元素中的資料。

CSS 不像 XSLT 屬於轉換語言，所以 XSLT 能夠控資料輸出與否，而 CSS 不行。因此，CSS 適用於輸出固定內容的文件呈現樣式；而 XSLT 則是適合用於輸出內容不固定或需要有分群顯示（也就是不同對象看到的是不同結果）的文件。CSS 的優點是簡潔，消耗系統資源少；而 XSLT 雖然功能強大，但因爲要重新索引 XML 的樹狀結構，所以需要使用較多的記憶體。一般使用的設計是在伺服器端使用 XSLT 處理文件，輸出到使用者端則是搭配 CSS 來顯示。

可以搭配使用 CSS 與 XSLT 的標示語言如表 9-2 所示，因爲 XSLT 專屬於 XML 文件，而 XHTML 是完全符合 XML 文法規範所制訂的，所以 XSLT 能夠使用在 XHTML。

表 9-2　搭配使用 CSS 與 XSLT 的標示語言一覽表

| 標示語言 | CSS | XSLT |
|---|---|---|
| HTML | ○ | × |
| XHTML | ○ | ○ |
| XML | ○ | ○ |

# 第二節　建立操作

## 1. 建立的步驟

參考下列練習的 XML 文件範例，建立一 XSLT 文件，示範如何將其轉換成 HTML 顯示的步驟。

**XML:** 文件檔名：**Stock.xml**

```
<?xml version="1.0" encoding="UTF-8"?>
<Stock>
    <Product>
        <Title> 投影機 </Title>
        <Category>3C</Category>
        <Brand>Banq</Brand>
```

```
        <Model>W1700</Model>
        <Price currency="NT">39000</Price>
        <Description> 擁有專爲投影機調校 HDR 高動態範圍影像（HDR10），將具備豐富
層次的眞實電影感帶入客廳 </Description>
    </Product>
</Stock>
```

(1) 首先新增一 XSLT 文件，副檔名爲 xsl 或 xslt。因爲 XSLT 文件亦是 XML 文件，所以在文件最開頭加入下列序言的宣告：

```
<?xml version="1.0" encoding="UTF-8"?>
```

(2) 標示了序言的宣告之後，接著是根元素－stylesheet，並在該標籤名稱之後指定 XSLT 文件等出處的名稱空間屬性：

```
<xsl:stylesheet version="3.0" xmlns:xsl="http://www.w3.org/1999/XSL/Transform"
    xmlns:xs="http://www.w3.org/2001/XMLSchema"
    xmlns:fn="http://www.w3.org/2005/xpath-functions">
```

XSLT 文件根元素的標籤名稱必須是 stylesheet，在該元素加上名稱空間的前綴——xsl，表示是一個已預先定義爲 XSLT 的元素。

(3) 使用 XSLT 的 output 元素指定輸出文件的類型：

```
<xsl:output method="html" encoding="UTF-8" indent="yes"/>
```

output 標籤使用 method 屬性指定輸出文件的類型，其值可以是 html、text 或 xml 三種。encoding 屬性指定輸出文件的字碼、indent 屬性則是指定輸出文

件內容是否包含縮格。不過這裡要注意的是，encoding 屬性是指定輸出文件的字碼，如果轉出的是 HTML 文件時，瀏覽器在剖析文件時是使用 <meta> 標籤的 charset 屬性來決定呈現的字碼。建議輸出爲 HTML 文件時，除了要指定文件輸出的字碼種類，還要加上 <meta> 有關字碼的宣告。

【說明】

1. indent 或譯爲縮排，適用於顯示程式碼時，在每行程式碼前方加上空格，讓不同區塊的程式碼有不同的空格效果，以方便閱讀。
2. <meta> 字碼的宣告，如果使用 Unicode 建議宣告爲：

   <meta http-equiv="Content-Type" content="text/html; charset=UTF-8" />

   或是更精簡的宣告：<meta charest = "UTF-8">

(4) 在 XSLT 文件內建立結果樹的元素，並可以爲元素定義顯示的樣式：

**樣式檔案名稱：sales.xslt**

```
<xsl:template match="Stock/Product">
    <html>
        <head>
         <meta http-equiv="Content-Type" content="text/html; charset=UTF-8" />
         <title> 商品訊息 </title>
        </head>
        <body>
            <h3 style="color:red"> 視聽家電 </h3>
            <table border="2">
                <tr>
                    <td style="color:blue;width:30%">
                        名稱：<xsl:value-of select="Title"/>
                    </td>
                    <td rowspan="5" style=" width:70%;text-align:center">
                        <xsl:value-of select="Description"/>
                    </td>
                </tr>
```

```
                <tr>
                    <td>
                        類別：<xsl:value-of select="Category"/>
                    </td>
                </tr>
                <tr>
                    <td>
                        品牌：<xsl:value-of select="Brand"/>
                    </td>
                </tr>                        <tr>
                    <td>
                        型號：<xsl:value-of select="Model"/>
                    </td>
                </tr>
                <tr>
                    <td>
                        價格：<xsl:value-of select="Price"/> 元
                    </td>
                </tr>
            </table>
        </body>
    </html>
</xsl:template>
```

敘述中使用的 <xsl:template match="/"> 表示 XSLT 的樣板元素，樣板元素包含的就是樣板定義的規則。如同範例中的 <html>、<head>、<meta>、<title>、<body>……等標籤，就是透過樣板元素的轉換輸出成爲結果樹的標籤。

完成後，將此 XSLT 文件存檔，檔名爲：sales.xslt。

(5) 如同 XML 引用 XML Schema 時需要宣告文件的來源一樣，要處理 XML 文件的 XSL 轉換，必須要在 XML 文件內加入引用 XSLT 文件的宣告：

```
<?xml-stylesheet href="sales.xslt" type="text/xsl" ?>
```

(6) 完成後，在瀏覽器查看Stock.xml文件的內容，其顯示結果如圖9-2所示。

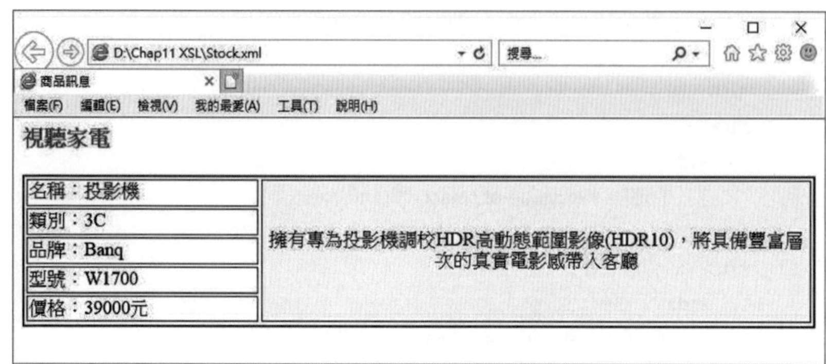


圖 9-2　XML 文件結合 XSLT 顯示結果

多數瀏覽器都具備 XSLT 處理器，瀏覽器處理 XML 文件和引用 XSLT 文件的過程可以分爲兩個階段：

(1) 處理器先剖析 XML 文件的樹狀結構，在按照 XSLT 文件中相對應元素的規則提取XML文件內的內容，組合後產生一個暫時的文件，也就是結果樹；
(2) 處理器依據 XSLT 文件中宣告的樣式，對結果樹的內容進行格式化，並產生最終的文件輸出。

### 2. 工具軟體的操作

雖然多數的瀏覽器均可將 XML 文件透過 XSLT 文件經由處理程序轉換成結果輸出，但是直接輸出結果的方式，對於學習或偵錯並不方便。因此本單元介紹如何使用 XMLSpy 軟體來輔助執行 XSLT 的處理程序，除了可以使用如同瀏覽器直接檢視輸出結果，也可採用一個步驟一個步驟的方式逐一檢視處理過程。

使用附件中本章的範例練習示範，首先開啓如圖 9-3 所示的 XMLSpy，直接使用拖拉檔案的方式或是使用主選單 File 的 Open…開啓檔案視窗，分別開啓

Stock.xml 與 sales.xslt 兩個檔案。（如果只開啓 Stock.xml 檔案，當執行 XSLT 轉換時，系統會自動開啓連結的 sales.xslt 檔案）

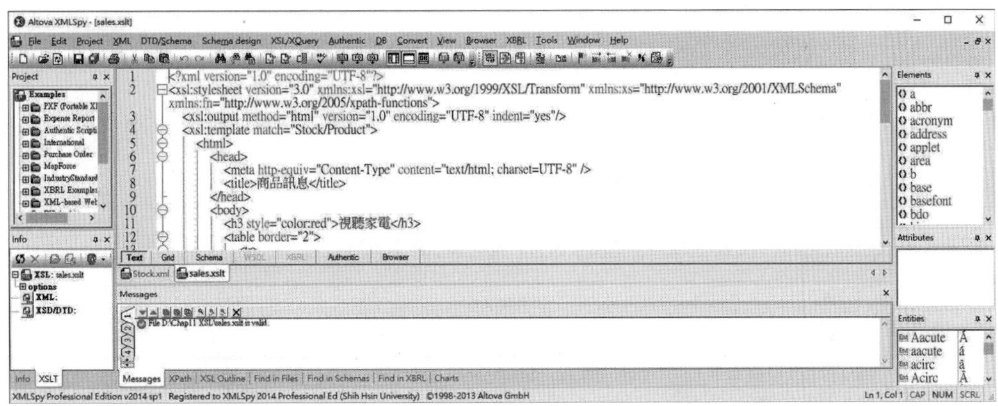

圖 9-3　使用 XMLSpy 開啓 XML 與 XSLT 文件

主選單「XSL/XQuery」是執行 XSLT 轉換 XML 處理程序的操作選單，主要操作的選單項目如表 9-2 所示：

表 9-2　XMLSpy 軟體執行 XSLT 轉換 XML 處理程序的操作選單項目

| 選項 | 用途 | 熱鍵 |
| --- | --- | --- |
| Start Debugger/Go | 執行 XSLT 轉換的處理程序。 | Alt+F11 |
| Step Into | 逐一一行地執行 XSLT 的指令，如果 XSLT 執行到內建的程序，會進入執行。 | F11 |
| Step Over | 逐一一行地執行 XSLT 的指令，不會執行到內建的程序，而只會一步一步執行現在所在的 XSLT 文件的指令。 | Ctrl+F11 |

首先先將文件切換顯示在 XML 文件（本範例的 Stock.xml 檔案），如果文件是顯示在 XSLT 文件而不是 XML 文件時，系統會出現如圖 9-4 所示的對話框，詢

問要處理轉換的 XML 文件為何？

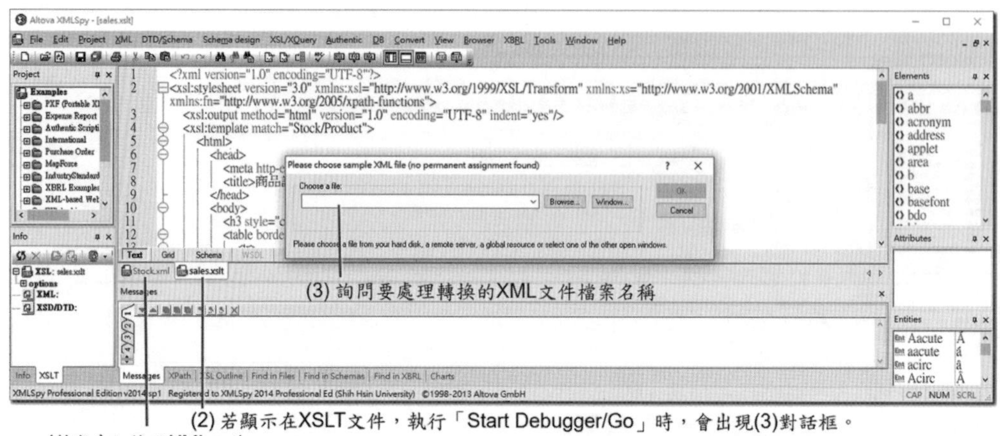
(3) 詢問要處理轉換的XML文件檔案名稱
(2) 若顯示在XSLT文件，執行「Start Debugger/Go」時，會出現(3)對話框。
(1)應先切換至XML文件

圖 9-4　未先切換至 XML 文件，執行轉換時會出現詢問對話框

若先切換顯示在 XML 文件，則執行主選單 XSL/XQuery 的 Start Debugger/Go 選項（或於主畫面下直接按下 Alt+F11 鈕）開啓執行程序，系統會自動切換顯示成如圖 9-5 所示的三個視窗。

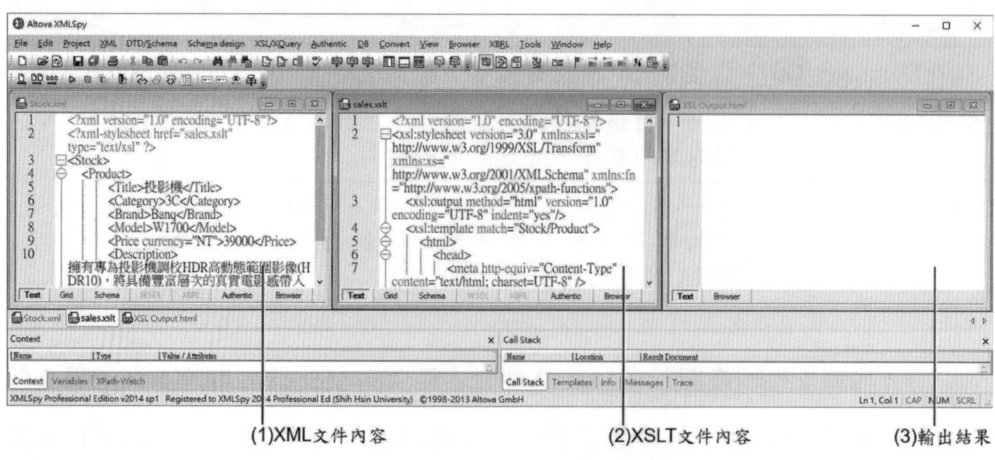
(1)XML文件內容
(2)XSLT文件內容
(3)輸出結果

圖 9-5　執行轉換過程的畫面

三個視窗會自動依序排列，由左而右分別爲 (1)XML 文件，(2)XSLT 文件，(3) 轉換結果的輸出文件內容。接著可逐步按下 Ctrl+F11 鈕，一步一步地顯示 XSLT 執行的程序與對應到 XML 文件的元素。透過逐步的過程了解轉換的對應方式，如果轉換結果不如所願，也是透過此一過程偵錯。

## 第三節　基本樣式元素

XSLT 可以將 XML 文件轉換成爲 HTML（包括 XHTML）、Text 和 XML 三種文件格式。指定輸出格式的指令元素爲 xsl:output 元素的 method 屬性。例如要指定轉出的文件格式爲純文字檔案，其屬性值可以表示如下：

```
<xsl:output method="text" />
```

因爲 XML 嚴格區分大小寫，所以 method 屬性名稱和屬性值都是使用小寫。如果要輸出 XHTML、HTML、Text 或 XML 文件格式，只需要分別將 method 屬性值指定爲 "xhtml"、"html"、"text"、"xml" 即可。

【說明】

如果沒有使用 xsl:output 元素指定輸出的文件格式，會依據 XSLT 轉換器預設的格式輸出。

除了控制輸出格式的 xsl:output 元素，XSLT 具備五個基本的樣式元素：stylesheet、template、apply-templates、value-of 與 attribute，用於指定節點與節點內的內容。

【說明】

本單元使用 Stock.xml 文件檔案爲依據，學習各個 XSLT 元素的練習。

## 1. stylesheet 元素

一個完整的 XSLT 文件一定都會有一個 xsl:stylesheet 元素作爲該樣式文件的根元素。該元素具有一個表示 XSLT 版本編號的 version 屬性，目前最新版本爲 3.0。

```
<xsl:stylesheet version="3.0" xmlns:xsl="http://www.w3.org/1999/XSL/Transform" >
```

同時 xsl:stylesheet 還必須要有一個宣告 XSLT 所屬的名稱空間。依據 W3C 規定 XSLT 的名稱空間 URI 固定爲 http://www.w3.org/1999/XSL/Transform，名稱空間的字首可以是任意符合 XML 命名規則的字串，但通常慣例是使用 xsl，但也有的文件會使用 xslt 作爲字首。

## 2. template 元素

XSLT 樣版（Template）是 XSLT 中最重要的概念，表示 XML 對應元素要處理的規則。和 Word、PowerPoint 的樣版不同，XSLT 樣板並不是一個樣式的樣板，而是用在所關聯的 XML 文件中找出一個符合的「範圍」，並在該範圍內處理資料。而這一個範圍本質是一個元素節點，可以是樹狀結構的根結點或含有子節點的節點，所處理的範圍便是該節點的所有子節點與屬性。樣板可以視爲一系列規則的集合，樣板標示的基本語法爲：

```
<xsl:template match= " 要匹配的模式 " name= " 名稱 " priority=" 代表優先權的數字 ">
    樣板內容
</xsl:template>
```

上述語法中，xsl:template 元素用來定義 XML 元素的樣板。其中，match 屬性指定樣版的匹配模式（pattern），也就是用來指定要從 XML 文件中哪一個節點開始尋找和提取資料。name 屬性是用來指定樣版的名稱，使用 name 屬性的時機是提供 xsl:call-templatet 元素依據名稱指定使用該樣板。priority 屬性用於指定樣版的優先權數，當一個節點在 XSLT 中對應多個不同的樣板時，各樣板依照優先權由高到低排序，並選擇最高優先權的樣板進行轉換。

當使用 match 屬性時，依據指定的匹配模式，也就是 XPath 指定的路徑，確定樣板規則應用的起始節點。XSLT 在處理程序執行轉換時，首先會尋找可以匹配根節點的樣板，然後依據該樣版進行轉換。如果需要在樣板內繼續處理根節點的子結點，可以再透過 xsl:apply-templates 元素指定，此時處理程序會依據相關的模式確定，並且執行最匹配之特定結點的樣版，一直到處理程序到達沒有使用 xsl:applytemplates 元素的樣板爲止。

### 3. apply-templates 元素

xsl:apply-templates 元素總是包含在 xsl:template 元素內。控制 XSLT 處理器在 XML 來源樹中搜尋與其相匹配的結點，例如：

```
<xsl:template match="Stock">
    <xsl:apply-templates select="Product"/>
</xsl:template>
```

此敘述表示樣板匹配 <stock> 根元素下的 Product 結點，執行轉換時會再進一步處理該結點下所有的 Product 元素。再參考下列片段的範例：

```
<xsl:template match="Stock">
    <xsl:apply-templates/>
</xsl:template>
```

xsl:aply-templates 元素未使用 select 屬性指定進一步處理的結點時，表示 Stock 元素下所有子元素都將被處理。

【說明】

| XSLT 的元素在選定節點時，某些使用 match 屬性或是 select 屬性，兩者的差別是：<br>(1) match屬性如同虛擬的節點路徑，指向某一節點，不允許包含條件判斷式；<br>(2) select 屬性則實際處理節點的路徑，允許包含條件判斷式。 |
| --- |

## 4. value-of 元素

xsl:value-of 元素是 XSLT 中最單純但使用最為廣泛的元素，依據 select 屬性值指定的節點取得資料。例如：

```
<xsl:value-of select="Title"/>
```

當該指令的處理的元素是位於 Title 的父節點時，透過該指令可以取得來源樹中 Title 節點的值。也就是說，xsl:value-of 必須指定 select 屬性的值，該屬性值必須是有效的 XPath 路徑。不過 xsl:value-of 在 XSLT 1.0 和 2.0 之後版本轉換的行為並不完全一致。在 XSLT 1.0 中，如果 select 屬性值所選擇的節點集包含多個節點，該指令會僅選取第一個節點的值。例如下列使用 XSLT 1.0 顯示範例 Stock.xml 文件的內容：

```
<?xml version="1.0" encoding="UTF-8"?>
<xsl:stylesheet version="1.0" xmlns:xsl="http://www.w3.org/1999/XSL/Transform"
xmlns:xs="http://www.w3.org/2001/XMLSchema"
xmlns:fn="http://www.w3.org/2005/xpath-functions">
    <xsl:output method="html" version="1.0" encoding="UTF-8" indent="yes"/>
```

```
    <xsl:template match="Stock">
        <xsl:value-of select="Product/Model"/>
    </xsl:template>
</xsl:stylesheet>
```

輸出結果爲：

```
W1700
```

在 XSLT2.0 之後的版本，XSLT 會依序輸出所有的節點，各節點之間預設一個空格分隔，例如將上述範例的 xsl:stylesheet 元素的 version 屬性值改成 2.0 或 3.0。其輸出結果爲：

```
W1700 LU9715
```

輸出多個內容時，預設分格符號爲一個空格，如果想要使用其他分隔符號，可以使用 separator 屬性指定。例如：

```
    <xsl:template match="Stock">
        <xsl:value-of select="Product/Model" separator="，" />
    </xsl:template>
```

輸出結果爲：

```
W1700，LU9715
```

### 5. attribute 元素

xsl:attribute 元素用於產生屬性的資料。例如希望產生如下的 HTML 的輸出結果：

```
<img src="myPhoto.jsp" />
```

則對應的 XSLT 轉換敘述可以是：

```
<img>
    <xsl:attribute name="src" select="Image"/>
</img>
```

xsl:attribute 元素有兩個常用的屬性，其中 name 屬性表示產生結果的屬性名稱，select 屬性表示產生結果之屬性的屬性值的來源。例如上述產生 <img> 的範例，xsl:attribute 元素的 name 屬性值，表示產生結果輸出一個 src 屬性，並取得來源樹的 Image 元素節點的內容，作爲 src 屬性的屬性值。參考下列範例 salesAttribute.xslt 文件的內容，並將 Stock.xml 的 XSLT 文件指定使用該檔案：

**XSLT 文件檔名：salesAttribute.xslt**

```
<?xml version="1.0" encoding="UTF-8"?>
<xsl:stylesheet version="3.0" xmlns:xsl="http://www.w3.org/1999/XSL/Transform"
xmlns:xs="http://www.w3.org/2001/XMLSchema"
xmlns:fn="http://www.w3.org/2005/xpath-functions">
    <xsl:output method="html" version="1.0" encoding="UTF-8" indent="yes"/>
    <xsl:template match="/">
        <html>
            <body>
                <xsl:apply-templates select="Stock/Product"/>
            </body>
        </html>
```

```
    </xsl:template>

    <xsl:template match="Product">
                <img>
                    <xsl:attribute name="src" select="Image" />
                </img>
    </xsl:template>
</xsl:stylesheet>
```

執行結果樹的輸出內容如下：

```
<html xmlns:xs="http://www.w3.org/2001/XMLSchema"
    xmlns:fn="http://www.w3.org/2005/xpath-functions">
    <body>
        <img src="project01.jpg">
        <img src="project02.jpg">
    </body>
</html>
```

xsl:attribute 元素在 XSLT 2.0 版本之後增加 select 屬性。若是使用 XSLT 1.0 版本，無法使用 select 屬性，必須用 xsl:value-of 元素的方式取得所需的內容值。參考列片段的範例：

```
<img>
    <xsl:attribute name="src">
        <xsl:value-of select="Image"/>
    </xsl:attribute>
    <xsl:attribute name="width">180</xsl:attribute>
    <xsl:attribute name="height">70</xsl:attribute>
</img>
```

上述範例中，第 2~4 行的轉換效果與 <xsl:attribute name="src" select="Image"/> 的結果完全相同。如果取值比較複雜，或是相容於舊的 XSLT 1.0 版本，建議使用本範例 xsl:value-of 元素的方式代替使用 xsl:attribute 的 select 屬性方式取值。

## 第四節　邏輯處理元素

XSLT 提供了一組處理邏輯的指令元素，用來處理轉換過程的條件判斷、迴圈與排序的邏輯，常用的指令元素包括：if、choose、for-each 和 sort 元素。

### 1. if 元素

xsl:if 元素使用 test 屬性判斷其結果爲眞（true）還是假（false)。xsl:if 元素使用的語法如下：

```
<xsl:if   test=" 條件判斷式 " >
     ......
</xsl:if>
```

例如要從 Stock.xml 文件中挑選出價格低於 50,000 的商品。則 XSLT 敘述可表示如下：

**XSLT 文件檔名：salesIf.xslt**

```
<?xml version="1.0" encoding="UTF-8"?>
<xsl:stylesheet version="3.0" xmlns:xsl="http://www.w3.org/1999/XSL/Transform"
xmlns:xs="http://www.w3.org/2001/XMLSchema"
xmlns:fn="http://www.w3.org/2005/xpath-functions">
     <xsl:output method="html" version="1.0" encoding="UTF-8" indent="yes"/>
     <xsl:template match="/">
          <html>
```

```
            <body>
                <xsl:apply-templates select="Stock/Product"/>
            </body>
        </html>
    </xsl:template>

    <xsl:template match="Product">
        <xsl:if test="Price &lt; 50000">
            <br/> 推薦商品：<xsl:value-of select="Title"/><hr/>
        </xsl:if>
    </xsl:template>
</xsl:stylesheet>
```

執行結果，輸出的內容如下：

```
<html xmlns:xs="http://www.w3.org/2001/XMLSchema" >
    <body>
        <br> 推薦商品：色準三坪機 <hr></body>
</html>
```

由於標籤的符號使用大於、小於比較運算子，因此判斷條件使用大於、小於運算子時，需要使用內建的實體（entity）取代。大於使用「>」，小於使用「<」。此一範例轉換輸出的結果，只有價格小於 50,000 的產品會顯示在瀏覽器，其他商品不會顯示。

## 2. choose 元素

xsl:if 條件元素用於單一條件的判斷；而 xsl:choose 則是用於多個條件的分支判斷。也就是說，要用於多個選項中選擇一個輸出，就適合採用 xsl:choose。

xsl:choose 元素使用的語法如下：

```
<xsl:choose>
    <xsl:when test=" 條件判斷式 " >
    ......
    </xsl:when>
    <xsl:when test=" 條件判斷式 ">
    ......
    </xsl:when>
    <xsl:otherwise >
    ......
    </xsl:otherwise>
</xsl:choose>
```

xsl:choose 元素擁有 xsl:when 和 xsl:otherwise 兩個子元素。xsl:when 元素可以有多個，XSLT 處理器依據先後順序處裡每個 xsl:when 元素，並判斷其 test 屬性的結果是否爲眞（true)，如果成立便依據該元素的內容進轉換。如果所有 xsl:when 元素都沒有一個判斷的結果爲眞，就會輸出 xsl:otherwise 元素的轉換內容。

參考範例 Stock.xml 文件的商品資料內容，並將該文件使用的 XSLT 樣式指定爲 saleChoose.xslt 文件。輸出所有的商品資料，如果價格小於 50,000，則商品名稱顯示爲藍色，如果價格小於 100,000 則商品名稱顯示爲棕色，否則商品名稱就顯示爲紅色。

**XSLT 文件檔名：salesChoose.xslt**

```
<?xml version="1.0" encoding="UTF-8"?>
<xsl:stylesheet version="3.0" xmlns:xsl="http://www.w3.org/1999/XSL/Transform"
xmlns:xs="http://www.w3.org/2001/XMLSchema"
xmlns:fn="http://www.w3.org/2005/xpath-functions">
    <xsl:output method="html" version="1.0" encoding="UTF-8" indent="yes"/>
    <xsl:template match="/">
```

```
        <html>
            <body>
                <xsl:apply-templates select="Stock/Product"/>
            </body>
        </html>
    </xsl:template>

    <xsl:template match="Product">
        <xsl:choose>
            <xsl:when test="Price &lt; 50000">
                <br/><font color="blue">
                <xsl:value-of select="Title"/></font>
            </xsl:when>

            <xsl:when test="Price &lt; 100000">
                <br/><font color="brown">
                <xsl:value-of select="Title"/></font>
            </xsl:when>

            <xsl:otherwise>
                <br/><font color="red">
                <xsl:value-of select="Title"/></font>
            </xsl:otherwise>
        </xsl:choose>
    </xsl:template>
</xsl:stylesheet>
```

轉換結果，其輸出的內容如下：

```
<html xmlns:xs="http://www.w3.org/2001/XMLSchema" >
    <body>
        <br>
        <font color="blue"> 色準三坪機 </font>
        <br>
        <font color="brown">UHD 家庭劇院投影機 </font>
        <br>
```

```
        <font color="red">BlueCore 投影機 </font>
    </body>
</html>
```

### 3. for-each 元素

xsl:for-each 元素對被指定的元素節點進行循環處理，也就是用來執行迴圈作業。參考範例 Stock.xml 文件的商品資料內容，並將該文件使用的 XSLT 樣式指定爲 saleFor.xslt 文件，示範使用 xsl:for-each 元素轉換輸出每一個商品的資訊，包括商品名名稱（Title 元素內容）與價格（Price 元素內容）：

**XSLT 文件檔名：salesFor.xslt**

```
<?xml version="1.0" encoding="UTF-8"?>
<xsl:stylesheet version="3.0" xmlns:xsl="http://www.w3.org/1999/XSL/Transform"
xmlns:xs="http://www.w3.org/2001/XMLSchema"
xmlns:fn="http://www.w3.org/2005/xpath-functions">
    <xsl:output method="html" version="1.0" encoding="UTF-8" indent="yes"/>
    <xsl:template match="/">
        <html>
            <body>
                <xsl:apply-templates select="Stock"/>
            </body>
        </html>
    </xsl:template>

    <xsl:template match="Stock">
        <xsl:for-each select="Product">
            <b><xsl:value-of select="Title"/></b>
      價格：<xsl:value-of select="Price"/><hr/>
        </xsl:for-each>
    </xsl:template>
</xsl:stylesheet>
```

轉換結果，其輸出的內容如下：

```
<html xmlns:xs="http://www.w3.org/2001/XMLSchema"
xmlns:fn="http://www.w3.org/2005/xpath-functions">
    <body>
        <b> 色準三坪機 </b> 價格：40000<hr/>
        <b>UHD 家庭劇院投影機 </b> 價格：51000<hr/>
        <b>BlueCore 投影機 </b> 價格：390000<hr/></body>
</html>
```

如圖 9-6 所示，使用 XMLSpy 輸出的瀏覽器模式，顯示 Stock.xml 文件的輸出結果：

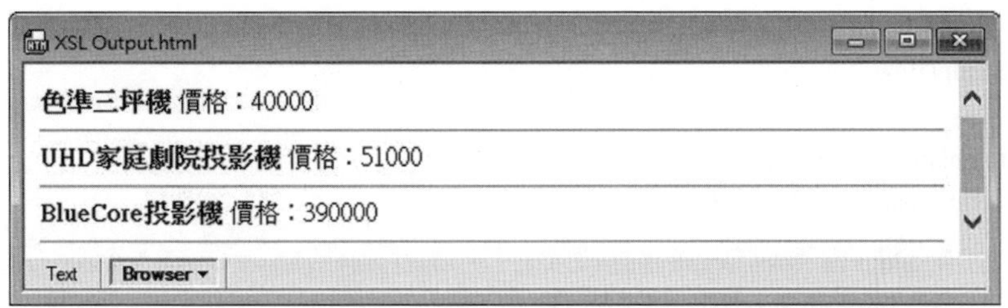


圖 9-6　使用 xsl:for-each 迴圈元素輸出所有商品名稱與價格

### 4. sort 元素

xsl:for-each 元素可以對指定的元素節點進行迴圈處理，轉換的輸出是依據原始文件的元素順序，如果要對節點的元素指定排序，就可以透過 xsl:sort. 元素達成輸出排序的結果。xsl:sort 元素的 order 屬性用於指定排序的依據，屬性值爲 descending 表示降冪，也就是資料由大到小排序；屬性值爲 ascending 表示升冪，也就是資料由小到大排序。若未指定，預設爲 ascending 排序方式。

例如前一示範使用 xsl:for-each 元素轉換輸出每一個商品名稱與價格，參考下列 saleSort.xsl 文件，將其內容加上 xsl:sort 元素的內容，表示將各項商品依據價格由高到低顯示：

**XSLT 文件檔名：salesSort.xslt**

```
<?xml version="1.0" encoding="UTF-8"?>
<xsl:stylesheet version="3.0" xmlns:xsl="http://www.w3.org/1999/XSL/Transform"
xmlns:xs="http://www.w3.org/2001/XMLSchema"
xmlns:fn="http://www.w3.org/2005/xpath-functions">
    <xsl:output method="html" version="1.0" encoding="UTF-8" indent="yes"/>
    <xsl:template match="/">
        <html>
            <body>
                <xsl:apply-templates select="Stock"/>
            </body>
        </html>
    </xsl:template>

    <xsl:template match="Stock">
        <xsl:for-each select="Product">
            <xsl:sort select="Price" order="descending"/>
            <b><xsl:value-of select="Title"/></b>
      價格：<xsl:value-of select="Price"/><hr/>
    </xsl:for-each>
    </xsl:template>
</xsl:stylesheet>
```

轉換結果，其輸出的內容如下：

```
<html xmlns:xs="http://www.w3.org/2001/XMLSchema"
xmlns:fn="http://www.w3.org/2005/xpath-functions">
    <body>
        <b>BlueCore 投影機 </b> 價格：390000<hr/></body>
        <b>UHD 家庭劇院投影機 </b> 價格：51000<hr/>
        <b> 色準三坪機 </b> 價格：40000<hr/>
</html>
```

上述範例中，xsl:sort 作用於 xsl:for-each 迴圈的內部，對於 xsl:for-each 處理的每一個節點排序。同樣的方式，也可以直接用在 xsl:apply-templates 元素，對 xsl:apply-templates 的 select 屬性所選定的節點集結果進行排序。例如下列 selasSort2.xslt 的內容，其執行結果與 salesSort.xslt 完全相同。

**XSLT 文件檔名：salesSort2.xslt**

```
<?xml version="1.0" encoding="UTF-8"?>
<xsl:stylesheet version="3.0" xmlns:xsl="http://www.w3.org/1999/XSL/Transform"
xmlns:xs="http://www.w3.org/2001/XMLSchema"
xmlns:fn="http://www.w3.org/2005/xpath-functions">
    <xsl:output method="html" version="1.0" encoding="UTF-8" indent="yes"/>
    <xsl:template match="/">
        <html>
            <body>
                <xsl:apply-templates select="Stock/Product">
                    <xsl:sort select="Price" order="descending"/>
                </xsl:apply-templates>
            </body>
        </html>
    </xsl:template>

    <xsl:template match="Product">
        <b><xsl:value-of select="Title"/></b>
        價格：<xsl:value-of select="Price"/><hr/>
    </xsl:template>
</xsl:stylesheet>
```

需要特別注意的是，由於一般文字型態的資料的排序方式是由左至右判斷其字母的順序，而數字如果被視爲「文字型態的數字」，也就是所謂的「數字字串」，由小至大的方式排序時 390,000 會排在 40,000 之前，雖然 390,000 數字大於 40,000，但是依據文字的排列方式會由左對齊來排列。如果要避免此種狀況，必須要加上綱要的宣告，也就是指定 Stock.xml 文件的 XML Schema 綱要表，並在綱要表內宣告 Price 元素內容的資料型態爲數字。

如圖 9-7 所示，使用 XMLSpy 輸出的瀏覽器模式，顯示 Stock.xml 文件輸出的排序結果：

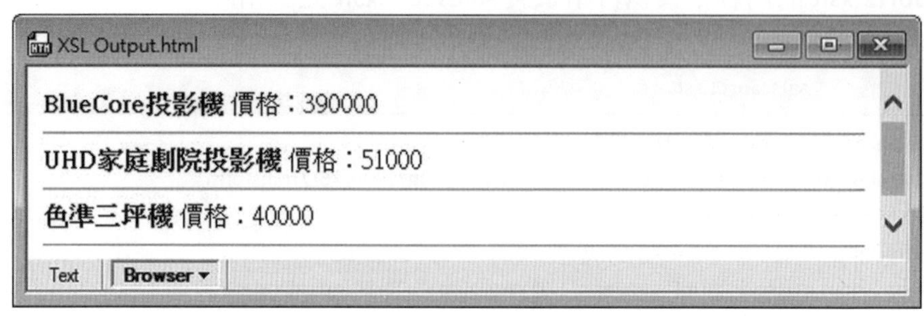


圖 9-7 使用 xsl:sort 元素將輸出的資料依據價格排序

## 第五節 呼叫樣板

第四節介紹使用 xsl:apply-templates 元素的使用方式，其使用 select 屬性指定匹配的來源樹節點。如果有時候，需要像程式語言的呼叫函數，能夠多次呼叫執行某一個樣板，便能提高樣板使用的便利性。因此 XSLT 提供了如圖 9-8 所示的 xsl:call-template 呼叫樣板元素，並使用 name 屬性指定符合該名稱的樣板，而被呼叫的樣板則使用 xsl:template 宣告的函數樣板。

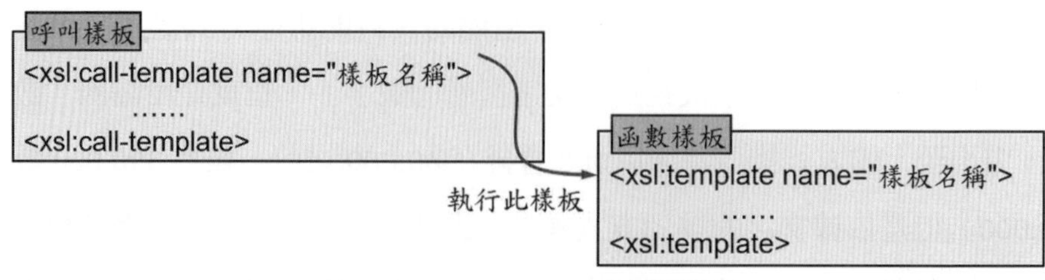


圖 9-8 呼叫執行指定的樣板

如圖 9-9 所示，如果需要傳遞參數給該樣板執行，可以透過 xsl:call-template 的子元素 xsl:with-param 指定傳遞的參數，並依據該元素的 select 屬性指定的節點內容，作爲傳遞參數的內容值。對於被呼叫執行的樣板，則是透過子元素 xsl:param 接收傳遞過來的參數，爲了避免沒有接收到傳遞的參數值而造成處理的問題，可以在 xsl:param 元素的 select 屬性指定預設值。

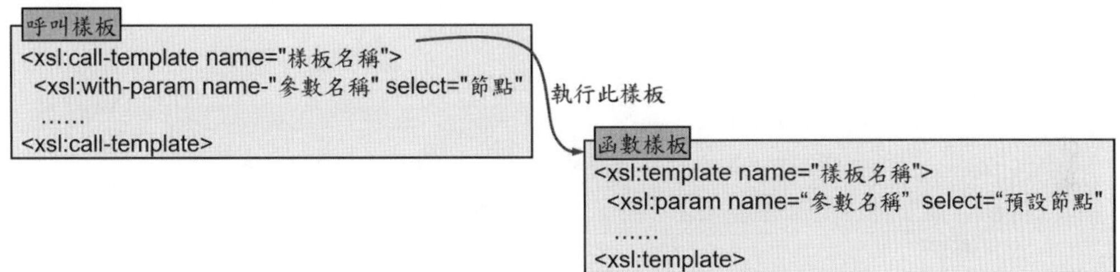


圖 9-9　呼叫執行樣板時傳遞參數的指定方式

練習將範例 Stock.xml 檔案使用的 XSLT 樣式指定爲 salesCall.xslt 文件，示範使用 xsl:call-template 元素呼叫並傳遞參數資料給名稱爲 show 的樣板。以練習中，分別依據價格低於 50,000、價格高於 100,000，以及 Product 元素的 promote 屬性設定爲 "Y" 的三種情況，呼叫執行 show 樣板。在函數樣板接收到的參數，需要使用「$」符號加上參數名稱取出參數值：

**XSLT 文件檔名：salesCall.xslt**

```
<?xml version="1.0" encoding="UTF-8"?>
<xsl:stylesheet version="3.0" xmlns:xsl="http://www.w3.org/1999/XSL/Transform"
xmlns:xs="http://www.w3.org/2001/XMLSchema"
xmlns:fn="http://www.w3.org/2005/xpath-functions">
    <xsl:output method="html" version="1.0" encoding="UTF-8" indent="yes"/>
    <xsl:template match="/">
        <html><body>
```

```
        <b> 推薦商品：</b><table border="2" width="100%">
            <xsl:call-template name="show">
                <xsl:with-param name="target" select="/Stock/Product[Price &lt; 100000]" />
            </xsl:call-template>
        </table>
        <b> 發燒商品：</b><table border="2" width="100%">
            <xsl:call-template name="show">
                <xsl:with-param name="target" select="/Stock/Product[Price &gt; 100000]" />
            </xsl:call-template>
        </table>
        <b> 促銷商品：</b><table border="2" width="100%">
            <xsl:call-template name="show">
                <xsl:with-param name="target" select="/Stock/Product[@promote='Y']" />
            </xsl:call-template>
        </table>
        </body></html>
    </xsl:template>
<!-- 呼叫執行的樣板 -->
    <xsl:template name="show">
        <xsl:param name="target" select="/Stock/Product" />
        <xsl:for-each select="$target">
            <tr>
            <td><xsl:value-of select="Title"/></td>
            <td><xsl:value-of select="Brand"/></td>
            <td><xsl:value-of select="Description"/></td>
            <td><xsl:value-of select="Price"/></td>
            </tr>
        </xsl:for-each>
    </xsl:template>
</xsl:stylesheet>
```

轉換 Stock.xml 檔案輸出的結果，顯示如圖 9-10 所示：

圖 9-10　呼叫執行樣板的輸出結果

如果對於被呼叫的 xsl:template 樣板元素，容易與一般的樣板元素混淆，有一個簡單的區別方式：如果該樣板使用的是 match 屬性，表示是處理指定節點的樣板；若是使用 name 屬性，就表示這一個樣板是提供 xsl:call-template 呼叫執行的函數樣板。

## 第六節　函數

XPath 所有的函數都可以在 XSLT 中使用，除此之外，XSLT 還增加了一些專有的函數，以方便 XSLT 轉換的處理：

### 1. current( ) 函數

current() 函數回傳僅包含當前節點的節點集，通常等於當前節點「.」。例如：

```
<xsl:value-of select="current()"/>
```

等於

```
<xsl:value-of select="."/>
```

## 2. document( ) 函數

document( ) 函數用於取得外部 XML 文件檔案內的節點。使用該函數的一種目的是在一個外部 XML 文件檔案內查找資料。例如有一份訂單清單的 XML 文件內容：

**XML 文件檔名：PurchaseOrder.xml**

```
<?xml version="1.0" encoding="UTF-8"?>
<?xml-stylesheet type="text/xsl" href="OrderDocument.xslt"?>
<PurchaseOrder>
    <Title> 訂單資料 </Title>
    <po filename="PO123.xml"/>
    <po filename="PO124.xml"/>
    <po filename="PO125.xml"/>
    <po filename="PO126.xml"/>
</PurchaseOrder>
```

如果在資料輸出時，需要顯示出訂單的詳細內容，XSLT 樣式便可以使用 document( ) 函數設計成下列 XSLT 的內容：

**XSLT 樣式檔名：OrderDocument.xml**

```
<?xml version="1.0" encoding="UTF-8"?>
<xsl:stylesheet version="3.0" xmlns:xsl="http://www.w3.org/1999/XSL/Transform"
xmlns:xs="http://www.w3.org/2001/XMLSchema"
xmlns:fn="http://www.w3.org/2005/xpath-functions">
    <xsl:output method="text" version="1.0" encoding="UTF-8" indent="yes"/>
    <xsl:template match ="PurchaseOrder">
        <xsl:for-each select ="po">
```

```
            <xsl:apply-templates select ="document(@filename)"/>
        </xsl:for-each>
    </xsl:template>
</xsl:stylesheet>
```

轉換的結果，便會將 PO123.xml、PO124.xml…等各個 XML 文件內容併入輸出。

### 3. format-number( ) 函數

format-number( ) 函數用於將數字轉換成文字型態的數字字串。此函數語法的格式為：

**format-number(number,format,[decimalformat])**

其中，number 表示要格式化的數字；format 表示轉換的格式，格式的符號表列如表 9-3 所示：

表 9-3　format-number( ) 函數的格式符號一覽表

| 符號 | 作用 |
|---|---|
| # | 表示數字位元數。例如：#### |
| 0 | 表示「.」字元前面和後面的零。例如：0000.00 |
| . | 小數點的位置。例如：###.## |
| , | 千位分隔符號。例如：###,###.## |
| % | 把數字顯示為百分比。例如：##% |
| ; | 格式分隔符號。第一個格式用於正數，第二個格式用於負數 |

docimalformat 表示十進位格式名稱，若非必要時可以省略。參考下列範例，使用 format-number() 函數將計算 Stock.xml 文件中各項商品價格的平均值取整數後顯示的結果：

**XSLT 樣式檔名：AveragePrice.xslt**

```
<?xml version="1.0" encoding="UTF-8"?>
<xsl:stylesheet version="2.0" xmlns:xsl="http://www.w3.org/1999/XSL/Transform">
	<xsl:output method="html" version="1.0" encoding="UTF-8" indent="yes"/>
	<xsl:template match="/">
		<html>
			<head>

			</head>
			<body>
				<h4> 商品平均價格 </h4><hr/>
				<xsl:call-template name="averageTemplate"/>
			</body>
		</html>
	</xsl:template>

	<xsl:template name="averageTemplate">
		平均價格：
		<xsl:value-of select="format-number(sum(/Stock/Product/Price) div
count(/Stock/Product/Price),'0.00')"/><br/>
	</xsl:template>
</xsl:stylesheet>
```

價格平均數的計算首先使用 sum() 函數將文件中 /Stock/Product/Price 元素的內容加總，再使用 div 除以使用 count() 函數計算 /Stock/Product/Price 元素的數量，就可以得到平均數。最後經過 format-number() 函數將計算結果格式化小數兩位數輸出，並呈現如圖 9-11 的呈現結果：

```
<html>
    <head>
        <meta http-equiv="Content-Type" content="text/html; charset=UTF-8">
    </head>
    <body>
        <h4> 商品平均價格 </h4>
        <hr>
        平均價格：
        160333.33<br></body>
</html>
```

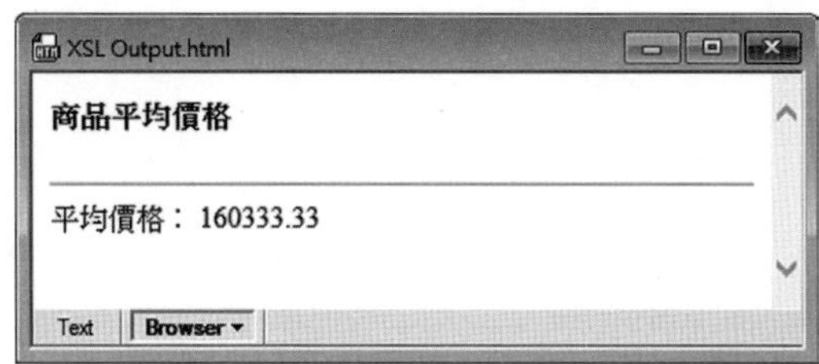


圖 9-11　使用 format-number() 函數範例執行結果

## 4. generate-id( ) 函數

generated-id( ) 函數是用來在結果樹的內容產生 ID 屬性的節點。

## 5. key( ) 函數

key( ) 函數與 xsl:key 元素搭配使用，提供 XML 文件內容的索引機制。

# 第十章　XLink, XPointer

## 第一節　XLink

### 一、簡介

#### 1. 背景

XLink（XML Linking Language）是 XML 的鏈結語言，是為了提高和改善 XML 文件的超連結能力而設計出的延伸技術規範。XLink 能提供在多個 XML 文件（document）或資源（resource）之間建立鏈結關係。其功能就像是 HTML 文件內的 <A> 標籤，或者嵌入圖片檔的 <IMG> 標籤。不過 HTML 的超連結是單向，而 XLink 則可以在多個資源之間建立連結。

【說明】

> 「鏈結」表示著資源的引用，是HTML稱之為超連結（Hypter-link）的主要功能。
>
> (1) HTML的<A>標籤的href屬性所建立的鏈結，提供了選擇或以滑鼠點擊時，便可鏈結至 <A> 標籤的 href 屬性所指定 URL 位置的超連結功能。
>
> (2) HTML 的 <IMG> 標籤的 src 屬性建立的鏈結，則是將 HTML 文件以外的圖檔，透過鏈結嵌入現有 HTML 文件呈現的功能。

最初 XLink 原稱為 XML Part2，後來更名為 XLink，並在 1999 年 12 月 20 日公布工作草案（working draft），邀請許多社群參與研擬的工作，直到 2005 年 1 月 27 日發布第 1 版，之後再於 2010 年 5 月 6 日公布第 1.1 版，也是至今最新的版本。不過要了解的是 XML 的鏈結功能，包括 XLink 和 XPointer 均是針對 XML 應用而發展，並非針對瀏覽器。目前瀏覽器只支援部分 XLink 的功能，主要是支援 SVG 和 MathML 檔案內使用的 XLink，所以 XML 內使用 XLink 和 XPointer 在現今的瀏覽器上並不能直接呈現出其鏈結的特性。

總結一下關於 XLink 的介紹：

(1) XLink 是通過 W3C 建議專屬於 XML 所制定的標準；

(2) XLink 用於建立 XML 文件的超連結；

(3) XLink 類似於 HTML 的超連結，但比 HTML 超連結功能更強；

(4) XML 文件內任何元素都可以設定爲超連結；

(5) 透過 XLink，鏈結可以宣告爲外部的文件。

## 2. XLink 語法

XML 文件並沒有固定標籤來定義 XLink，也就是說，任何 XML 元素都可以擁有 XLink 的行爲。參考下列 XML 文件，在一個 <dept> 元素內宣告使用 XLink 來建立鏈結的一個簡單的範例：

**XML 檔案名稱：dept.xml**

```
<?xml version="1.0" encoding="utf-8" ?>
<dept xmlns:xlink="http://www.w3.org/1999/xlink">
    <teacher xlink:type="simple"
        xlink:href=" http://ics.wp.shu.edu.tw/category/ic-teachers/
        xlink:role=" 系所專任授課老師的學經歷與專業領域的介紹 "
        xlink:title=" 專任師資 "
        xlink:show="new"
        xlink:actuate="onRequest"> 老師介紹
    </teacher>
</dept>
```

【說明】

> 如果範例在瀏覽器上顯示的鏈結不能點擊，表示你使用的瀏覽器不支援XLink，基本上現今的瀏覽器都沒有支援 XLink。

XML 文件內使用 XLink 宣告的步驟如下：

### 1. 宣告 XLink 的名稱空間

XML 文件內使用 XLink 的元素，必須指定 XLink 的名稱空間，如範例使用：「xmlns:xlink=http://www.w3.org/1999/xlink」指定 XLink 的名稱空間。

【說明】

> 使用名稱空間的主要目的是解決 XML 元素或屬性名稱的衝突問題，例如此範例的 teacher 元素如果也具有自訂的 type 屬性，爲了讓處理 XML 文件的軟體知道這一個 type 屬性是 W3C 爲 XLink 規範的屬性？還是使用者自訂的屬性？所以當宣告了名稱空間，標示爲 xlink:type 就會知道是 W3C 爲 XLink 規範的屬性。

### 2. 在 XML 文件內的元素加入 XLink 屬性

XLink 屬性是指定在元素的起始標籤內，如範例使用的 XLink 屬性：xlink:type 屬性表示 XLink 的鏈結類型；xlink:href 屬性指定鏈結的 URI；xlink:role 屬性和 xlink:title 屬性均是用來描述資源的相關資訊，xlink:title 使用簡短的字詞表達，xlink:role 則是使用較長的描述來表達資源；xlink:show 屬性定義顯示目標的方式，例如範例指定 new 表示在新視窗顯示鏈結的內容；xlink:actuate 則是定義觸發鏈結的時機。

## 二、XLink 屬性

XLink 是基於屬性的語法，也就是透過屬性的指定而實現鏈結的作用。每個元素必須具有一個 xlink:type 屬性，指出鏈結類型，以及 xlink:href 屬性指向所鏈結資源的 URI。包含這兩個必要屬性之外，XLink 各屬性的定義說明如下：

### 1. type 屬性

type 屬性用於指定鏈結的類型共有六種，分別是：simple、extended、arc、locator、title、resource。這些屬性值之中 simple 與 extended 表示鏈結的類型是簡單還是延伸（請參見第 259 頁「三、鏈結類型」的介紹）；其餘四種則是用於定義鏈結中導航和參與的方式，用於延伸鏈結元素的子元素屬性指定。

### 2. show 屬性

show 屬性用於 type 屬性值爲 simple 和 arc 兩種類型，提供處理的軟體在啓動鏈結時應該做什麼，包括下列五種屬性值：

- embed：在當前鏈結元素的位置嵌入內容。
- new：在新視窗中顯示鏈結的內容。
- none：無動作。
- other：沒有規定鏈結的動作，由文件中提供如何顯示的附加資訊，也就是鏈結被觸發時，其顯示方式由鏈結的文件決定。
- replace：在當前視窗顯示鏈結內容。

### 3. href 屬性

href 屬性指示目標資源的 URL。

## 4. actuate 屬性

actuate 屬性指示處理的軟體何時顯示鏈結，也就是如何觸發 XLink，用於 type 屬性值指定爲 simple 和 arc 類型。其屬性值可以有下列四種：

- onLoad：當文件（或稱資源）載入時直接觸發該鏈結。通常適用於 show 屬性值爲 embed 時，或是將 actuate 屬性值設定爲 onLoad 時，尤其是初始載入的文件內容不完整，需要同步將相關鏈結的內容一併載入呈現的情況。
- onRequest，當使用者提出請求時才顯示。表示載入 XML 文件後，鏈結是在使用者的動作下才發被觸發。最常使用的動作就是以滑鼠點擊鏈結點，或者是在應用程式中執行的指令。
- other：沒有規定鏈結的行爲，由文件中另外提供觸發鏈結的相關資訊，而不是由 XLink。
- none：沒有規定鏈結的行爲，文件中也不提供觸發鏈結的相關資訊。

## 5. role 屬性

可以使用在 type 屬性值爲 simple、extended、locator 和 resource 這四種類型時，用來提供鏈結的文字描述，而此描述是用於鏈節時對應來源與目標資源的名稱。

## 6. title 屬性

title 屬性和 role 屬性都是用來描述遠端資源的資訊，除了 type 屬性值爲 title 之外的其他所有類型均可使用，和 role 屬性一樣，都用來提供鏈結的文字描述。一般而言，xlink:title 用來提供人類可讀的資訊，使用簡短的字詞表達；xlink:role 則是作爲鏈結的目錄指引，通常用來表達較長的描述。

### 7. label 屬性

label 屬性用來提供人類可讀的資訊。

### 8. arcrole 屬性

arcrole 屬性用於 Xlink 的弧（arc）元素。弧是包含多個資源和各種尋訪路徑（traversal path）的鏈結集合（請參見第 262 頁「延伸鏈結」的介紹）。每個 XLink 可以是各種弧的成員，並且每個弧可以具有不同的角色。例如一個「城市」在一個弧可以是一個「首都」，但在另一個弧可以是「旅遊點」

### 9. from 屬性

此屬性是使用在弧（arc）類型時，標示起始的資源或是弧的資源。因此，在具有相同的鏈結元素中必須至少存在一個具有相同值的資源。

### 10. to 屬性

類似 from 屬性，用於標示結束的資源。

表 10-1　XLink 元素可使用之屬性清單

| | simple | extended | locator | arc | resource | title |
|---|---|---|---|---|---|---|
| actuate | O | N/A | N/A | O | N/A | N/A |
| arcrole | O | N/A | N/A | O | N/A | N/A |
| from | N/A | N/A | N/A | O | N/A | N/A |
| href | O | N/A | R | N/A | N/A | N/A |
| label | N/A | N/A | O | N/A | O | N/A |
| role | O | O | O | O | O | N/A |
| show | O | N/A | N/A | O | N/A | N/A |

| | simple | extended | locator | arc | resource | title |
|---|---|---|---|---|---|---|
| title | O | O | O | O | N/A | N/A |
| to | N/A | N/A | N/A | O | N/A | N/A |
| type | R | R | R | R | R | R |

註：R 表示必備的（Required），O 表示可選擇的（Optional），N/A 表示不適用（Not Applicable）

## 三、鏈結類型

鏈結是 HTML 網頁最常使用的標籤，透過 <a> 標籤的使用，可以從一份文件（或稱資源）鏈結到另一個文件（資源）。此外，<img> 標籤與 <object> 標籤也可以將圖形等物件直接嵌入到網頁內。例如下列 HTML 使用 <a> 標籤的元素，定義一個鏈結 Google 搜尋的首頁：

```
<a href="https://www.google.com.tw/">Google 搜尋 </a>
```

雖然使用 HTML 的超連結可以鏈結到文件檔案的某一位置，或從一個檔案鏈結到另一個檔案，但 HTML 的超連結只提供單向鏈結，且只能鏈結單一檔案。XLink 所定義的鏈結可以是單向的，如何 HTML 中的 <a> 元素就是單向鏈結的方式，提供從 A 鏈結到 B 的功能；不僅如此，XLink 也可以是雙向的鏈結方式，將資源檔與目標檔雙方都相互鏈結起來，也就是能夠從 A 鏈結到 B，也可以從 B 鏈結到 A。

XLink 實現單向或多個鏈結，具體可以將其分爲簡單鏈結（simple links）與延伸鏈結（extended links）。這兩種鏈結是依據 type 屬性指定的值而定，也就是當 type 屬性指定爲 simple 表示爲簡單鏈結，若指定爲 extended 即表示爲延伸鏈結。

### 1. Simple links (簡單鏈結)

XLink 可以使用各種方式連接資源，最基本的方式就是簡單鏈結。簡單鏈結的目的就是要達到和 HTML 鏈結相同的功能，它的特點就是只有一個鏈結位址（locator）。如圖 10-1 所示，簡單鏈結是在 XML 文件內的鏈結元素與目標資源之間建立鏈結，也就是透過鏈結將兩個資源串聯起來，一個是來源（source）資源；被鏈結的則是目標（target）資源。而資源的鏈結方式可以是一個爲本地資源，一個爲遠端的資源；也可以是在同一個資源內從某一段落鏈結到另一段落。

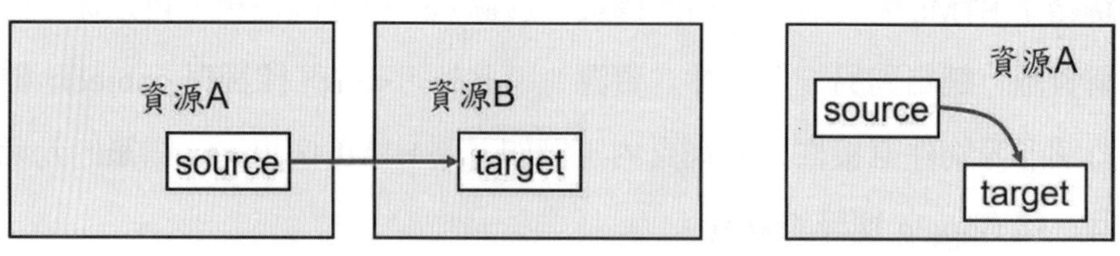


圖 10-1　簡單鏈結的兩種資源鏈結方式

參考下列範例所示的 book.xml 文件，該文件內定義了一個簡單鏈結：

**XML 文件檔名：book.xml**

```
<?xml version="1.0" encoding="UTF-8"?>
<bookstore xmlns:xlink="http://www.w3.org/1999/xlink">
    <book>
        <title> 資料庫系統 </title>
        <picture
            xlink:type="simple"
            xlink:href="http://www.wunan.com.tw/images/pic/5R21.GIF"
            xlink:show="new">
            圖書封面
        </picture>
    </book>
</bookstore>
```

此範例中，於第2行根元素宣告XLink的名稱空間：http://www.w3.org/1999/xlink，並指定字首名稱為 xlink。表示此文件有使用 W3C 定義的 XLink 元素或屬性。第 6 行 xlink:type 屬性的值為 "simple"，指定使用簡單型態的 XLink，表示建立一個和 HTML 相同的超連結。第 7 行 xlink:href 屬性的值指向要鏈結的 URL。xlink:show 屬性指定在新視窗中顯示鏈結的內容。

使用者在建立簡單鏈結時，可以在 XML 文件內加入 XLink 簡單鏈結的資料型別定義（DTD）：

**XML 文件檔名：bookSimple.xml**

```
<?xml version="1.0" encoding="UTF-8"?>
<!DOCTYPE Data[
    <!ELEMENT Data (Simple)>
    <!ELEMENT Simple (#PCDATA)>
    <!ATTLIST Simple
        xmlns:xlink CDATA #FIXED "http://www.w3.org/1999/xlink"
        xlink:type CDATA #FIXED "simple"
        xlink:href CDATA #REQUIRED
        xlink:role CDATA #IMPLIED
        xlink:arcrole CDATA #IMPLIED
        xlink:title CDATA #IMPLIED
        xlink:show (new|replace|embed|other|none) #IMPLIED
        xlink:actuate (onLoad|onRequest|other|none) #IMPLIED
    >

]>
<Data>
    <Simple xmlns:xlink="http://www.w3.org/1999/xlink"
        xlink:href="http://www.wunan.com.tw/bookdetail.asp?no=12173">
        指向圖書資料的簡單鏈結
    </Simple>
</Data>
```

## 2. Extended links（延伸鏈結）

延伸鏈結可以在多個資源之間建立連結。延伸鏈結的 type 屬性，定義了 title、locator、resource、arc 四種類型的屬性值，也可以是這四種類型的任意組合。一個延伸鏈結可以包含多個鏈結類型，使用時必須加上 XLink 名稱空間的字首，以表示是 W3C 所定義的 XLink 元素或屬性。

### 1. title

title 在延伸鏈結的作用等於標題，主要目的是用來描述鏈結。因爲延伸鏈結能夠提供一對多的連結關係，所以也可以使用多個 <title> 元素來描述同一鏈結但不同關聯的鏈結選單。另外也可以配合 xml:lang 屬性，提供鏈結的不同語文的顯示內容。例如針對先前示範圖書資料鏈結的 XML 文件，其 <book> 元素如果要增加 title 與指定語文類型的 DTD 宣告範例：

```
<!ATTLIST book
    xlink:type CDATA #FIXED "title"
    xml:lang CDATA #IMPLIED>
```

### 2. locator

locator 是在延伸鏈結中用來指定遠端的資源，當 type 屬性指定爲 locator 時，可以使用 href、role、title 和 label 這四個 XLink 的屬性。例如下列宣告的 DTD 範例：

```
<!ELEMENT Book (#PCDATA)>
<!ATTLIST Book
    xmlns:xlink CDATA #FIXED "http://www.w3.org/1999/xlink"
    xlink:type CDATA #FIXED "locator"
    xlink:href CDATA #REQUIRED
```

```
    xlink:role CDATA #IMPLIED
    xlink:title CDATA #IMPLIED
    xlink:label NMTOKEN #IMPLIED
>
```

依據這一個 DTD 的宣告範例，其編輯的 XML 文件內容可以示範如下：

```
<Book xmlns:xlink="http://www.w3.org/1999/xlink"
    xlink:type="locator"
    xlink:href="http://www.wunan.com.tw/bookdetail.asp?no=12173"
    xlink:role="http://www.wunan.com.tw"
    xlink:title=" 指向圖書資料的延伸鏈結 "
    xlink:label=" 五南文化事業 "
/>
```

### 3. resource

resource 用於鏈結本地端資源（local resource）的目標。當 type 屬性指定 resource 定義本地端資源時，可以使用 href、role、title 和 label 四個 XLink 的屬性。參考下列 DTD 宣告的示範：

```
<!ATTLIST Reference
    xmlns:xlink CDATA #FIXED "http://www.w3.org/1999/xlink"
    xlink:type CDATA #FIXED "resource"
    xlink:href CDATA #REQUIRED
    xlink:role CDATA #IMPLIED
    xlink:title CDATA #IMPLIED
    xlink:label NMTOKEN #IMPLIED
>
```

在 DTD 宣告中，定義 <Reference> 元素的鏈結型態爲 resoruce 類型，表示該鏈結從本地端資源取得目標檔。依據此 DTD 的宣告，建立的文件內容可以示範如下：

```
<Reference xmlns:xlink="http://www.w3.org/1999/xlink"
    xlink:type="resource"
    xlink:href="book.xml"
    xlink:title=" 指向本地端檔的延伸鏈結 "
>
    參考資訊
</Reference>
```

### 4. arc

如果是簡單鏈結時，只需依據 xlink:href 屬性提供單向的鏈結。當使用延伸鏈結時，資源之間就有可能會有許多可能的路徑。arc 中文譯爲「弧」，資源之間所有可能的路徑就稱爲弧。當一個元素內使用 xlink:type 屬性並指定爲 "arc" 時，該元素便是一個弧元素。弧元素使用 xlink:from 和 xlink:to 屬性指定尋訪的（traversal）路徑。xlink:from 標示弧來自於那些資源；xlink:to 屬性則是表示要去哪個資源。要注意的是：xlink:from 和 xlink:to 的屬性值對應至來源與目標資源的 xlink:role 屬性值。

參考下列範例的內容，有兩份文件：City.xml 記錄臺灣六都的基本資料；CityLink.xml 文件內使用弧鏈結：將外部文件（City.xml）的臺北、臺中、高雄三都相互鏈結的宣告示範：

**XML 文件檔名：City.xml**

```
<?xml version="1.0" encoding ="UTF-8"?>
<cities>
    <city>
```

```
        <name> 臺北市 </name>
        <population units="people">267.4 萬 </population><!--2018 人口調查 -->
        <cityHall> 臺北市信義區市府路 1 號 </cityHall>
        <bird> 藍鵲 </bird>
        <flower> 杜鵑花 </flower>
        <area units="square km">271.8 </area>
    </city>
    <city>
        <name> 新北市 </name>
        <population units="people">397.2 萬 </population>
        <cityHall> 新北市板橋區中山路 1 段 161 號 </cityHall>
        <bird> 鷺鷥 </bird>
        <flower> 茶花 </flower>
        <area units="square km">2053</area>
    </city>
    <city>
        <name> 桃園市 </name>
        <population units="people">211.7 萬 </population>
        <cityHall> 桃園市桃園區縣府路 1 號 </cityHall>
        <bird> 藍鵲 </bird>
        <flower> 桃花 </flower>
        <area units="square km">1221 平方公里 </area>
    </city>
    <city>
        <name> 臺中市 </name>
        <population units="people">279.7 萬 </population>
        <cityHall> 臺中市西屯區臺灣大道三段 99 號 </cityHall>
    <bird> 白耳畫眉 </bird>
        <flower> 山櫻花 </flower>
        <area units="square km">2215 平方公里 </area>
    </city>
    <city>
        <name> 臺南市 </name>
        <population units="people">188.5 萬 </population>
        <cityHall> 臺南市安平區永華路二段 6 號 </cityHall>
        <bird> 水雉 </bird>
        <flower> 蝴蝶蘭 </flower>
        <area units="square km">2192 平方公里 </area>
```

```
    </city>
    <city>
        <name> 高雄市 </name>
        <population units="people">277.3 萬 </population>
        <cityHall> 高雄市苓雅區四維三路 2 號 </cityHall>
        <bird> 綠繡眼 </bird>
        <flower> 木棉花 </flower>
        <flower> 朱槿 </flower>
        <area units="square km">2952 平方公里 </area>
    </city>
</cities>
```

**XML 文件檔名：CityLink.xml**

```
<?xml version="1.0" encoding="UTF-8"?>
<document>
    <link xmlns:xlink="http://www.w3.org/1999/xlink"
            xlink:type="extended" xlink:title=" 縣市資料 ">
        <title xlink:type="resource" xlink:role="Title">
            北中南三都市資料
        </title>
        <date xlink:type="resource" xlink:role=" 日期 ">
            Feb 1, 2019
        </date>
        <city xmlns:xlink = "http://www.w3.org/1999/xlink"
            xlink:type = "locator"
            xlink:show = "embed"
            xlink:href = "City.xml#xpointer(/descendant::city[position() = 1]"
            xlink:title=" 臺北市 "
            xlink:role=" 臺北市 ">
            北部城市
        </city>
        <city xmlns:xlink = "http://www.w3.org/1999/xlink"
            xlink:type = "locator"
            xlink:show = "embed"
            xlink:href = "City.xml#xpointer(/descendant::city[position() = 4]"
            xlink:title=" 臺中市 "
            xlink:role=" 臺中市 ">
```

```
            中部城市
        </city>
        <city xmlns:xlink = "http://www.w3.org/1999/xlink"
            xlink:type = "locator"
            xlink:show = "embed"
            xlink:href = "City.xml#xpointer(/descendant::city[position() = 6]"
            xlink:title=" 高雄市 "
            xlink:role=" 高雄市 ">
            南部城市
        </city>
        <arc1
            xlink:type = "arc"
            xlink:from = " 臺北市 "
            xlink:to = " 臺中市 "
            xlink:show="new"
            xlink:actuate="onRequest">
        </arc1>
        <arc2
            xlink:type = "arc"
            xlink:from = " 臺中市 "
            xlink:to = " 高雄市 "
            xlink:show="new"
            xlink:actuate="onRequest">
        </arc2>
        <arc3
            xlink:type = "arc"
            xlink:from = " 高雄市 "
            xlink:to = " 臺北市 "
            xlink:show="new"
            xlink:actuate="onRequest">
        </arc3>
    </link>
</document>
```

# 第二節 XPointer

## 一、簡介

### 1. 背景

XPointer 是 XML 指標語言，它定義了 XML 文件檔案內容每個單獨部分的定址模式，可以用來定位 XML 文件中指定位置的內容片段。XPointer 使用了 XPath 的許多概念、規則以及語法，所以可以視爲 XPath 的延伸。與 XLink 比較，XLink 是用來鏈結到一份特定的檔案，XPointer 則可以用來連結到一份檔案內部的指定位置，而且這種使用需求在 XML 其他延伸的技術也越來越常用到，例如 SMIL2.0 與 SVG 都支援 XPointer 某些功能的使用。

最初制定的 XPointer 規範，不僅太過於複雜，在 W3C 也有一些爭議，因此後來刪改了一些部分，以及分成幾部分以便於實施，並於 2001 年 9 月 11 日發表 XPointer1.0，成爲 W3C 的建議規格，這部分的故事可以參考 W3C 網頁（網址：https://www.w3.org/XML/2002/10/LinkingImplementations.html）有關 W3C 對於 XPointer 發展過程的一些介紹。

由於 XPointer 的功能是作爲檔案內部的定位，雖然理論上可以使用在需要定位的任何地方，不過 XPointer 最主要還是用來描述 XLink 鏈結的目標資源。此外，和 XLink 的情況一樣，至今仍舊很少有軟體支援 XPointer，在上述 W3C 的網頁內也有提供如表 10-2 所列支援 XPointer 的軟體清單與支援的程度。

表 10-2 支援 XPointer 的軟體清單

| 功能<br>軟體名稱 | 無修飾名稱（bare names） | 子元素序列（child sequences） | id()函數 | 完整XPath | range-to()函數 | string-range()函數 | 名稱空間 | API | GUI | 多個不連續範圍 |
|---|---|---|---|---|---|---|---|---|---|---|
| XLlip (Fujitsu) | 是 | 是 | 是 | 是 | 是 | 是 | 是 | 是 | 是 | 是 |
| X2X (Empolis) | 是 | 是 | 是 | 否 | 否 | 部分 | 否 | 否 | N/A | N/A |
| libxml (Gnome) | 是 | 是 | 是 | 是 | 是 | 是 | 是 | 是 | 否 | 非使用者介面 |
| Amaya (W3C) | 是 | 否 | 是 | 否 | 部分 | 部分 | 部分 | 是 | 是 | 否 |
| 4XPointer (Four Throught LLC/Python) | 是 | 是 | 是 | 是 | 否 | 否 | 是 | 是 | 否 | 非使用者介面 |
| XT++(XSLT) (Gavin Nicol) | 否 | 否 | 否 | 否 | 部分 | 是 | 是 | 是 | 否 | 是 |

總結一下關於 XPointer 的介紹：

(1) XPointer 是通過 W3C 建議專屬於 XML 所制定用於文件內定位的標準；

(2) XLink 鏈結整個資源，而 XPointer 是鏈結資源的特定位置；

(3) XPointer 使用 XPath 作爲 XML 文件內導航的語法；

(4) XML 文件內任何元素都可以設定爲超連結。

## 2. 語法

XPointer 能夠讓 XLink 連結 XML 文件的指定部分，在 xlink:href 屬性之 URL 使用井字號「#」與之後的描述組成，可以單獨使用也可以與 XPath 一起使用。

HTML 也有類似於 XPointer 的標示方式，可以鏈接到指定名稱的位置。名稱指定的方式可以是使用 <a> 標籤的 name 屬性，或是 <div> 標籤 id 屬性。

例如下列在 Ancher.html 文件內使用 HTML 的 <a> 標籤，指定鏈結 Sample.html 文件內特定段落的範例：

**HTML 文件檔名：Ancher.html**

```
<html>
    <head>
        <meta charset="UTF-8"/>
        <title>HTML Ancher</title>
    </head>
    <body>
        使用 HTML&lt;a&gt; 標籤鏈結至 Sample.html 文件的特定段落
        <a href="Sample.html#section1"> 第一段文章 </a><br/>
        <a href="Sample.html#section2"> 第二段文章 </a>
    </body>
</html>
```

**HTML 文件檔名：Sample.html**

```
<html>
    <head>
        <meta charset="UTF-8"/>
        <title>Linked Document</title>
    </head>
    <body>
        <a name="section1">
            <h5> 第一段文章 </h5><p/>
            <ul>
                <li>XLink 是通過 W3C 建議專屬於 XML 所制定的標準；</li>
                <li>XLink 用於建立 XML 文件的超連結；</li>
                <li>XLink 類似於 HTML 的超連結，但比 HTML 超連結功能更強；</li>
                <li>XML 文件內任何元素都可以設定爲超連結；</li>
                <li> 透過 XLink，鏈結可以宣告爲外部的檔；</li>
            </ul>
        </a>
        <div id="section2" >
            <h5> 第二段文章 </h5><p/>
            <ul>
                <li>XPointer 是通過 W3C 建議用於文件內定位的標準；</li>
                <li>XLink 鏈結整個資源，而 XPointer 是鏈結資源的特定位置；</li>
                <li>XPointer 使用 XPath 作爲 XML 檔內導航的語法；</li>
```

```
                <li>XML 文件內任何元素都可以設定爲超連結。</li>
            </ul>
        </div>
    </body>
</html>
```

Sample.html 檔內分別示範使用 <a> 標籤的 name 屬性，與 <div> 標籤的 id 屬性標示文件段落的名稱，以提供來源網頁（本例的 Ancher.html）指定鏈結，鏈結的效果顯示如圖 10-2 所示。

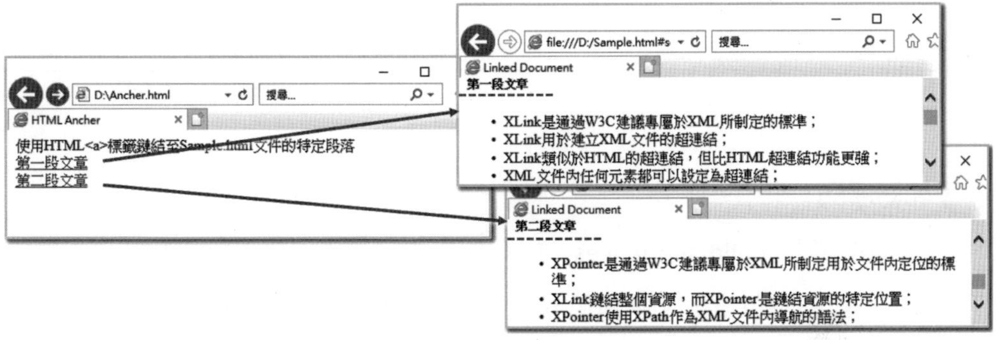


圖 10-2　HTML 鏈結文件特定位置的執行結果範例

XPointer 語言基於 XSLT 中的 XPath，其語法依據不同的形式分成三種：完整形式（full XPointers）、無修飾名稱（Barenames）以及子節點序列（child sequences）三種形式（forms），以定位 XML 文件內容的特定段落：

### 1. 無修飾名稱

無修飾名稱（bare names）是 XPointer 最簡單的形式。在 XPointer 完整形式的表示式中，使用 id( ) 函數定位時，提供了一種簡寫的形式，可以直接將完整形

式的 #pointer(id(name) ) 簡寫成只用元素名稱表示，這種簡寫的形式就稱為無修飾名稱。無修飾名稱只有一個名稱，表示文件中 ID 等於指定名稱的元素，如此可以達到與 HTML 相容的方式來定位文件的段落。例如一個使用無修飾名稱標示 URI 為「http://www.w3.orgTR#xptr」，可以被解譯為指向一個具有 ID 屬性值是「xptr」的元素。參考下列使用無修飾名稱使用示範的片段內容：

```
<city xmlns:xlink="http://www.w3.org/1999/xlink"
    xlink:type="simple"
    xlink:show="new"
    xlink:href="http://newsmeta.shu.edut.w/City.xml#cities">
    城市資訊
</city>
```

## 2. 子節點序列

子節點序列（child sequences）的定位方式，是透過檔案的樹狀結構逐層對元素進行導航的定位方式。它類似於 XPath，一樣使用位置路徑標記法，不過有較多的限制，只能選擇元素並僅能使用路徑的軸（參見第八章第二節「路徑表示式」有關軸的介紹）。子節點序列的語法是由名稱、一系列數字和斜線「/」組成。

如果我們將先前示範無修飾名稱同一個元素 URL 的「http://www.w3.org/TR/#xptr」，以子節點序列形式表示，其 URL 可以會是「http://www.w3.org/TR/#/1/2/17/15/1/1/1」（這個範例只是假設的一個結構），表示：

- 選擇檔案的第 1 個項目，也就是 <html> 元素；
- 選擇 <html> 元素的第 2 個子元素，也就是 <body> 元素；
- 選擇 <body> 元素第 17 個子元素，也就是 <dl> 元素；

- 選擇 <dl> 元素的第 15 個子元素，也就是 <dt> 元素；
- 選擇 <dt> 元素的第 1 個子元素，也就是 <b> 元素；
- 選擇 <b> 元素的第 1 個子元素，也就是 <i> 元素；
- 選擇 <i> 元素的第 1 個子元素，也就是 <a> 元素。

最後定位到的 <a> 元素的 ID 屬性值爲 xptr，也就是和無修飾名稱形式示範之 URL 定位到的同一個元素。由這個範例可以看出，子節點序列具有嚴重的缺點，因爲它對文件檔案內容的修改非常敏感。由於修改可能涉及新增或刪除我們想要選擇元素之前的元素，因此剛剛示範的 URL 在 W3C 的網頁被修改之後，因爲節點之間的層級已經不同，所以結果就一定不正確。

由於子節點序列容易使用但也易於失效的特性，因此有第二種子節點序列的使用方式：由 ID 標識的元素作爲起點，而不是使用文件的根節點。在這種方式，XPointer 先以一個無修飾名稱開始，然後繼續子節點序列，從具有給定 ID 的元素開始導航檔案的樹狀結構。所以先前範例的 URL 可以改成：「http://www.w3.org/TR/#last-call-list/15/1/1/1」，

如果 W3C 使用元素先定位在 ID 屬性值爲「last-call-list」的元素，再依據子節點序列往下導覽，這個 XPointer 就能得到正確結果。這樣結合無修飾名稱與子節點序列的形式，使這一個 XPointer 比較能不因文件檔案結構的修改而失效。

### 3. XPointer 完整形式

XPointer 的完整形式（full XPointers）的語法爲：

```
#xpointer（路徑表示式）
```

其中，路徑表示式用於定位的指示，以得到需要的內容片段。所有的定位都

基於一個已知的節點，稱爲上下文節點（context node）。通常已知的上下文節點就是根節點、文件中具有 ID 元素（使用 id( ) 函數）和當前所在的元素（使用 here( ) 函數）。例如下列範例的片段內容：

```
<city xmlns:xlink="http://www.w3.org/1999/xlink"
    xlink:type="simple"
    xlink:show="new"
    xlink:href="http://newsmeta.shu.edut.w/City.xml#xpointer(//child::*[position()=1])">
    城市資訊
</city>
```

由上述範例可知，XPointer 路徑使用的方式和 XPath 相同。位置的路徑是根據位置步（location steps）構建的。每個位置步指定目標文件中的一個節點，而這個節點必須相對於其他明確已知的上下文節點。位置步的語法包含三個部分：軸（axis），節點（node test）和非必須的謂詞：

***軸 :: 結點 [ 謂語 ]***

【說明】

謂語（Predicates，或稱述語），是用來對節點集中的節點進行判斷，以便進行資料篩選的表達式。簡而言之，謂語可以視爲「路徑表示式」，詳細的謂語介紹請回顧第八章第二節 XPath 路徑表示式的內容。

例如位置 child::student[position()=2] 其中 child 是軸，表示「選擇現在節點的所有子節點」；節點是 student 元素，而 [position()=2] 就是謂語。這一個位置表示：從現有節點開始順著該軸往下選擇第二個 student 元素。

參考下列範例：

**XML 文件檔名：course.xml**

```
<?xml version="1.0" encoding="UTF-8"?>
<course>
    <subject no="IC_001" id="db">
        <title> 資料庫系統 </title>
        <picture url="pic1.jpg"/>
        <outline>
        學習資料庫系統之理論、應用技術與資料庫架構之分析方法。
        </outline>
    </subject>
    <subject no="IC_002" id="prog">
        <title> 網頁互動程式 </title>
        <picture url="pic2.jpg"/>
        <outline>
        學習網站互動程式開發及物件導向程式設計之理論與方法。
        </outline>
    </subject>
</course>
```

在 course.xml 文件內，每一科目均指定了 id 屬性，使用 XLink 時可以鏈結到整個文件，但使用 XPointer 則可以僅鏈結指定的部分內容。當需要鏈結到文件的某個特定部分，使用 xlink:href 屬性中 URL 後方使用 XPointer 的完整形式（也就是「#xpointer (*路徑表示式*)」）。例如下列範例，透過 XLink 和 XPointer 來引用原先 course.xml 文件內的每一個 subject 元素的內容：

**XML 文件檔名：courseShow.xml**

```
<?xml version="1.0" encoding="UTF-8"?>
<course xmlns:xlink="http://www.w3.org/1999/xlink">
    <subject xlink:type="simple"
        xlink:href="course.xml#xpointer(id('db'))">
        <description xlink:type="simple" xlink:href="http://mySchool.edu/course/db.gif">
        核心課程
```

```
        </description>
    </subject>
    <subject xlink:type="simple"
        xlink:href="course.xml#xpointer(id('prog'))">
        <description xlink:type="simple" xlink:href="http://mySchool.edu/course/jsp.gif">
        傳播應用
        </description>
    </subject>
</course>
```

### 3. 擴充功能

除了使用與 XPath 相同的路徑表示式。XPointer 還增加了一些功能。

#### (1) 函數（**function**）

XPointer 在原先 XPath 提供的函數（參見第八章，表 8-7 至表 8-10 的說明）之外，另外增加了 8 個函數：

• here() 函數：

取得表示包含這一個 XPointer 的節點。此函數通常使用在 XPointer 被包含在一個合乎文法的 XML 文件或是一個外部剖析的實體時，才能有效地使用。因爲「here」不能同時在兩個地方，所以 here() 函數取得的位置只包含一個結果。一種特殊情況是：當 XPointer 位於某一元素節點的子節點的內文節點內時，該函數會取得所在位置的父元素節點。

例如下列片段的範例，瀏覽一組網頁時，使用 here() 函數來移動下一網頁：

```
<button
    xlink:type="simple"
    xlink:href="#pointer(here()/ancestor::page[1]/following::page[1]">
    下一頁
</button>
```

- origin() 函數：

origin() 函數用於外聯（out-of-line）的鏈結，取得外部資源鏈結當前文件的節點。

- start-point ( *位置列表* ) 和 end-point ( *位置列表* ) 函數

用於取得參數所指定的*位置列表*（location-set）的起始點與結束點。

【說明】

| XPointer 中的範圍（range）是由起始點和結束點所包含的一個連續區塊，可以包括起始點與結束點之間任何的 XML 結構，例如節點、字串、甚至節點的片段。起始點和結束點都是由一個位置路徑來表示。 |
|---|

- range-to() 函數

range-to() 函數取得上下文中每個位置的範圍，其中起始點由 start-point() 函數取得；結束點則是由 end-point() 函數取得。

- range-inside ( *節點* ) 函數

range-inside() 函數用來取得指定節點中每個位置的範圍，也可以取得非範圍內的位置。

- string-range() 函數

用於比對字串的函數。例如下列 XPointer 範例使用此函數來取得有哪些 name 元素內容包含「概論」：

```
xpointer(string-range(//name[contains(., " 概論 ")], " 概論 ")
```

- covering-range ( *位置列表* ) 函數

covering-range 函數取得參數指定的*位置列表*中位置的涵蓋範圍。

### (2) 點（point）

XPointer 除了對節點定位的支援，還支援對點（point）或某一範圍的定位。其中點表示文件內容的某個位置；範圍則是兩點之間連續的文件內容。XPointer 位置路徑根據的位置步（location steps）所取得的是 XML 文件的節點，例如元素節點、內文節點、注釋節點和處理指令節點，都是 XML 結構的資訊。如果需要定位的不是 XML 的結構，而是 XML 結構中的某一個部分，因此 XPointer 提供了「點」的功能，並能使用點進行定位。例如下列片段的 XML 內容：

```
<book category="fiction">
    <title>War and Peace</title>
    <author>Leo Tolstoy</author>
</book>
```

其中 <title> 元素的內容節點，包含了如圖 10-3 所示索引編號由 0 到 12 個點，也就是說第一個點是 W，第二個點是 a。

| 資料 | W | a | r | | a | n | d | | P | e | a | c | e |
|---|---|---|---|---|---|---|---|---|---|---|---|---|---|
| 編號 | 0 | 1 | 2 | 3 | 4 | 5 | 6 | 7 | 8 | 9 | 10 | 11 | 12 |

圖 10-3　<title> 元素內容的點

使用方式是在 XPath 路徑表示式中使用 point 作爲節點，其語法爲：

*XPath 路徑表示式* /point[ position()= *節點索引* ]

參考下列取得第一個 <book> 元素的 category 屬性值中的第一個字元之前的點的 XPointer 範例：

```
xpointer(//book[position () =1]/@category/point[position() = 0]
```

# 第十一章　可縮放向量圖形

本章介紹 XML 在圖形方面應用的標準－可縮放向量圖形（Scalable Vector Graphics，SVG），並藉由免費的開源軟體 d3.js 示範如何使用 JavaScript 程式建構 SVG DOM，繪製向量圖型。

## 第一節　概述

XML 在程式運作、資料傳輸、儲存與呈現資訊等許多領域發揮了非常重要的作用，可以說是現今資訊傳播最核心的關鍵技術。例如：應用在遠端程式呼叫的 Web Services，使用 XML 作爲封裝與服務的主要協定；許多網站後臺儲存與處理的格式，也包括了資訊分享與發布的簡易資訊聚合（Really Simple Syndication，RSS）都是採用 XML；各領域資料處理的規範－後設資料（metadata）更是倚靠 XML 的特性而普及於各行各業，同時越來越多的資料庫系統也開始支援 XML 資料的存取。這些 XML 資料雖然都是以文字爲主，但是透過 XML 表示圖形（如 SVG、SMIL）、語音（如 VoiceXML）等多媒體文件的應用，也逐漸的廣泛普及。

SVG 是 W3C 基於 XML 所制定，用於描述二維向量的圖形格式。SVG 採用 XML 文件格式對圖形相關的元素，例如線、形狀等外觀進行描述，使得圖形可以變形、合併或透過濾鏡改變外觀。而且在改變尺寸的情況下，圖形的呈現也不會失真。

# 第二節　繪製方式

## 一、使用簡介

要使用 SVG 很簡單，一個簡單的 SVG 文件只需包含 <svg> 元素及基本的形狀元素，例如下列範例：

**XML 文件檔名：Circle.xml**

```
<?xml version="1.0" encoding="UTF-8"?>
 <svg xmlns="http://www.w3.org/2000/svg">
     <circle cx="30" cy="30" r="20" fill="blue" />
</svg>
```

以圖形方式檢視 SVG 文件的呈現效果，除了可以在專門的圖形軟體上顯示，例如 Adobe 的 SVG Viewer（下載網址：https://www.adobe.com/devnet/svg/adobe-svg-viewer-download-area.html）、微軟的 SVG Viewer（下載網址：https://www.microsoft.com/zh-tw/p/svg-viewer/9pcq7mbjm6sq?activetab=pivot:overviewtab），或是線上的版本（網址：https://www.rapidtables.com/web/tools/svg-viewer-editor.html）。

現今各瀏覽器也都支援 SVG。所以使用瀏覽器開啓上述範例檔案，就會看到如圖 11-1 所示的一個藍色圓圈的圖形。就是這麼簡單！

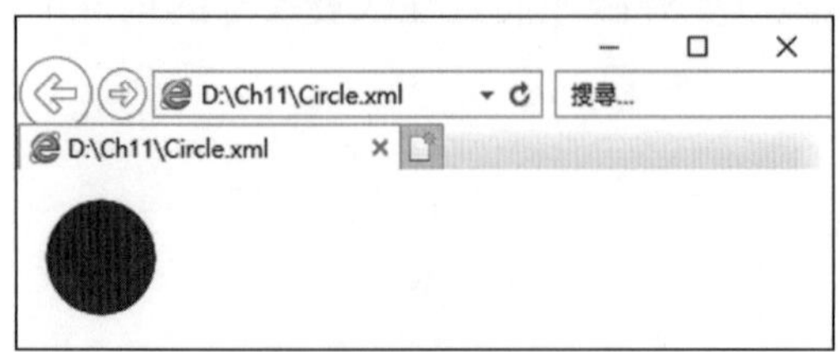


圖 11-1　瀏覽器顯示 SVG 的效果

除了使用 XML 文件的方式使用 <svg> 元素宣告圖形，最常使用 SVG 的方式還是希望能夠在網頁 HTML 文件內顯示圖形。所以也可以將先前的 SVG 宣告直接內嵌在網頁內。如下列範例：

**HTML 文件檔名：Circle.html**

```
<html>
    <head>
        <title>SVG 圖形示範 </title>
    </head>
    <body>
        <svg xmlns="http://www.w3.org/2000/svg">
            <circle cx="30" cy="30" r="20" fill="blue" />
        </svg>
    </body>
</html>
```

使用瀏覽器開啓上述範例的 Circle.html 檔案，顯示結果與圖 11-1 所示的完全相同。

在這一個範例內，除了將原先在 XML 文件內使用的 <svg> 元素直接嵌入在 HTML 文件內，爲了完整表現一份 HTML 文件的內涵，所以增加了元素 <head> 與元素 <body>，以符合 HTML 規範的宣告與內文區域的區隔。此外，範例中元素 <circle> 的 cx 屬性表示橫向（x 軸）座標、cy 表示縱向（y 軸）座標、r 表示圓圈半徑，數字均省略了長度單位，預設爲 px（像素，pixel），也可以指定爲其他長度的單位，例如 cm（公分）、em（相對內文的長度）、ex（相對內文 x 的高度）、in（英寸）、pc（pica 的絕對長度）、pt（點的絕對長度）等。

## 二、畫布

在繪製圖形時，可以想像電腦畫面就像是一個畫布（canvas），因此 SVG canvas 就表示是一個空間或區域，SVG 會在這一層畫下圖案、內容的區域。原則上 SVG canvas 的 x 軸與 y 軸都是無限長的。且因爲電腦螢幕顯示的方式是由上往下、由左往右掃描，所以畫布在電腦上的座標與數學座標不同，如圖 11-2 所示，在 SVG 座標中，左上角代表原點（0,0），增加 x 軸表示向右移動，增加 y 軸表示向下移動座標，也就是 x 軸右側爲正向；y 軸下方爲正向。

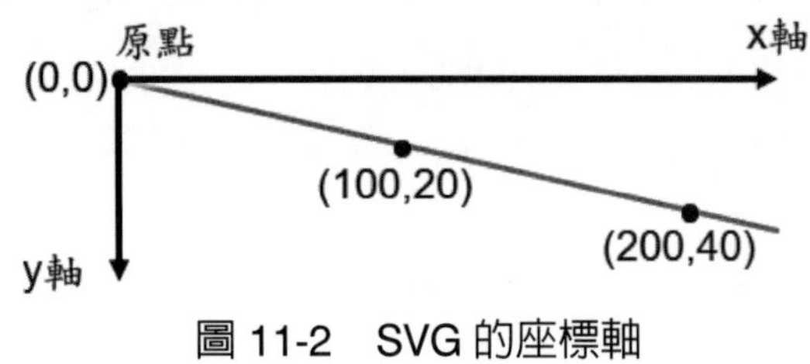


圖 11-2　SVG 的座標軸

SVG canvas 可以是任何尺寸。然而螢幕本身並非是無限長，所以 SVG canvas 的輸出是必須對應有限尺寸的，否則 SVG 的內容只要超過可視區域（viewport）的邊界就會被裁切而隱藏起來。

【說明】

| 爲了方便呈現顯示的效果，以及呼應 SVG 使用於網頁展現圖形的效果，本章的範例均以 HTML 呈現於瀏覽器的方式爲主。 |
| --- |

# 第三節　SVG 基本形狀

SVG 提供了一組如表 11-1 所列，用於描述圖形形狀的基本元素：

表 11-1　SVG 圖形形狀元素

| 圖形元素 | 繪製的圖形形狀 |
|---|---|
| rect | 矩形 |
| circle | 圓形 |
| ellipse | 橢圓形 |
| line | 線條 |
| polyline | 折線，用於繪製多點線段。 |
| polygon | 多邊形，用來繪製不少於 3 個邊的圖形，使用方式和 polyline 完全相同。 |
| path | 路徑（手工繪製）。 |

### 1. 矩形：rect 元素

參考下列使用 rect 元素的範例內容：

```
<svg>
    <rect width="100" height="50" fill="blue" />
</svg>
```

使用瀏覽器開啓上述範例檔案（檔名：Rect.html），就會看到如圖 11-3 所示的一個藍色矩形。元素 <rect> 使用的屬性 width 爲矩形寬度；height 爲矩形高度；fill 爲矩形主體顏色。此外，還可使用 stroke 指定矩形外框的顏色；stoke-width 指定外框的厚度。單位未指定時，預設均爲 pt。

圖 11-3　瀏覽器顯示 SVG 矩形的效果

例如上述範例增加指定外框顏色爲紅色且厚度爲 3pt 的矩形，則元素 <rect> 可以撰寫成：

```
<rect width="100" height="50" fill="blue" stroke="red" stoke-width="3" />
```

此外，顏色的指定除了使用「顏色名稱」，如需使用 RGB 指定，可以將上述範例修改爲下列宣告方式：

```
<rect width="100" height="50" fill="rgb(0,0,255)" stroke="rgb(255,0,0)" stoke-width="3" />
```

或是使用 style 屬性用於定義矩形的 CSS 屬性：

```
<rect width="100" height="50" style="fill: rgb(0,0,255);stroke: rgb(255,0,0);stroke-width:3" />
```

SVG 在繪製矩形時，還提供了 rx 和 ry 兩個屬性，可以用來指定邊角的弧度，例如下列範例：

```
<rect width="100" height="50" fill="blue" rx="15" ry="15" />
```

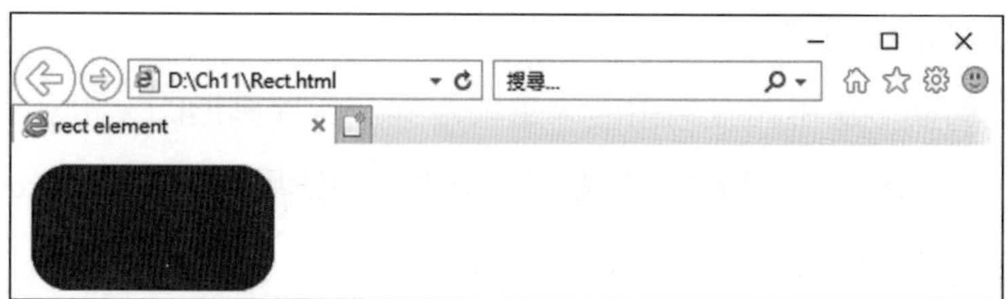


圖 11-4 瀏覽器顯示 SVG 矩形具備弧邊的效果

再如下列範例，如果繪製的圖形要指定透明度時，還可以加上 CSS 的屬性：

```
<rect y="180" width="100" height="50"
    style="fill:blue;stroke:red;stroke-width:3;fill-opacity:0.3;stroke-opacity:0.5" />
```

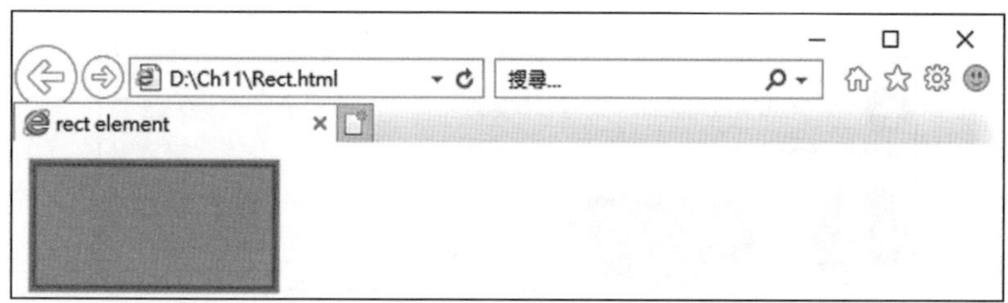


圖 11-5 瀏覽器顯示 SVG 矩形具備透明度的效果

CSS 之 fill-opacity 屬性定義主體顏色的不透明度（指定值的範圍由 0 到 1）；stroke-opacity 屬性定義外框顏色的不透明度（指定值的範圍由 0 到 1）。

### 2. 圓形：circle 元素

第二節的圖 11-1 示範 SVG 之範例（檔名：Circle.xml），就是使用元素 <circle> 顯示的結果。元素 <circle> 主要的屬性包括：cx 與 cy 表示圓心的 x 軸與 y 軸的座標；r 表示圓形的半徑；如果省略 cx 與 cy 屬性，則圓心會預設為座標（0,0）。

### 3. 橢圓形：ellipse 元素

橢圓形與圓形使用的方式相同，主要差異在於橢圓形的 x 和 y 半徑彼此不同，而圓形的半徑 x 和 y 相等。參考下列以下分別使用圓形元素 <circle> 與橢圓元素 <ellipse> 宣告的範例：

```
<svg>
    <circle cx="20" cy="25" r="25" fill="blue" />
    <ellipse cx="120" cy="25" rx="50" ry="25" fill="gray"/>
</svg>
```

使用瀏覽器開啟上述範例檔案（檔名：Ellipse.html），就會看到如圖 11-6 所示的圓形與橢圓形的顯示結果。

圖 11-6　瀏覽器分別顯示 SVG 圓形與橢圓形的效果

各種圖形如果沒有使用 CSS 之 fill-opacity 屬性指定透明樣式，圖形顯示的位置如果重複，就會產生疊圖的效果。參考下列使用三個橢圓元素 <ellipse> 顯示疊圖的示範：

```
<svg>
    <ellipse cx="120" cy="40" rx="100" ry="25" fill="blue" />
    <ellipse cx="120" cy="25" rx="75" ry="20" fill="green" />
    <ellipse cx="120" cy="10" rx="60" ry="15" fill="orange" />
</svg>
```

圖 11-7　瀏覽器顯示圖形堆疊的效果

## 4. 線條：line 元素

繪製線條 —— <line>

透過線條元素 <line> 的屬性 x1、y1 與 x2、y2 座標，可以繪製一條由（x1, y1）座標到（x2, y2）座標的線：

```
<svg>
    <line x1="0" y1="0" x2="380" y2="50" stroke="red" stroke-width="3"/>
</svg>
```

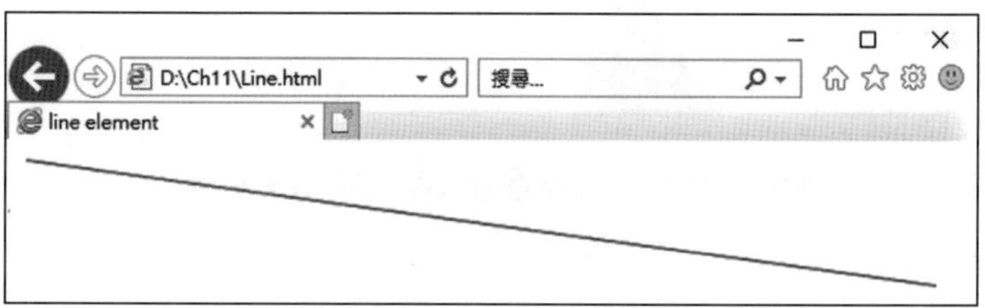


圖 11-8　瀏覽器顯示 SVG 線條的效果

## 5. 折線：polyline 元素

折線元素 <polyline> 可以繪製多邊的線條，使用 points 屬性指定折線各線段端點的（x,y）座標，端點間的座標以空格相隔。在線條之間可以使用 fill 屬性填入色彩，但要注意的是 <polyline> 並不是自動封閉折線的線段，最後沒有指定出發點的座標，就不會封閉線段。

```
</svg>
    <polyline points="40,0 60,60 0,60" fill="none" stroke="red" stroke-width="2" />
    <polyline points="140,0 160,60 100,60" fill="gray" stroke="red" stroke-width="2" />
    <polyline points="240,0 260,60 200,60 240,0" style="fill:none; stroke:red"/>
</svg>
```

這一個範例會繪製出如圖 11-9 所示的三個折線。（左起）第一與第二個折線的線段最後沒有指定出發點的座標，所以沒有封閉；第二個折線使用 fill 屬性指定填滿灰色；指定線段的顏色使用 stroke 屬性；指定線段的粗細則使用 stroke-width 屬性。因為 fill、stroke、stroke-width 三個均是 CSS 之屬性，所以本例第三個折線的宣告就示範使用 CSS 宣告方式。

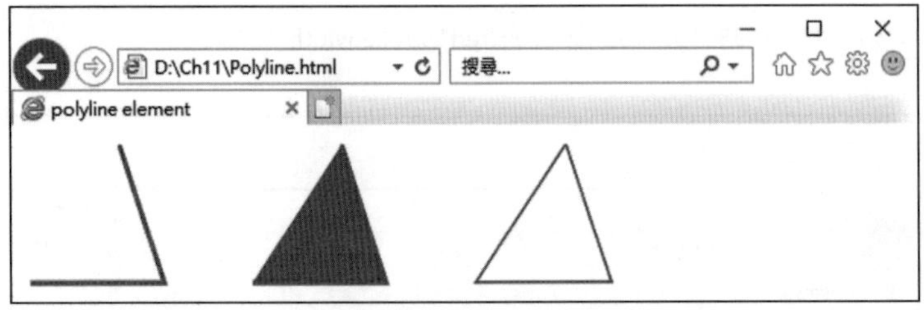


圖 11-9　瀏覽器顯示 SVG 折線的效果

### 6. 多邊形：polygon 元素

多邊形元素 <polygon> 和折線元素 <polyline> 的使用方式完全相同，但最主要的差異是元素 <polygon> 會自動封閉線段。

```
<svg>
    <polygon points="40,0 60,60 0,60" fill="none" stroke="red" stroke-width="2" />
    <polygon points="140,0 160,60 100,60" fill="gray" stroke="red" stroke-width="2" />
    <polygon points="240,0 260,60 200,60 240,0" style="fill:none; stroke:red"/>
</svg>
```

此一範例與折線元素 <polyline> 範例的內容相同，但由圖 11-10 顯示的結果可以看出，第一與第二個圖形有自動封閉線段。

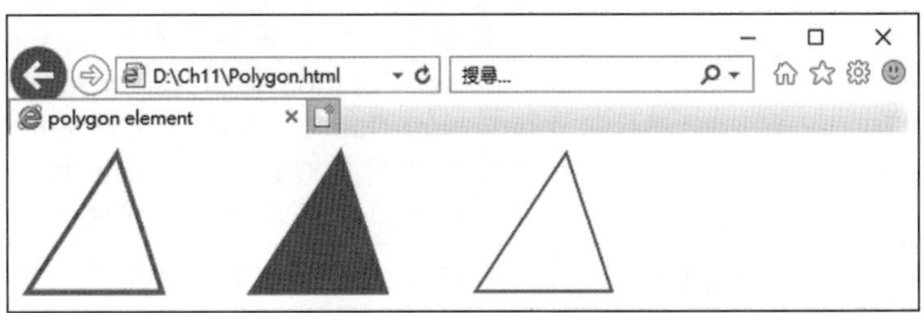


圖 11-10 瀏覽器顯示 SVG 多邊形的效果

### 7. 路徑：path 元素

路徑元素 <path> 的使用有相當難度與複雜度，其使用 d 屬性指定路徑資料（path data）。路徑資料使用的代碼指標如表 11-2 所示。

表 11-2 路徑資料代碼

| 代碼 | 名稱 | 說明 |
|---|---|---|
| M | 移動（moveto） | 起始點的 x, y 軸座標 |
| L | 繪線（lineto） | 從目前的座標畫線到 x, y 軸座標 |
| H | 水平線（horizontal lineto） | 從目前的座標畫水平線到指定的 x 軸座標 |
| V | 垂直線（vertical lineto） | 從目前的座標畫水平線到指定的 y 軸座標 |

| 代碼 | 名稱 | 說明 |
|---|---|---|
| C | 曲線（curveto） | 從目前點的座標畫條曲線到指定點的 x, y 座標：其中 x1, y1 及 x2, y2 為控制點 |
| S | 平滑曲線（smooth curveto） | 從目前點的座標畫條反射的貝茲曲線到指定點的 x, y 座標：其中 x2, y2 為反射的控制點 |
| Q | 二次貝茲曲線（quadratic Bézier curve） | 從目前的座標畫條二次貝茲曲線到 x, y 軸座標，其中 x1, y1 為控制點 |
| T | 平滑二次貝茲曲線（smooth quadratic Bézier curveto） | 從目前的座標畫條二次貝茲曲線到 x, y 軸座標 |
| A | 橢圓弧（elliptical Arc） | 從目前點的座標畫橢圓形到 x, y 軸座標。其中 x-axis-rotation 是弧線與 x 軸的旋轉角度；large-arc-flag：1 表示最大角度的弧線或是 0 表示最小角度的弧線；sweep-flag 設定為 1 表示順時針方向或是 0 表示逆時針方向 |
| Z | 關閉路徑（closepath） | 將目前點的座標與第一個點的座標連接起來 |

例如下列範例，可以在（0, 0）座標劃一條線至（50, 50）座標。

```
<path d="M0 0 L50 50" stroke="black"/>
```

例如下列範例，可以在指定如圖 11-10 所示的座標位置示意圖，繪製出一個微笑曲線。

```
<path d="M60 0 C100 40,120 40,160,0" stroke="black" fill="none"/>
```

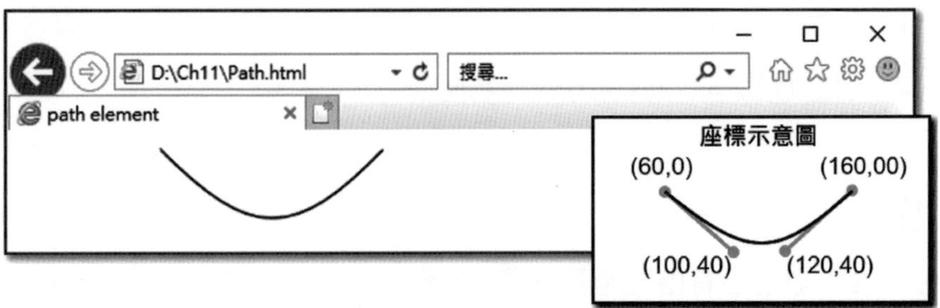


圖 11-11　瀏覽器顯示 SVG 貝茲曲線的效果

下列範例使用 S 代碼繪製一個顯示如圖 11-12 所示的反射貝茲曲線：

```
<path d="M0 40 C40 80,60 80,100,40 S150 0, 200 40" stroke="black" fill="none"/>
```

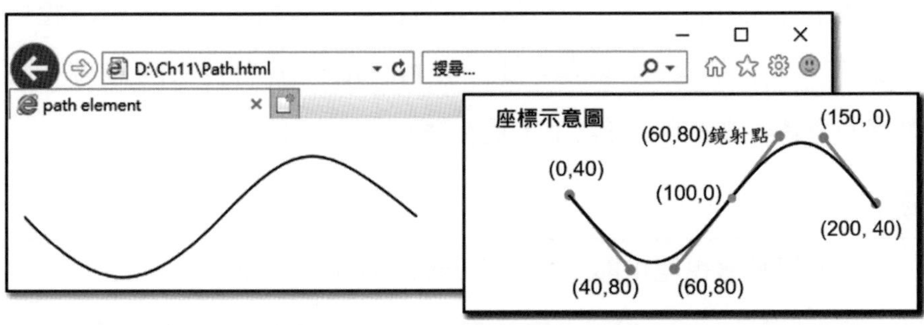


圖 11-12　瀏覽器顯示 SVG 反射貝茲曲線的效果

## 第四節　動態圖形程式庫──d3.js

採用 SVG 的元素繪製圖形不僅缺乏直觀的方式，宣告又相當費時費力。但是隨著網頁繪製圖表與圖形的需求不斷地增加，簡化 SVG 的使用方式，變成了許多單位研發的重要目標。

d3.js（Data-Driven Documents）就是基於簡化 SVG 應用需求，而發展使用動態圖形進行資料視覺化的 JavaScript 程式庫。

## 一、歷史

在 d3.js 開發前已有出現過許多嘗試做資料視覺化的套件，如 Prefuse、Flare 和 Protovis 程式庫套件。不過這些程式庫並不能獨立在瀏覽器上完成圖形的繪製，還需要額外外掛程式來完成。例如 Prefuse 需要在網頁外掛 Java 程式、Flare 則需要外掛 Flash 程式才能呈現圖像。

2009 年，史丹佛大學的史丹佛視覺化團隊（Stanford Visualization Group）的 Michael Bostock、Vadim Ogievetsky 和 Jeffrey Heer 利用開發 Prefuse 和 Flare 的經驗，改用 JavaScript 開發了可依據指定資料產生 SVG 圖形的 Protovis 程式庫。

2011 年，史丹佛視覺化團隊停止開發 Protovis。在符合 Web 標準，以及提供更豐富的平臺與效能的目標之下，重新發展出了 d3.js 程式庫。

【說明】

| d3.js 是一個用動態視覺化顯示資料的 JavaScript 程式庫，透過使用 HTML 的 DOM、SVG 在網頁上顯示資料，所以使用需要對 HTML 要有一些基本的了解。 |
|---|

## 二、使用方式

使用 d3.js 需要事前先從官網下載，並在網頁內關聯對應的 js 檔案，之後才可引用其提供的方式進行圖形繪製。

### 1. 下載

d3.jsp 官網的網址為：https://d3js.org/

進入官網首頁，便有說明指示最新版的下載連結。下載 d3.zip 檔案後，解壓縮會有下列類型的檔案：

(1) d3.js：d3 程式庫的原始檔案。

(2) d3.min.js：d3.js 的壓縮檔案，與未壓縮的 d3.js 功能相同，但壓縮後的檔案大小較小，比較能節省網路傳輸的時間。

(3) LICENSE：d3 程式庫的使用授權說明。

(4) API.md、CHANGES.md、README.md：附檔名 md 爲使用 Markdown 語言編寫的文件檔案，內容記載 d3 相關應用程式介面功能、改版與說明的資訊。

【說明】

| 下載檔案只是方便離線運作，以及日後透過 d3.js 檔案內的原始程式碼，了解 d3.js 的運作細節。如果不下載 d3.js 檔案，可以逕行指定官網的 d3.js 檔案，一樣可以執行 d3.js 的功能。 |
|---|

## 2. 網頁引用 d3

引用的方式是在 HTML 內宣告元素 <head> 內引入 d3.js 或 d3.min.js 程式庫所在的位置。引入的來源可以是先前下載存放在目錄內的的 d3.js 或 d3.min.js 程式庫所在的位置，也可以是直接指定官網的檔案：

```
<html>
    <head>
        <title>import d3.js </title>
        <meta charset="UTF-8" />
        <script type="text/javascript" scr="https://d3js.org/d3.v5.min.js"><script/>
    </head>
    <body>
        <script type="text/javascript">
            //在這裡編寫 javascript 程式碼
```

```
        </script>
    </body>
</html>
```

如下列一個簡單使用 d3.js 的範例：

**HTML 文件檔名：d3.js**

```
<html>
    <head>
        <title>import D3.js </title>
        <meta charset="UTF-8" />
        <script src="https://d3js.org/d3.v5.min.js"></script>
    </head>
    <body>
        <h3> 今天眞是美好的一天 !!</h3>
        <script>
            d3.select('h3').style('color', 'blue');
            d3.select('h3').style('font-size', '24px');
        </script>

    </body>
</html>
```

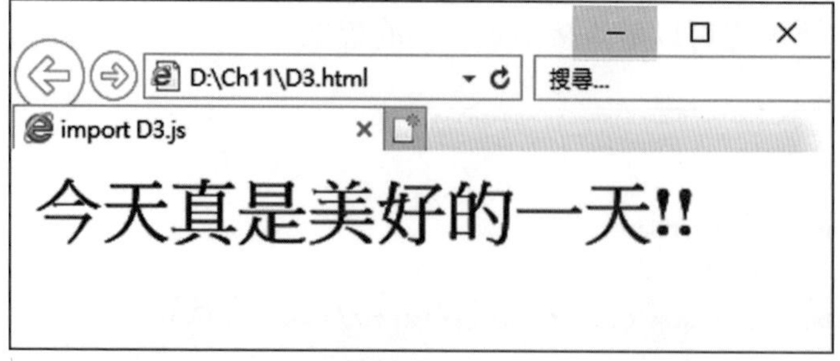


圖 11-13　瀏覽器顯示 d3.js 執行的效果

# 三、使用 d3 繪製 SVG 圖形

SVG 本身為合乎文法的 XML 元素，可以在瀏覽器內直接處理；d3.js 則提供了便利的方式，在網頁內實現豐富的圖形視覺效果。由於 d3 是基於 SVG 的元素建立圖形，所以必須將繪製 d3 的 JavaScript 程式碼，包含在元素 <svg> 之內。

## 1. 矩形練習

參考範例 d3_01.html 檔案的內容，在 JavaScript 程式碼：

```
1   <svg>
2       <script>
3               var svg = d3.select("svg");    // 選擇 SVG 元素，建立為一名稱 svg 的物件
4               svg.append("rect")             // 指定此 svg 物件包含一矩形元素
5               .attr("x", 50)
6               .attr("y", 10)
7               .attr("width", 200)
8               .attr("height", 60)
9               .attr("fill", "blue");
10      </script>
11  </svg>
```

(1) 行 3：使用 d3 物件的 select( ) 方法，選擇 SVG 元素，建立為一名稱 svg 的物件

(2) 行 4：執行 svg 物件的 append( ) 方法，指定此物件包含一矩形元素

(3) 行 5~9：執行 svg.append("rect") 矩形之 attr( ) 方法，指定各屬性值。

由於 d3.js 與 JQuery 的框架類似，因此我們可以使用鏈結式語法（chain syntax），同時處理多個方法。因此上述範例的程式碼，可以改寫成：

```
var svg = d3.select('svg');
svg.append('rect').attr('x', 50).attr('y', 10).attr('width', 200).attr('height', 60).attr('fill', 'blue');
```

於瀏覽器執行的效果，顯示如圖 11-14 所示：

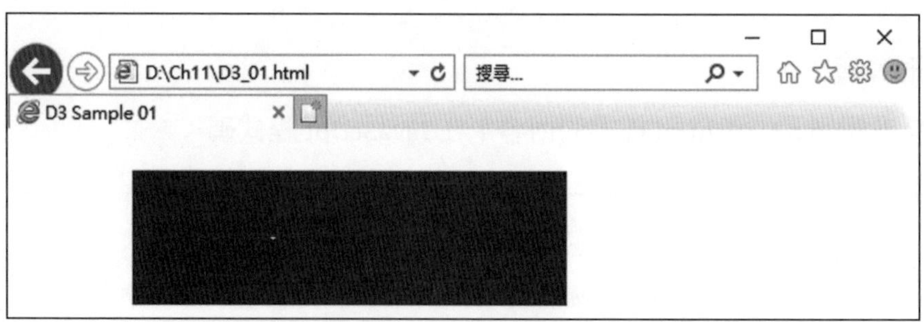


圖 11-14　瀏覽器顯示 d3_01.html 的結果畫面

## 2. 圓形練習

d3 的特點是使用資料驅動（data driver）繪製圖形，因此這一個練習使用陣列資料繪製多個圓形。首先在 JavaScript 的程式碼還是如同前一範例一樣：使用 d3 物件的 select( ) 方法，選擇 SVG 元素，建立為一名稱 svg 的物件，並使用 attr( ) 方法指定畫布的寬度與高度。

```
var svg = d3.select("svg")
.attr("width",200)
.attr("height",50);
```

接著宣告陣列 dataset，指定繪製圓形的大小：

```
var dataset=[20, 15, 10, 5, 10, 15, 20];
```

使用 svg 物件的 selectAll( ) 方法，取得所有 SVG<circle> 元素處理的結果。data( ) 方法用於指定使用 dataset 陣列的資料；enter( ) 取得元素的使用；最初開始 <circle> 元素尚未建立，因此透過 append( ) 方法完成 <circle> 元素的加入。所有產生的 <circle> 元素最後指定給 circles 物件。

```
var circles=svg.selectAll("circle")
.data(dataset)
.enter()
.append("circle");
```

建立了 circles 物件之後，還需進一步指定 circles 包含的各個圓形的位置和大小。這一個範例使用函數的方式計算。橫向（x 軸）座標屬性 cx 的值依據圓圈的個數 *50+25；縱向（y 軸）座標屬性 cy 的值固定為 30；圓形的半徑則是依據 dataset 陣列的值決定。

```
circles.attr("cx", function(d, i){
    return (i*50)+25;
})
.attr("cy", 30)
.attr("r", function(d){
    return d;
})
.attr("fill","orange")
.attr("stroke","red")
.attr("stroke-width", function(d, i){
    return d/3;
});
```

最後再指定 fill 主體顏色與 stroke 矩形外框的顏色與 stoke-width 外框厚度。外框的厚度也是使用函數方式，依據圓形大小的 1/3 而定。完成後，整個 HTML 文件的內容如下所示：

**HTML 文件檔名：d3_02.html**

```
<html>
    <head>
        <title>D3 Sample 02 </title>
        <meta charset="UTF-8" />
        <script src="https://d3js.org/d3.v5.min.js"></script>
    </head>
    <body>
        <svg>
            <script>
                var svg = d3.select("svg")
                .attr("width",200)
                .attr("height",50);

                var dataset=[20, 15, 10, 5, 10, 15, 20];
                var circles=svg.selectAll("circle")
                .data(dataset)
                .enter()
                .append("circle");

                circles.attr("cx", function(d, i){
                    return (i*50)+25;
                })
                .attr("cy", 30)
                .attr("r", function(d){
                    return d;
                })
                .attr("fill","orange")
                .attr("stroke","red")
                .attr("stroke-width", function(d, i){
                    return d/3;
                });
            </script>
        </svg>
    </body>
</html>
```

於瀏覽器執行的效果，顯示如圖 11-15 所示：

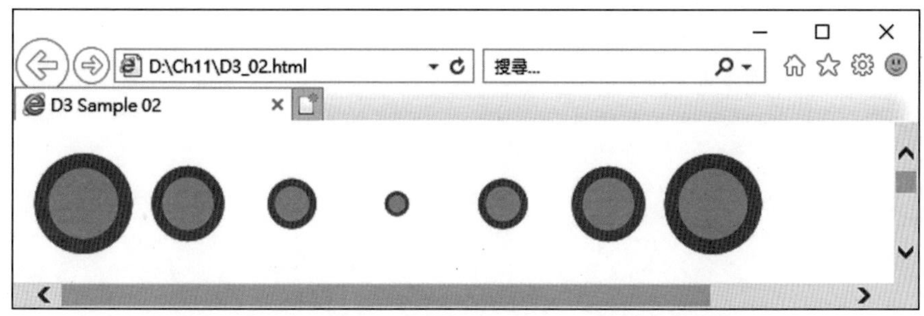


圖 11-15　瀏覽器顯示 d3_02.html 的結果畫面

本單元僅就基本的 d3.js 使用方式做基本介紹，如果要進階學習許多特效的使用方式，可參考網址：https://bl.ocks.org/mbostock，內有提供數百個以上非常專業的資訊圖表範例與完整的程式碼介紹。

# 第十二章　資料庫與 XQuery

【說明】

本章節使用微軟公司的 SQL Server 2017 版資料庫系統為主要執行平臺，內容涉及許多資料庫統的專業用語與 SQL 標準，建議應先有資料庫系統的背景知識。

XML 具備結構性與嚴格語法規範，卻又兼具使用者自訂標籤的彈性，同時具備了機器與人類可讀的特性，能夠提供不僅只有資料處理的應用範圍，其簡潔的文法與明確的結構，亦使其非常適合在大型的專案中應用。因為 XML 比現有的資料格式更容易地傳遞、調整、處理、分解和重製。

而用於協助管理大量資料庫，至今仍少有專屬於 XML 的資料庫系統。雖然關聯式資料庫系統使用的普及，以及效率大多高於專屬 XML 的資料庫系統，但是多數關聯式資料庫系統提供的功能僅限於 XML 文件的轉入和轉出。

微軟的最早在 SQL Server 2000 版本即有支援 XML 資料處理的能力，不過只是將關聯式表格的資料輸出時轉換成 XML 格式的方式，而不是儲存 XML 資料的原生 XML 資料庫（Native XML Database）。在 SQL Server 2005 之後的版本，提供了原生 XML 資料庫的功能，包括具備了 xml 資料型態，也能支援使用 XQuery 語言執行 XML 資料的存取。

## 第一節　建立 XML 資料表

如同一般資料表的宣告方式，當欄位宣告為 varchar 型態時，表示可存放變動的文數字資料，而宣告為 xml 資料型態時，表示可存放 XML 文件的資料。xml

資料型態宣告的欄位，可分為「強制型態 XML 欄位」（typed XML Column）或「非強制型態的 XML 欄位」（un-typed XML Column）兩種。若存放的 XML 文件資料可使用 XML Schema 文件進行驗證（Validate），便是強制型態 XML 欄位，若無指定 XML Schema 文件，則表示該欄位屬於非強制型態的 XML 欄位。

【說明】

- 強制型態 XML 欄位：需有 XML Schema 文件，即符合可驗證的（Validated）XML 文件；
- 非強制型態 XML 欄位：不需有 XML Schema 文件。

建立強制型態的宣告，和一般資料表格建立的指令一樣，都是使用 DDL 的 CREATE 指令，但是指令有部分並非 SQL 的標準，而是 SQL Server 的 T-SQL 語法，在其他資料庫系統是不支援的。其宣告的語法為：

```
CREATE XML SCHEMA COLLECTION sql_identifier AS Expression
```

其中 sql_identifier 參數表示 XML 結構描述集合的 SQL 識別碼；Expression 參數是 varchar、varbinary、nvarchar 或 xml 類型的常數或變數。

參考下列範例：建立一個結構如圖 12-1 所示的 Faculty 教師資料表。

| Faculty 老師資料表 | | |
|---|---|---|
| 欄位 | 名稱 | 資料型態 |
| Id | 教師職號 | char(6) |
| Name | 教師姓名 | varchar(20) |
| Duty | 到職日 | date |
| Title | 職稱 | varchar(10) |
| Research | 研究計畫 | xml (DOCUMENT Project) |
| Note | 附註 | xml |

Project 綱要表

圖 12-1　練習範例的 Faculty 表格結構

其中 Research 研究計畫欄位是「強制型態的 XML 欄位」。因此建立資料表之前，需要先使用 CREATE XML SCHEMA COLLECTION 宣告一份如圖 12-2 所示，名稱爲 Project 的 XML Schema 文件至資料庫。（宣告的 T-SQL 敘述如果執行完成，這一份 XML Schema 文件對於資料庫而言，就是其中的一個「物件」）。

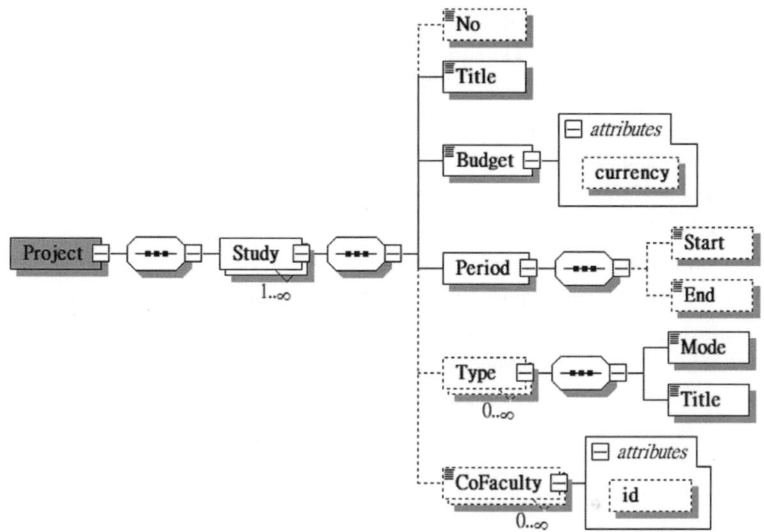


圖 12-2 「Project 計畫」文件的 XML Schema 圖示

依據此編輯的 XML 文件，也可表示成如圖 12-3 所示的樹狀結構。

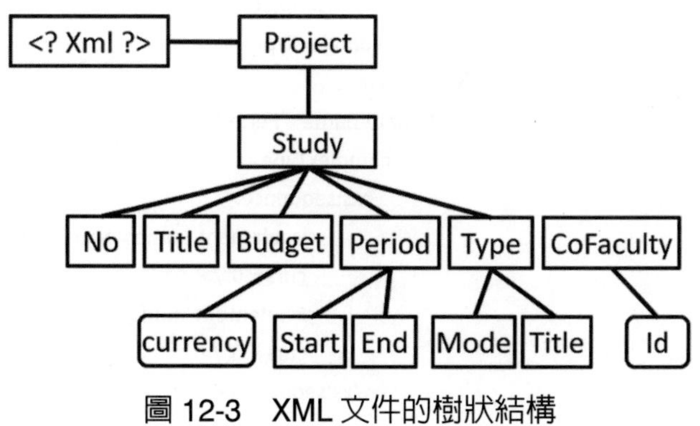


圖 12-3 XML 文件的樹狀結構

宣告時，整份 XML Schema 文件前後以單引號 (') 包含在 CREATE XML SCHEMA COLLECTION 的 AS 指令之後。宣告一個名稱爲 Project 的 XML Schema 文件內容的完整 SQL 敘述如下：

**SQL 文件檔名：Faculty.sql**

```
USE School; -- 本範例使用 School 資料庫，你可以自行建立一個練習使用的資料庫
CREATE XML SCHEMA COLLECTION Project
AS '
<xs:schema xmlns:xs="http://www.w3.org/2001/XMLSchema" elementFormDefault="qualified"
attributeFormDefault="unqualified">
  <xs:element name="Project">
    <xs:complexType>
      <xs:sequence>
        <xs:element name="Study" maxOccurs="unbounded">
          <xs:complexType>
            <xs:sequence>
              <xs:element name="No" type="xs:string" minOccurs="0"/>
              <xs:element name="Title" type="xs:string"/>
              <xs:element name="Budget">
                <xs:complexType>
                  <xs:simpleContent>
                    <xs:extension base="xs:integer">
                      <xs:attribute name="currency" type="xs:
                      string" default="NT"/>
                    </xs:extension>
                  </xs:simpleContent>
                </xs:complexType>
              </xs:element>
              <xs:element name="Period">
                <xs:complexType>
                  <xs:sequence>
                    <xs:element name="Start" type=" xs:date" minOc-
                    curs="0"/>
                    <xs:element name="End" type="xs:date" minOc-
                    curs="0"/>
                  </xs:sequence>
```

```
                        </xs:complexType>
                    </xs:element>
                    <xs:element name="Type" minOccurs="0" maxOccurs
                     ="unbounded">
                        <xs:complexType>
                            <xs:sequence>
                                <xs:element name="Mode" type="xs:string"/>
                                <xs:element name="Title" type="xs:string"/>
                            </xs:sequence>
                        </xs:complexType>
                    </xs:element>
                    <xs:element name="CoFaculty" minOccurs="0" maxOccurs=
                     "unbounded">
                        <xs:complexType>
                            <xs:simpleContent>
                                <xs:extension base="xs:string">
                                    <xs:attribute name="id">
                                        <xs:simpleType>
                                            <xs:restriction base
                                             ="xs:string">
                                                <xs:maxLength value="6"/>
                                            </xs:restriction>
                                        </xs:simpleType>
                                    </xs:attribute>
                                </xs:extension>
                            </xs:simpleContent>
                        </xs:complexType>
                    </xs:element>
                </xs:sequence>
            </xs:complexType>
        </xs:element>
    </xs:sequence>
  </xs:complexType>
 </xs:element>
</xs:schema>
```

【說明】

上述宣告的XML Schema文件內容，並沒有Prolog宣告，也就是沒有<?xml version="1.0" encoding="UTF-8"?> 這一行宣告？

原因是 XML 的 Prolog 宣告是一個處理指令（Processing Instruction，PI），PI 的標示使用 <?...?>，是用來告知應用程式的處理指示。對 SQL Server 而言，處理的指令在於執行 T-SQL 敘述的 CREATE XML SCHEMA COLLECTION，而關於 XML 文件的版本、字碼，則是由 SQL Server 來處理，因此不需要這一項 Prolog 的宣告。

【說明】

如果宣告的 XML Schema 文件內容有多國字碼，需要使用 Unicode 時，AS 指令後的單引號前需加上「N」宣告。

新增完成的 XML Schema 物件可以在「SQL Server Management Studio」此資料庫下的「可程式性」的「類型」項目的「XML 結構描述集合」子項目內列出這一個物件，如圖 12-4 所示。

亦可使用系統資料表 sys.xml_schema_collections 列出此資料庫已宣告的 XML Schema 物件名稱；系統資料表 sys.xml_schema_elements 列出 XML Schema 物件宣告的元素；系統資料表 sys.xml_schema_attributes 列出 XML Schema 物件宣告的屬性。如果要刪除這個 XML Schema 物件，可以使用 DROP XML SCHEMA COLLECTION 指令刪除，不過若已有資料表的欄位宣告使用了這一個 XML Schema 物件，就無法 DROP 掉這一個 XML Schema 物件了。

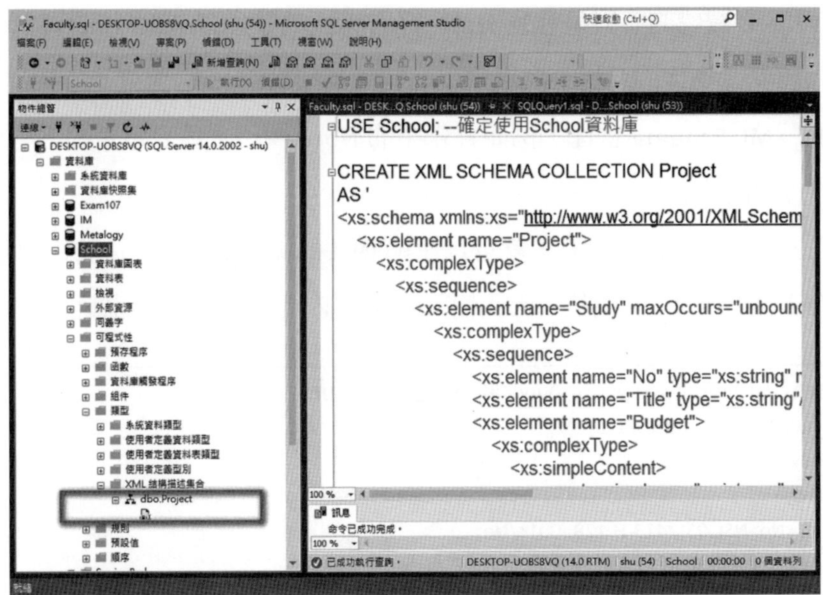


圖 12-4　SQL Server 管理工具檢視新增的 Faculty 綱要

新增完成「Project」XML Schema 物件後，我們就可以在「Faculty」資料表內宣告具備該 XML Schema 物件的欄位，參考下列建立一個教師 Faculty 資料表的宣告敘述：

```
CREATE TABLE Faculty (
    Id        char(6) PRIMARY KEY,-- 教師職號
    Name      varchar(20),          -- 教師姓名
    Duty  date,                     -- 到職日
    Title  varchar(10),             -- 職稱
    Research xml (DOCUMENT Project),
    Note       xml
)
```

這一個 Faculty 資料表，具備四個一般性的欄位：Id、Name、Duty、Title；一個強制型態的 XML 欄位：Research；以及一個非強制型態的 XML 欄位：Note。

Research 欄位的資料型態爲 xml，宣告其後括號內以 DOCUMENT 識別字指定 XML Schema 物件的名稱，表示建立一個強制型態的 XML 欄位。如果沒有括號及指定的 XML Schema 物件，例如宣告中的 Note 欄位，就表示是建立一個非強制型態的 XML 欄位。

建立完成 Faculty 資料表，就可以使用 INSERT 敘述新增資料紀錄，不過因爲這一個資料表有 XML 的欄位，因此輸入的資料必須符合 XML 的規範：

```
INSERT INTO Faculty (Id, Name, Duty, Title, Research) VALUES
('104001',' 張三 ','2015/1/1',' 教授 ',
'<Project>
<Study>
      <No>NSC 95-2413-H-128 -001</No>
      <Title> 用 RFID 管理特色館藏研究 </Title>
      <Budget currency="NT">50000</Budget>
      <Period><Start>2006-05-01</Start><End>2007-04-30</End></Period>
      <Type>
            <Mode> 人文社會 </Mode>
            <Title> 技術發展 </Title>
      </Type>
</Study>
<Study>
      <No>NSC 99-2631-H-128 -004</No>
      <Title> 台灣本土畫家作品數位典藏 </Title>
      <Budget currency="NT">100000</Budget>
      <Period><Start>2010-08-01</Start><End>2012-07-31</End></Period>
      <Type>
            <Mode> 人文社會 </Mode>
            <Title> 應用研究 </Title>
      </Type>
      <CoFaculty id="095008"> 李四 </CoFaculty>
      <CoFaculty id="098020"> 王老五 </CoFaculty>
      <CoFaculty id="092055"> 錢六 </CoFaculty>
</Study>
</Project>')
```

上述 INSERT 敘述輸入資料表的 Research 欄位內容是一個 XML 字串（前後需要使用單引號標示），其內容不僅需要遵循 XML 的文法規範，且必須是符合先前宣告名稱爲 Project 的 XML Schema 定義規範。資料輸入完成，如果需要檢視內容，可直接使用 SQL 的 SELECT 敘述，列出資料表的資料錄內容。不過 SQL Server 資料表 xml 資料型態的欄位，所儲存的內容是 XML 文件，對資料庫而言就是一個物件。因此若要查詢的是資料表某一個 XML 欄位的某一個元素或某一個屬性，就必須要使用的爲 XML 制訂的 XQuery 語法！

## 第二節　xml 資料類型的方法

SQL Server 提供許多處理 xml 資料類型的函數。如表 12-1 所列的處理 xml 資料類型所建立物件的方法：

表 12-1　SQL Server 處理 xml 資料類型的方法

| 方法 | 說明 |
|---|---|
| exist( ) | 執行 XQuery 運算式傳回非空的結果，也就是至少有一個 XML 節點，則回傳值為 1；若查詢結果為空資料，則回傳結果為 0。 |
| modify( ) | 修改 XML 文件的內容。使用此方法來修改資料行的 XML 物件內容。此方法採用 XML DML 敘述來新增、修改或刪除 XML 資料的節點。XML 資料類型的 modify() 方法只能用在 UPDATE 敘述的 SET 子句中。 |
| modes( ) | 將 XML 物件切割成關聯式資料。 |
| query( ) | 針對 XML 物件執行 XQuery，並回傳 XML 資料。 |
| value( ) | 對 XML 物件執行 XQuery，並傳回 SQL 類型的值。此方法會傳回純量值。 |

【說明】

| 一下資料型態、一下物件，雖然說起來很繞口，不過還是要分辨清楚，不同地方使用「物件」所代表的意義。在程式語言中，類別（Class）經過建構（Create）產生實際可以使用的個體，稱爲物件（Object）。在 SQL Server 中，許多具體可使用的個體，也稱爲物件。不過這裡指的是依據 xml 資料型態，宣告資料表（Table）的欄位，該欄位所存放的 XML 文件，就稱爲 XML 物件，也稱爲「執行個體」。方法（method）是物件內部的函數。 |
|---|

SQL Server 的 query() 方法使用 XQuery（請參考下一節的介紹）的 XPath 運算式來執行，透過執行方法內指定的運算式的結果，代入原本 SELECT 敘述之內。參考下列使用 XPath 執行的範例，了解 query() 使用的方式。

**範例**：列出 Faculty 資料表中，Id 欄位、Name 欄位，以及 Research 欄位內的 Title 元素。

```
SELECT Id, Name, Research.query('/Project/Study/Title') FROM Faculty
```

**解析**：Research 欄位是宣告儲存 XML 的欄位，所以此欄位是一個物件。存取 XML 文件的欄位需要使用 query() 方法，本範例存取 XML 文件的 Title 元素，依據結構（參見圖 12-3），Title 元素位於 Project 根元素的 Study 元素之下，因此以 XPath 語法需指定爲：

```
/Project/Study/Title
```

執行結果顯示如圖 12-5 所示。

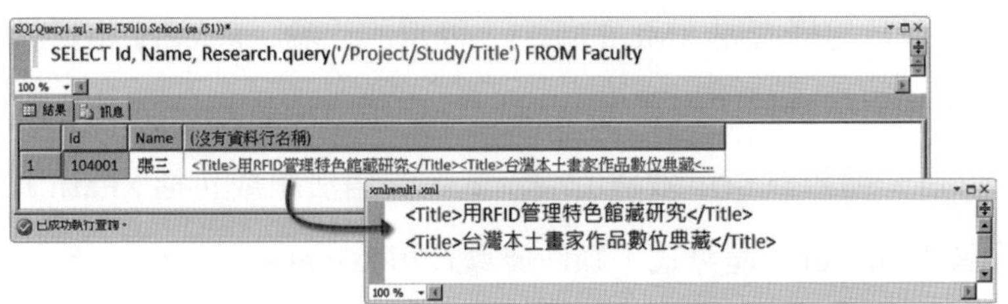


圖 12-5　SELECT 列出資料表內 XML 欄位內容之範例

**範例**：列出 Faculty 資料表中，Resarch 欄位內的 XML 文件中，有協同主持人（具有 CoFaculty 元素）的 Title 元素。

```
SELECT Research.query('/Project/Study/Title[count(../CoFaculty)>0]') FROM Faculty
```

**解析**：本範例對於 XML 文件有一項條件：具有 CoFaculty 元素，因此使用 XPath 的索引判斷 [ ]。列出 /Project/Study/Title 元素內容時，「指標」位置在 Title 元素上，而 CoFaculty 元素與 Title 同一層，因此判斷條件透過「..」回上一層，也就是回到 Study 元素，再經由「/」下一層到 CoFaculty 元素，透過 count() 函數判斷此元素的數量是否大於 0。

## 第三節　XQuery 查詢語言

XQuery 是由全球資訊網聯盟（World Wide Web Consortium，W3C），以及包括微軟公司在內的各個主要資料庫廠商聯合設計，並於 2007 年 1 月 23 日正式被 W3C 通過並公布 XQuery 1.0 規格建議書，微軟的 SQL Server 資料庫系統自 2012 版本也開始支援 XQuery。XQuery 是以 XPath 路徑語言為基礎，加上額外支援以獲取更佳的反覆運算、更好的排序結果，提供查詢結構化或半結構化 XML

資料的語言，以及建構必要 XML 的能力。簡單的比喻，XQuery 相對於 XML 的關係，等於 SQL 相對於資料庫的關係。

XQuery 是一種類似 SQL 敘述的表示式，其語法組成包括 XPath 路徑語言、FLWOR（發音為 flower）運算式、條件運算式和 XQuery 函數。

## 一、XQuery 語法規則

### 1. 基本規則

- 如同 XML 的語法規則一般，XQuery 嚴格區分英文字母大小寫，通常慣例是使小寫英文。
- XQuery 的元素、屬性以及變數必須是合法的 XML 名稱。
- XQuery 字串值需要使用單引號或雙引號標示。
- XQuery 變數由金錢符號「$」再加上一名稱來進行定義，如：$bookstore。
- XQuery 註釋前後使用左括弧加冒號「(:」和冒號加右括弧「:)」標示，例如：(: *XQuery 的注釋* :)。

### 2. 比較運算子

在 XQuery 和 XPath 使用相同的各類運算子，但 XQuery 的比較運算子分為兩種：

- 通用值的比較：=, !=, <, <=, >, >=
- 單一值的比較：eq、ne、lt、le、gt、ge

eq（等於，equal）、ne（不等於，not equal）、lt（小於，less than）、le（小於等於）、gt（大於，great than）、ge（大於等於）比較的結果只能傳回一個值，如果成立就是 true。如果傳回的是超過一個值（例如一組元素），就會產生錯誤。

## 二、FLWOR 運算式

FLWOR 是“For、Let、Where、Order by、Return”只取首字母縮寫的意思。每個 FLWOR 運算式都有一個或多個 for 子句、選擇性的 let 子句、選擇性的 where 子句、選擇性的 order by 子句，以及 return 子句組合成 FLWOR 運算式。for 子句通過將節點指定到一個變數，以便繼續去迴圈序列中的每一個節點；let 子句爲一個變數或一個值或一個序列；return 子句定義要回傳的內容；where 子句，如果其布林邏輯值爲 true（眞），那麼該元素就被保留，並且它的變數會用在 return 子句中，如果其布林邏輯值爲 false（假），則該元素就被捨棄。

### 1. for 子句

for 子句表示使用迴圈方式，從 in 所表達的路徑逐一取出內容，指定給 in 指令前的變數，最後透過 return 回傳變數的內容。

**範例**：參考先前建立的 Faculty 資料表，及依據圖 12-1 結構所宣告 xml 資料型態的 Research 欄位。列出教師編號（Id 欄位）爲 104001 的所有研究計畫（Research 欄位）的預算金額（XML 文件的 Budget 元素）。

```
SELECT Research.query('for $price in //Budget return $price')
FROM Faculty where Id='104001'
```

**解析**：for 子句執行迴圈，逐一取得 in 後所指路徑的元素內容，即 //Budget 元素的內容，將該內容指定給變數 $price。變數名稱前一定要有金錢符號。指定完畢後，透過 return 將指定的 $price 內容回傳給 SELECT 子句。因而顯示執行結果爲：

```
<Budget currency="NT">50000</Budget>
<Budget currency="NT">100000</Budget>
```

**範例**：列出 Faculty 資料表中，研究計畫預算高於 10000 元的計畫名稱與金額。

```
SELECT Research.query('for $i in //Budget where $i>10000
return <Price>{$i/../Title, $i}</Price> ')
FROM Faculty
```

**解析**：如同前一範例，使用 for 迴圈逐一處理所指路徑 //Budget 元素的內容，指定給變數 $i（此時變數 i 即等同於 <Budget> 元素），判斷其內容如果是大於 10000，則回傳結果：<Price>{$i/../Title, $i}</Price>，其中 $i/../Title 是使用相對位置，表示要回傳包括 <Title> 元素，因此執行結果爲：

```
<Price>
 <Title> 用 RFID 管理特色館藏研究 </Title>
 <Budget currency="NT">50000</Budget>
</Price>
<Price>
 <Title> 台灣本土畫家作品數位典藏 </Title>
 <Budget currency="NT">100000</Budget>
</Price>
```

## 2. let 子句

XQuery 指定變數的值，其前方使用 let 子句作爲前引符號，如同宣告變數並指定內容值的標示作用。因爲 let 指定的變數只需運算一次，因此當 XML 中資料量很大時，使用 let 子句可以顯著的提高性能。

**例**：列出 Faculty 資料表中，Research 欄位內各研究計畫的 <Title> 元素與 <Price> 元素內容，前後加上 <Price> 起始標籤與 </Price> 結束標籤。

```
SELECT Research.query('
        for $study in /Project/Study/Title
        let $price:= //Budget
        return <Price>{$study, $price}</Price>')
FROM Faculty
```

**解析**：本例只是簡單示範使用 let 宣告一個 $price 變數並使用冒號等於符號「:=」指定其值爲 //Butget 元素，也就是 XML 文件內所有子元素爲 Budget 的元素，使得最後回傳的結果 $price 均固定爲所有子元素爲 Budget 的元素內容。因此本例的執行結果爲：

```
<Price>
  <Title> 用 RFID 管理特色館藏研究 </Title>
  <Budget currency="NT">50000</Budget>
  <Budget currency="NT">100000</Budget>
</Price>
<Price>
  <Title> 台灣本土畫家作品數位典藏 </Title>
  <Budget currency="NT">50000</Budget>
  <Budget currency="NT">100000</Budget>
</Price>
```

### 3. where 子句

where 子句使用條件運算式來判斷查詢結果，當判斷結果爲 true 時，才會執行 return 子句。

**範例**：列出 Faculty 資料表中，Research 欄位內各研究計畫，有共同主持人編號（CoFaculty 元素的 id 屬性）爲 "098020" 的計畫名稱（Title 元素）。

```
SELECT Research.query('
        for $study in /Project/Study
```

```
        where $study/CoFaculty/@id="098020"
        return $study/Title' )
FROM Faculty
```

**解析**：本例使用 where 判斷「有共同主持人編號為 "098020"」，回傳「計畫名稱」。其執行結果為：

```
<Title> 台灣本土畫家作品數位典藏 </Title>
```

如同一般條件運算式，where 子句也可以使用 and、or 等邏輯運算子執行多個條件的判斷。

**範例**：列出 Faculty 資料表中，Research 欄位內各研究計畫，有共同主持人編號（CoFaculty 元素的 id 屬性）為 "098020"，或是預算金額（Budget 元素）小於十萬的計畫名稱（Title 元素）。

```
SELECT Research.query('
        for $study in /Project/Study
        where $study/CoFaculty/@id="098020" or ($study/Budget <100000)
        return $study/Title' )
FROM Faculty
```

**解析**：本例包括兩個條件：一是判斷 /Project/Study/CoFaculty 元素的 id 屬性內容為 "098020"；另一是判斷 /Project/Budget 元素內容小於十萬。執行結果回傳 /Project/Study/Title 元素內容。其執行結果為：

```
<Title> 用 RFID 管理特色館藏研究 </Title>
<Title> 台灣本土畫家作品數位典藏 </Title>
```

### 4. order by 子句

如同 SQL 的 ORDER BY 子句，針對執行結果的資料集排序；order by 子句用於指定 XQuery 輸出的 XML 結果執行排序。

**例**：列出 Faculty 資料表中，各研究計畫的共同主持人資料（CoFaculty 元素），結果請依人員編號（CoFaculty 元素的 id 屬性）排序

```
SELECT Research.query('
    for $study in /Project/Study/CoFaculty
    order by $study/@id
    return $study' )
FROM Faculty
```

執行結果爲依據 CoFaculty 元素的 id 屬性內容排列：

```
<CoFaculty id="092055"> 錢六 </CoFaculty>
<CoFaculty id="095008"> 李四 </CoFaculty>
<CoFaculty id="098020"> 王老五 </CoFaculty>
```

排序結果預設爲由小到大排列。若排序的 order by 指定爲由大到小排列，則需在 order by 子句最後加上 descending 識別字：

```
SELECT Research.query('
    for $study in /Project/Study/CoFaculty
    order by $study/@id descending
    return $study' )
FROM Faculty
```

則執行結果爲：

```
<CoFaculty id="098020"> 王老五 </CoFaculty>
<CoFaculty id="095008"> 李四 </CoFaculty>
<CoFaculty id="092055"> 錢六 </CoFaculty>
```

## 三、XQuery 條件運算式

XQuery 支援 if-then-else 條件運算式。當 if 之後指定的條件為 true，就執行 then 子句後的運算式；當 if 之後指定的條件為 false 時，就執行 else 子句後的運算式

【說明】

> 不要與 XQuery 的 FLWOR 運算式之 where 子句混淆：
> where 子句是用來篩選的判斷；
> if-then-else 則是處理回傳結果的內容條件。

例：列出 Faculty 資料表中，各研究計畫名稱（Title 元素）以 <Project> 起始、結束標籤包覆，若有共同主持人，則 <Project> 起始標籤以 co 屬性列出共同主持人的編號（原 CoFaculty 元素的 id 屬性）。

```
SELECT Research.query('
      for $study in /Project/Study
      return if ($study/CoFaculty/@id !="")
        then <Project co="{data ($study/CoFaculty/@id)}">{$study/Title}</Project>
        else <Project>{$study/Title}</Project>
      ')
FROM Faculty
```

解析：執行結果加上 if-then-else 判斷。if ($study/CoFaculty/@id !="") 判斷 CoFaculty 元素的屬性是否為空值，若是空值則回傳 then 子句的結果：

```
<Project co="{data($study/CoFaculty/@id)}">{$study/Title}</Project>
```

結果輸出字串：

| <Project co=" | + | *使用 data() 函數取得 coFaculty 元素的 id 屬性值* | + | "> | + | *Title 元素* | + | </Project> |
|---|---|---|---|---|---|---|---|---|

判斷 CoFaculty 元素的屬性若不是為空值，則回傳 else 子句的結果：

```
<Project>{$study/Title}</Project>
```

結果輸出字串：

| <Project> | + | *Title 元素* | + | </Project> |
|---|---|---|---|---|

執行結果爲：

```
<Project>
  <Title> 用 RFID 管理特色館藏研究 </Title>
</Project>
<Project co="095008 098020 092055">
  <Title> 台灣本土畫家作品數位典藏 </Title>
</Project>
```

## 四、XQuery 函數

請參考表 12-2 至表 12-10 所列，XQuery 提供包括數值、字串、節點、序列、聚合、存取等相當多針對 XML 資料類型的內建函數。

【說明】

XQuery 函數名稱空間的 URI 爲：http://www.w3.org/2005/02/xpath-functions，字首（prefix）名稱是 fn:。函數名稱前可加上名稱空間的字首作爲

標示，例如 fn:string()。不過，由於 fn: 是 XQuery 名稱空間預設的字首，所以通常不需在函數名稱前加上字首。

若需要在執行 XQuery 的 query() 內宣告名稱空間，使用語法為：

declare namespace 字首 ="*URI*";

表 12-2　數值函數

| 名稱 | 語法 | 回傳值 | 說明 |
|---|---|---|---|
| ceiling | ceiling(arg) | 數值 | 傳回不含小數的最小數值 |
| floor | floor(arg) | 數值 | 傳回不含小數、不大於其引數值的最大數值 |
| number | number(arg) | 數值 | 傳回含小數 double 型態的數值 |
| round | round(arg) | 整數值 | 四捨五入 |

表 12-3　字串函數

| 名稱 | 語法 | 回傳值 | 說明 |
|---|---|---|---|
| concat | concat(str1, $str2,…) | 字串 | 銜接傳入的字串 |
| contains | contains(str1, str2) | 布林值 | 判斷 str1 是否包含 str2 字串 |
| substring | substring(str, arg)<br>substring(str,arg,leng) | 字串 | 傳回 str 字串從 args 值所指示的位置開始，一直到 leng 值所指示的字元數為止 |
| string-length | string-length()<br>string-length(arg) | 整數值 | 傳回字串的長度 |
| low-case | lower-case(str) | 字串 | 將 str 字串每一字元轉換成小寫 |
| upper-case | upper-case(str) | 字串 | 將 str 字串每一字元轉換成大寫 |

**範例**：使用字串函數的範例，將 Faculty 資料表中 xml 資料型態的 Research 欄位內容，共同計畫主持人（<CoFaculty> 元素）分別以 <lastName>、<firstName> 列出其姓名。

```
SELECT Research.query('
        for $study in /Project/Study/CoFaculty
        return
         <CoLeader>
              <lastName>{substring ($study,1,1)}</lastName>
              <firstName>
{substring ($study,2,string-length ($study)-1)}
</firstName>
         </CoLeader>        ')
FROM Faculty
```

解析：原 <CoFaculty> 元素存放的共同作者姓名，使用字串函數 substring() 取出自第 1 位字元且長度爲 1 個字元做爲 <lastName> 元素的內容，取出第 2 個字元且長度爲姓名總長度 -1 個字元做爲 <firstName> 元素的內容。因此姓名長度爲不定字數，因此使用 string-length() 方法計算 <CoFaculty> 內容，也就是姓名資料的長度。執行結果顯示如下所示：

```
<CoLeader>
 <lastName> 李 </lastName>
 <firstName> 四 </firstName>
</CoLeader>
<CoLeader>
 <lastName> 王 </lastName>
 <firstName> 老五 </firstName>
</CoLeader>
<CoLeader>
 <lastName> 錢 </lastName>
 <firstName> 六 </firstName>
</CoLeader>
```

表 12-4　邏輯函數

| 名稱 | 語法 | 回傳值 | 說明 |
|---|---|---|---|
| not | not(args) | 布林值 | 反轉傳入項目的布林值 |

表 12-5　節點函數

| 名稱 | 語法 | 回傳值 | 說明 |
|---|---|---|---|
| local-name | local-name()<br>local-name(item) | 字串 | 傳回 item 的區域部分（local part）名稱 |
| namespace-uri | namespace-uri()<br>namespace-uri(item) | 字串 | 傳回當前節點或在 item 節點集的第一節點名稱空間 URI |

表 12-6　內容函數

| 名稱 | 語法 | 回傳值 | 說明 |
|---|---|---|---|
| last | last() | 整數值 | 傳回現在節點最後一個元素的索引值 |
| position | position() | 整數值 | 傳回現在節點的索引值 |

**範例**：使用 last() 函數的範例，列出 Faculty 資料表 xml 資料型態的 Research 欄位中，<CoFacult> 共同主持人元素內，第一個與最後一個共同主持人的資料。

```
SELECT Research.query('
    let $firstCo:=/Project/Study/CoFaculty[1]
    let $lastCo:=/Project/Study/CoFaculty[last( )]
    return < 共同主持人 >{$firstCo, $lastCo}</ 共同主持人 >
  ')
FROM Faculty
```

為方便顯示額外增加的 < 共同主持人 > 元素，該元素以中文表示，執行結果顯示如下所示：

```
< 共同主持人 >
 <CoFaculty id="095008"> 李四 </CoFaculty>
 <CoFaculty id="092055"> 錢六 </CoFaculty>
</ 共同主持人 >
```

表 12-7 序列函數

| 名稱 | 語法 | 回傳值 | 說明 |
|---|---|---|---|
| empty | empty(item) | 布林值 | 如果 item 是空序列（empty sequence）則傳回 true |
| distinct-values | distinct-values(items) | 序列值 | 移除 items 所指定序列的重複值。 |

表 12-8 聚合函數

| 名稱 | 語法 | 回傳值 | 說明 |
|---|---|---|---|
| count | count(items) | 整數值 | 傳回節點的數量 |
| avg | avg(items) | 數值 | 傳回數字序列的平均值 |
| min | min(items) | 數值 | 傳回數字序列的最小值 |
| max | max(items) | 數值 | 傳回數字序列的最大值 |
| sum | sum(items) | 數值 | 傳回數字序列的總和 |

聚合（Aggregate）函數類似於 SQL 所提供的聚合函數功能，參考下列使用 XQuery 聚合函數的範例。

**範例**：Faculty 資料表中，計算每筆記錄的研究計畫經費。

```
SELECT Research.query('
      let $price:= //Budget
        return <Fund> 資金來源數目 :{count ($price)}, 最高 :{max ($price)},
        最低 :{min ($price)}, 總計 :{sum ($price)}, 平均 :{avg ($price)}</Fund>
      ')
FROM Faculty
```

執行結果顯示如下所示：

```
<Fund> 資金來源數目 :2, 最高 :100000, 最低 :50000, 總計 :150000, 平均 :75000</Fund>
```

表 12-9　資料存取函數

| 名稱 | 語法 | 回傳值 | 說明 |
|---|---|---|---|
| string | string(args) | 字串 | 將 args 內容轉為字串 |
| data | data(item) | 資料型態 | 取得元素或屬性內容值 |
| node-name | node-name(item) | 字串 | 取得 item 所在的節點名稱 |

XML 文件的結構以元素爲單位，元素由起始標籤、結束標籤、內容三者組合而成，若只需資料內容，便可使用 data() 方法取得指定元素的內容。參考下列改變輸出元素的標籤名稱的範例，示範 data() 方法的使用方式。

**範例**：列出 Faculty 資料表中，以 <Research> 元素包含計畫名稱與計畫編號，並以計畫名稱排序。

```
SELECT Research.query('
	for $study in /Project/Study
	order by $study/Title
	return <Research> 計畫名稱：{data ($study/Title)}({data($study/No)})
</Research>
	')
FROM Faculty
```

**解析**：本例示範使用 date() 函數取出 <Title> 元素與 <No> 元素的內容，組合標題文字及 <Research> 起始與結束標籤。執行完成的結果爲：

```
<Research> 計畫名稱：台灣本土畫家作品數位典藏（NSC 99-2631-H-128 -004)</Research>
<Research> 計畫名稱：用 RFID 管理特色館藏研究（NSC 95-2413-H-128 -001)</Research>
```

除了 XQuery 標準所支援的函數之外，參見表 12-10 所列，SQL Server 也爲 XQuery 自訂兩個函數。因爲這是 SQL Server 自訂的函數，因此使用時必須標示名稱空間的前墜「sql:」以方便系統辨識與區別。

表 12-10 SQL Server 擴充函數

| 名稱 | 語法 | 回傳值 | 說明 |
|---|---|---|---|
| sql:column | sql:column（欄位名稱） | 資料表的欄位指標 | 在 XQuery 中指向關聯表的欄位 |
| sql:variable | sql:variable（變數名稱） | 變數內容的資料型態 | 在 XQuery 運算式內公開含有 SQL 關聯值的變數 |

一般而言 SELECT 的輸出是欄位內容的查詢結果所呈現的二維表格，XQuery 執行的結果是單一 XML 文件。若在 XQuery 敘述中需要用到資料表的欄位內容，便可以使用 sql:column( ) 方法取得。參考下列範例。

**範例**：列出 Faculty 資料表中，每一項計畫資料以 <Project> 元素，其內容包含：老師姓名（Name 欄位）的 <Leader> 元素、<Title> 元素、以及 <Period> 元素。

```
SELECT Research.query('
    for $study in /Project/Study
    return <Project>
              <Leader>{sql:column ("Name")}</Leader>
              {$study/Title, $study/Period}
          </Project>')
FROM Faculty
```

**解析**：題目要求列出的 <Title> 元素、<Period> 元素本就是 Research 欄位的 XML 文件的子元素，但 <Leader> 元素的內容則需要使用 sql:column("Name")，表示由資料表的 Name 欄位取得。本例的執行結果爲：

```
<Project>
  <Leader> 張三 </Leader>
  <Title> 用 RFID 管理特色館藏研究 </Title>
  <Period>
    <Start>2006-05-01</Start>
    <End>2007-04-30</End>
  </Period>
</Project>
<Project>
  <Leader> 張三 </Leader>
  <Title> 台灣本土畫家作品數位典藏 </Title>
  <Period>
    <Start>2010-08-01</Start>
    <End>2012-07-31</End>
  </Period>
</Project>
```

## 第四節　XML 資料維護

SQL Server 提供了 XML 資料處理語言（DML），用於 xml 資料型態內容，也就是 XML 文件的新增、修改與刪除。W3C 所定義的 XQuery 語言並沒有資料庫 DML 的部分，因此 XML DML 是 SQL Server 支援 XQuery 語言的延伸。使用的方式是將下列區分大小寫的關鍵字加入到 XQuery 中：

- insert
- replace value of
- delete

再藉由 xml 資料型態的 modify( ) 方法執行。整體的語法格式請參見圖 12-6 所示。

UPDATE 資料表 SET xml資料型態欄位.modify(' XQuery敘述 ')
WHERE 條件

新增XML元素：insert ...
修改XML元素：replace value of ...
刪除XML元素：delete ...

圖 12-6　XML 資料維護語法格式示意圖

## 一、新增 XML 元素

XML DML insert 指令提供將一個或多個節點（運算式 1）新增至其他節點（運算式 2）的子節點或同層級節點。其使用的語法爲：

```
insert 運算式 1
  {as first|as last} into|after|before 運算式 2
```

- 運算式 1：表示要新增的一個或多個節點。
- 運算式 2：表示識別（Identifies）節點，用來表指新增的位置節點。
- as first 或 as last：新增的位置是在運算式 2 的第一個節點還是最後一個節點。
- into：將運算式 1 的節點新增至運算式 2 節點的下一層，也就是新增子節點。
- after：將運算式 1 的節點新增至運算式 2 節點後面的同層級節點，也就是新增至兄弟節點之後。
- before：將運算式 1 的節點新增至運算式 2 節點前面的同層級節點，也就是新增至兄弟節點之前。

【說明】

(1) 運算式 2 不可代表一個以上的節點，且必須是 XML 文件中現有節點的參考，而不是欲新增的節點。
(2) 不能使用 after、before 來新增屬性。

為了方便接下來的練習，我們在 Faculty 資料表再新增一筆資料紀錄：

```
INSERT INTO Faculty (Id, Name, Duty, Title, Research) VALUES
('095008',' 李四 ','2014/8/1',' 副教授 ',
'<Project>
        <Study>
              <No>NSC 102-2410-H-128 -050</No>
              <Title> 文獻知識庫分享之研究 </Title>
              <Budget currency="NT">60000</Budget>
              <Period><Start>2013-08-01</Start><End>2014-07-31</End></Period>

   </Study>
</Project>')
```

**範例**：請將 Faculty 資料表的李四老師，其 xml 資料型態的 Research 欄位，新增如下所列元素：<CoFaculty id="99999"> 王雲五 </CoFaculty>

```
UPDATE Faculty SET Research.modify('
   insert
        <CoFaculty id="99999"> 王雲五 </CoFaculty>
   into (/Project/Study)[1]
   ')
WHERE Name=' 李四 '
```

**解析**：新增元素的位置節點位於 /Project/Study 元素內，因此使用 into 表示新增為 <Study> 元素的子節點。雖然本例資料只有一個 <Study> 元素，但仍需指定位置爲 1，表明目標位置是「目標是單一節點」。執行前後的資料內容如下：

| 執行前 | 執行後 |
| --- | --- |
| <Project><br><Study><br><No>NSC 102-2410-H-128 -050</No><br><Title> 文獻知識庫分享之研究 </Title><br><Budget currency="NT">60000</Budget><br><Period><br><Start>2013-08-01</Start><br><End>2014-07-31</End><br></Period><br></Study><br></Project> | <Project><br><Study><br><No>NSC 102-2410-H-128 -050</No><br><Title> 文獻知識庫分享之研究 </Title><br><Budget currency="NT">60000</Budget><br><Period><br><Start>2013-08-01</Start><br><End>2014-07-31</End><br></Period><br><CoFaculty id="102001"> 趙七 </CoFaculty><br></Study><br></Project> |

接下來練習新增一個具有子元素的元素內容。

**範例**：請於 Faculty 資料表的李四老師，其 XML 資料型態的 Research 欄位，新增如下面所列元素：<Type><Mode> 人文社會 </Mode><Title> 應用研究 </Title></Type>

```
UPDATE Faculty SET Research.modify('
  insert
        <Type>
              <Mode> 人文社會 </Mode>
              <Title> 應用研究 </Title>
        </Type>
  after (/Project/Study/Period)[1]
  ')
WHERE Name=' 李四 '
```

**解析**：新增元素的位置節點位於 /Project/Study/Period 元素之後，因此使用 after 表示。執行前後的資料內容如下：

<table>
<tr><th>執行前</th><th>執行後</th></tr>
<tr><td><pre>
<Project>
  <Study>
    <No>NSC 102-2410-H-128 -050</No>
    <Title> 文獻知識庫分享之研究 </Title>
    <Budget currency="NT">60000</Budget>
    <Period>
      <Start>2013-08-01</Start>
      <End>2014-07-31</End>
    </Period>
    <CoFaculty id="102001"> 趙七 </CoFaculty>
  </Study>
</Project>
</pre></td><td><pre>
<Project>
  <Study>
    <No>NSC 102-2410-H-128 -050</No>
    <Title> 文獻知識庫分享之研究 </Title>
    <Budget currency="NT">60000</Budget>
    <Period>
      <Start>2013-08-01</Start>
      <End>2014-07-31</End>
    </Period>
    <Type>
      <Mode> 人文社會 </Mode>
      <Title> 應用研究 </Title>
    </Type>
    <CoFaculty id="102001"> 趙七 </CoFaculty>
  </Study>
</Project>
</pre></td></tr>
</table>

**範例**：請於 Faculty 資料表的李四老師，新增第二個共同計畫主持人。

```
UPDATE Faculty SET Research.modify('
  insert
      <CoFaculty id="102002"> 陳八 </CoFaculty>
  before (/Project/Study/CoFaculty)[1]
  ')
WHERE Name=' 李四 '
```

**解析**：若執行使用的是 before，表示新增的元素置於原 <CoFaculty> 元素之前，其執行結果爲：

```
<CoFaculty id="102001"> 趙七 </CoFaculty>
<CoFaculty id="102002"> 陳八 </CoFaculty>
```

若執行使用的是 after，則表示新增的元素置於原 <CoFaculty> 元素之後，其執行結果爲：

```
<CoFaculty id="102002"> 陳八 </CoFaculty>
<CoFaculty id="102001"> 趙七 </CoFaculty>
```

## 二、修改 XML 元素

更新 XML 文件中的節點內容值，使用的語法爲：

**replace value of 運算式1 with 運算式2**

- 運算式 1：表示欲更新的單一節點，且必須是簡單型態（Simple Type）的元素。
- 運算式 2：表示欲更新的內容，其資料型態必須與該節點的資料型態相符合，且必須是簡單型態（Simple Type）的元素，也就是無法直接更新含有子元素的元素內容。

**範例**：請於 Faculty 資料表的李四老師，將最後一個共同計畫主持人姓名更改爲「吳九」。

```
UPDATE Faculty SET Research.modify('
   replace value of (/Project/Study/CoFaculty)[last()]
   with " 吳九 "
   ')
WHERE Name=' 李四 '
```

執行後會將原始資料的共同主持人 <CoFaculty> 元素：

```
<CoFaculty id="102002"> 陳八 </CoFaculty>
<CoFaculty id="102001"> 趙七 </CoFaculty>
```

更新為：

```
<CoFaculty id="102002"> 陳八 </CoFaculty>
<CoFaculty id="102001"> 吳九 </CoFaculty>
```

## 三、刪除 XML 元素

刪除的指令相當單純，其使用的語法為：

```
delete 運算式
```

- 運算式表示欲刪除的節點，也就是 XML 文件的元素。當有符合運算式指定的元素，該元素（包括其內的子元素）均會被刪除。

**範例**：刪除 Faculty 資料表的李四老師，最後一個共同計畫主持人。

```
UPDATE Faculty SET Research.modify('
   delete(/Project/Study/CoFaculty[last()])
   ')
WHERE Name=' 李四 '
```

**範例**：刪除 Faculty 資料表的張三老師，第二筆研究計畫的 <Type> 元素。

```
UPDATE Faculty SET Research.modify('
   delete (/Project/Study[2]/Type)
   ')
WHERE Name=' 張三 '
```

除了語法錯誤無法成功刪除元素資料之外，若文件是強制型態 XML 欄位，也就是有定義 XMLSchema 結構的 XML 文件，當刪除的是必備的元素，則執行 XQuery 刪除時是無法刪除該元素的。

# 第十三章　XML 程式－DOM

XML 文件物件模型（Document Object Model，DOM）是將整個 XML 文件的內容視爲一個物件模型（也就是說一個 DOM 物件就是代表一個 XML 文件），提供程式能夠在電腦系統對 DOM 物件進行存取，而達成對 XML 文件存取的目的。

DOM 在處理 XML 文件時，需要將整個文件的檔案全部載入內部記憶體，剖析整份文件並在記憶體內形成一個 DOM 樹狀結構的節點樹，再進行處理。當 XML 文件較大時，除了 DOM 的處理效率較低，甚至資料可能會出現記憶體溢出的問題。而且多數的情況下，只是需要處理文件的部分內容，根本就不用先載入、剖析整個文件，況且從節點樹的根節點來索引所需要的資料也是非常耗時。

因此又有 XML 簡單應用程式介面（Simple API for XML，SAX）的解決方案，SAX 採用基於事件驅動（event driven）方式，提供在讀取 XML 文件的同時，進行回應與處理，而不需要將整個 XML 文件全部載入到記憶體。因此非常適合處理大型的 XML 文件。

【說明】

DOM 處理 XML 的使用方式雖然方便，不過 Chrome 瀏覽器不支援 DOM 之 document 物件的 load() 方法，而且 IE 在 9（含）版本以後，也取消了 load() 方法的使用。取消 load() 方法的原因，是在瀏覽器執行 XML 文件的資料存取，實際是在網站伺服器（Web Server）上處理的。最初是由微軟公司針對 Microsoft Exchange Server 2000 的開發人員發明的 XMLHttpRequest（XHR）概念。經過逐步的發展與演進，XHR 物件可使用 JavaScript、VBScript 或各家瀏覽器支援的手稿語言與網站伺服器互動，使得 XHR 被大量使用於 AJAX（Asynchronous JavaScript and XML）應用。也因爲 XHR 廣被各家瀏覽器的支援，因此 DOM 的 document 物件使用 load() 方法讀取 XML 文件的支援度就逐漸被 XHR 取代。

考量舊有瀏覽器支援的問題，本單元 DOM 物件的介紹，仍舊包含使用 load() 方法載入 XML 文件的使用方式，但考量後續的發展，也會包含使用 XHR 讀取 XML 文件的程式範例。不過因爲程式運作的執行環境是在網站伺服器上處理，所以需要有網站的環境，如果不熟悉網站程式的開發，可以參考附錄 D 安裝網站伺服器的簡介，或是透過專門介紹網站程式開發的專書學習。

## 第一節　瀏覽器的 DOM 物件

無論是複雜還是簡單的 XML 文件，載入到電腦的記憶體時，都會被轉換成樹狀結構的一棵樹。該樹中存在不同類型的節點，例如屬性節點、元素節點和註釋節點…等。節點樹產生後，可以使用 DOM 物件執行存取、修改和刪除的作業。

### 一、XML DOM 物件的宣告

由於使用的程式語言不同，使得載入 DOM 物件的語法會有所差異，例如下列採用 PHP 載入的宣告範例：

```
$doc=xmldocfile(" 處理的文件 .xml ")
$root=$doc->root();
$children=$root->children();
foreach ($children as $child)
{
    $text = $child->children();
    echo $text[0]->content;
}
```

而使用 Java 的載入方式則可以是下列的範例的宣告方式：

**Java 程式檔名：DomParser.java**

```
DocumentBuilderFactory dbtFactory=DocumentBuilderFactory.newInstance();
DocumentBuilder dBuilder = dbtFactory.newDocumentBuilder();
Doctument doc = dBuilder.parse( new File(" 處理的文件 .xml");
doc.getDocumentElement().normalize();
String root=doc.getDocumentElement().getNodeName();
NodeList nList = doc.getElementsByTagName( root );
```

在瀏覽器的 HTML 網頁內使用 JavaScript 時，也需要建構 DOM 物件，然後才能使用 DOM 物件的方法載入 XML 文件。剖析器會將 XML 文件載入到內部記憶體，再將其轉換成 JavaScript 可以存取的 DOM 物件。

微軟公司的瀏覽器（如 IE）使用 ActiveX 建構 DOM 物件的方式如下：

```
1 xmlDoc = new ActiveXObject("Microsoft.XMLDOM");
2 xmlDoc.async = false;
3 xmlDoc.load(" 處理的文件 .xml");
```

第一行宣告建構一個微軟 ActiveX 的 DOM 物件；第二行是將 async 屬性設定爲 false，表示關閉非同步，也就是採取同步提交資料的方式，確保文件在完整載入前，剖析器不會繼續 JavaScript 的執行。第三行使用 load() 方法，從指定的字串載入 XML 文件。微軟公司的瀏覽器提供 load() 和 loadXML() 兩種方法載入 XML 文件。LoadXml( ) 方法是從指定的字串載入 XML 文件；而 load() 則可以依據指定的方式載入 XML 資料。

不過，如 Chrome、Safari 和 Firefox 等瀏覽器，建構 DOM 物件的方式，與微軟的 ActiveX 不同。參考下列建構 DOM 物件的片段 JavaScript 程式範例，使用條件判斷的方式，決定建構 DOM 物件的方式：

```
if (window.ActiveXObject){      //針對 IE 瀏覽器
        xmlDoc=new ActiveXObject("Microsoft.XMLDOM");
}else if (document.implementation && document.implementation.createDocument){
        //針對 非 IE 的瀏覽器
        xmlDoc=document.implementation.createDocument("","",null);
}
```

在處理 XML 文件時，必須先要載入 XML 文件，而每次處理都要透過 load( ) 方法載入 XML 文件，會使程式的撰寫過於繁瑣，因此可以將建構 DOM 物件與載入 XML 文件的程式碼宣告成一個函數，方便直接呼叫執行。又基於這些差異，建立使用 DOM 物件的網頁時，還必須在 JavaScript 程式中考慮使用者可能使用瀏覽器的不同而做適當的判斷。

```
function loadXMLDoc(dname){
    var xmlDoc;
    if (window.ActiveXObject){      //針對 IE 瀏覽器
        xmlDoc=new ActiveXObject("Microsoft.XMLDOM");
    }
    else if (document.implementation && document.implementation.createDocument){
        //針對 非 IE 的瀏覽器
        xmlDoc=document.implementation.createDocument("","",null);
    }else{
        alert(" 瀏覽器不支援 ");
    }
    xmlDoc.async=false;
    xmlDoc.load(dname);
    return(xmlDoc); //載入成功，傳回 xmlDoc 物件
}
```

或是加上例外控制，以避免能夠正確地建構 DOM 物件，但卻無法順利載入 XML 文件時的狀況：

```
function loadXMLDoc(dname){
    var xmlDoc;
    if (window.ActiveXObject){
        //針對 IE 瀏覽器
        xmlDoc=new ActiveXObject("Microsoft.XMLDOM");
    }
    else if (document.implementation && document.implementation.createDocument){
        //針對 非 IE 的瀏覽器
        xmlDoc=document.implementation.createDocument("","",null);
    }
    try{
        xmlDoc.async=false;
        xmlDoc.load(dname);
        return(xmlDoc); //載入成功，傳回 xmlDoc 物件
    }catch(e){
        alert(e.message);
    }
    return(null);
}
```

## 二、XML DOM 物件的方法

XML DOM 物件內包含了許多使用 XML 文件的方法與屬性。載入 XML 文件後就可以使用相關的方法與屬性進行操作。一般而言，針對 XML 文件操作的物件類型可以分成三種：

### 1. Document 文件物件

因為程式中處理的對象都以物件為單位，因此程式中使用 Document 文件物件代表載入的整個 XML 文件。所以如果要對一個 XML 文件進行處理，必須先獲得該 XML 文件的「文件物件」，然後再使用程式對該物件的屬性和方法進行處理。Document 文件物件常用的屬性與方法，請參見表 13-1 與 13-2 所列：

表 13-1　Document 物件的屬性

| 屬性名稱 | 說明 |
|---|---|
| async | 規定 XML 檔案的載入是否同步處理 |
| childNodes | 回傳文件所在節點的子節點之節點表列 |
| doctype | 回傳與文件相關的文件型別宣告（DTD） |
| documentElement | 回傳文件的根節點 |
| documentURI | 設定或回傳文件的位置 |
| domConfig | 回傳 normalizeDocument() 方法所使用的配置 |
| firstChild | 回傳文件的第一個子節點 |
| implementation | 回傳處理該文件檔案的 DOMImplementation 物件 |
| inputEncoding | 回傳文件剖析時的編碼方式 |
| lastChild | 回傳文件的最後一個子節點 |
| nodeName | 依據節點的類型回傳其名稱 |
| nodeType | 回傳節點的節點類型 |
| nodeValue | 根據節點的類型來設定或回傳節點的值 |
| strictErrorChecking | 設定或回傳是否強制進行錯誤檢查 |
| text | 回傳節點及其後代的內文（僅適用於 IE） |
| xml | 回傳節點及其後代的 XML（僅適用於 IE） |
| xmlEncoding | 回傳文件的編碼方法 |
| xmlStandalone | 設定或回傳文件是否為 standalone |
| xmlVersion | 設置或回傳文件的 XML 版本 |

表 13-2　Document 物件的方法

| 方法名稱 | 說明 |
|---|---|
| adoptNode(sourcenode) | 從另一個文件向本文件選定一個節點，然後回傳該被選的節點 |
| createAttribute(name) | 建構擁有指定名稱的屬性節點之物件 |

| 方法名稱 | 說明 |
|---|---|
| createAttributeNS(uri,name) | 建構一個擁有指定名稱和名稱空間的屬性節點之物件 |
| createCDATASection() | 建立一個 CDATA 區段節點 |
| createComment() | 建立一個註釋的節點 |
| createDocument Fragment() | 建構一個空的 DocumentFragment 物件，並回傳此物件 |
| createElement() | 建立元素節點 |
| createElementNS() | 建立帶有指定名稱空間的元素節點 |
| createEvent() | 建構新的事件物件 |
| createEntity Reference(name) | 建構 EntityReference 物件，並回傳此物件 |
| createExpression() | 建立一個 XPath 表示式以供稍後計算 |
| createProcessingInstruction() | 建構 ProcessingInstruction 物件，並回傳此物件 |
| createRange() | 建構 Range 物件，並回傳此物件 |
| evaluate() | 計算一個 XPath 表示式 |
| createTextNode() | 建構內文節點 |
| getElementById() | 取得指定 ID 名稱的元素 |
| getElementsByTagName() | 取得所有具有指定標籤名稱的元素節點 |
| getElementsByTagNameNS() | 取得所有具有指定名稱和命名空間的元素節點 |
| importNode() | 從另一個文件複製指定的節點 |
| loadXML() | 載入指定的 XML 文件 |
| renameNode() | 重新命名元素或者屬性節點 |

## 2. Node 節點物件

Node 節點物件代表 XML 文件內容的一個單獨的節點。節點可以是元素節點、屬性節點、內文節點等任何一種節點，使用 Node 物件的屬性和方法對這些節點增刪修改的處理。不過需要注意的是，雖然所有的節點物件均具備能處理父節點和子節點的屬性和方法，但是並不是所有的物件都擁有父節點或子節點。例如，內文節點不能擁有子節點，所以對內文節點添加子節點就會發生執行錯誤。Node 節點物件常用的屬性與方法，請參見表 13-3 與 13-4 所列：

表 13-3　Node 物件的屬性

| 屬性名稱 | 說明 |
|---|---|
| baseURI | 取得節點絕對位址的 URI |
| childNodes | 取得節點到子節點的節點表列 |
| firstChild | 取得節點的第一個子節點 |
| lastChild | 取得節點的最後一個子節點 |
| localName | 取得節點的本地名稱 |
| namespaceURI | 取得節點的名稱空間 URI |
| nextSibling | 取得節點之後的同級節點 |
| nodeName | 取得節點的名稱 |
| nodeType | 取得節點的類型 |
| nodeValue | 設置或取得節點的值 |
| ownerDocument | 取得節點的根（document 物件） |
| parentNode | 取得所在節點的父節點 |
| prefix | 設定或取得節點的名稱空間之字首名稱 |
| previousSibling | 取得節點之前的同級節點 |
| textContent | 設定或取得節點及其後代的內文 |
| text | 取得所在節點及其後代的內文（IE 專有的屬性） |
| xml | 取得現有節點及其後代的 XML（IE 專有的屬性） |

表 13-4 Node 物件的方法

| 方法名稱 | 說明 |
|---|---|
| appendChild() | 於所在節點的子節點表列的最後增加新的子節點 |
| cloneNode() | 複製節點 |
| compareDocumentPosition() | 對比兩個節點之文件檔案的位置 |
| getFeature(feature,version) | 取得一個 DOM 物件，此物件可執行帶有指定特性和版本的專門的 API |
| hasAttributes() | 判斷當前節點是否擁有屬性 |
| hasChildNodes() | 判斷當前節點是否擁有子節點 |
| insertBefore() | 在指定的子節點前新增子節點 |
| isDefaultNamespace(URI) | 取得指定的名稱空間 URI 是否為預設 |
| isEqualNode() | 檢查兩個節點是否相等 |
| isSameNode() | 檢查兩個節點是否是相同的節點 |
| isSupported() | 取得當前節點是否支持某個特性 |
| lookupNamespaceURI() | 取得匹配指定字首名稱的名稱空間 |
| lookupPrefix() | 取得匹配指定名稱空間的字首名稱 |
| normalize() | 合併相鄰的內文節點並刪除空的內文節點 |
| removeChild() | 刪除並取得當前節點的指定子節點 |
| replaceChild() | 使用新的節點取代一個子節點 |
| selectNodes() | 使用一個 XPath 表示式查詢選擇節點 |
| selectSingleNode() | 查詢和 XPath 位置匹配的一個節點 |
| transformNode() | 使用 XSLT 將一個節點轉換為一個字串 |
| transformNodeToObject() | 使用 XSLT 將一個節點轉換為一個文件 |
| setUserData(key,data,handler) | 把物件關聯到節點上的一個鍵（key）上 |

### 3. NodeList 節點表列物件

NodeList 節點表列物件，表示多個節點物件的集合。可透過節點表列中的節點索引來存取表列中的節點（索引值由 0 開始）。節點表列物件自動保持其本身節點資訊的更新，如果節點表列或 XML 文件中的某個元素被增刪修改，也會自動更新表列。

NodeList 節點表列物件具有一個紀錄節點數量的屬性 length，以及一個 item() 方法，提供依據索引值，取得節點表列中的節點。

依據上述說明，XML 文件載入的 JavaScript 程式示範，可參考如下所示的範例內容：

**HTML 文件檔名：DomParser.html**

```
<html>
    <head>
        <meta charset="UTF-8">
        <title>DOM object practice</title>
        <script>
            function loadXMLDoc(dname){
                var xmlDoc;
                if (window.ActiveXObject){
                    //針對 IE 瀏覽器
                    xmlDoc=new ActiveXObject("Microsoft.XMLDOM");
                }
                else if (document.implementation &&
                        document.implementation.createDocument){
                    //針對 非 IE 的瀏覽器
                    xmlDoc=document.implementation.createDocument("","",null);
                }
                try{
                    xmlDoc.async=false;
                    xmlDoc.load(dname);
                    return(xmlDoc); //載入成功，傳回 xmlDoc 物件
                }catch(e){
```

```
                    alert(e.message);
                }
                return(null);
            }
        </script>
    </head>
    <body>
        <script>
            var xmlDoc = loadXMLDoc("Dept_IC.xml");
            document.write(" 根元素名稱 :"+xmlDoc.documentElement.nodeName+"<br/>");
            document.write(" 子元素數量 : "+xmlDoc.childNodes.length+"<br/>");
            var node=xmlDoc.childNodes; // 取得 XML 文件的子元素
            for(var i=0; i<node.length; i++){
                document.write(" 節點名稱 :"+node[i].nodeName);
                document.write(" (節點型態 :"+node[i].nodeType+")<br/>");
                if (i==1){ // 根節點
                    document.write(" 根節點名稱 :"+node[i].nodeName+"<br/>");
                    var childNodeList=node[i].childNodes;
                    document.write(" 根節點的子元素數量 :"+childNodeList.length+"<br/>");
                    for(var j=0; j<childNodeList.length; j++){
                        document.write(" 第 "+(j+1)
                        +" 個子元素名稱 :"+childNodeList[j].nodeName+"<br/>");
                        if (childNodeList[j].hasChildNodes){
                            document.write("  還包含之子元素 :<br/>");
                            var grandNode=childNodeList[j].childNodes;
                            for( var k=0; k<grandNode.length; k++){
                                document.write("   第 "+(k+1)
                                +" 個名稱 :"+grandNode[k].nodeName
                                +", 內容 :<b>"+grandNode[k].text+"</b><br/>");
                            }
                        }
                    }
                } //end of if
            }//end of for
        </script>
    </body>
</html>
```

顯示的結果如圖 13-1 所示：

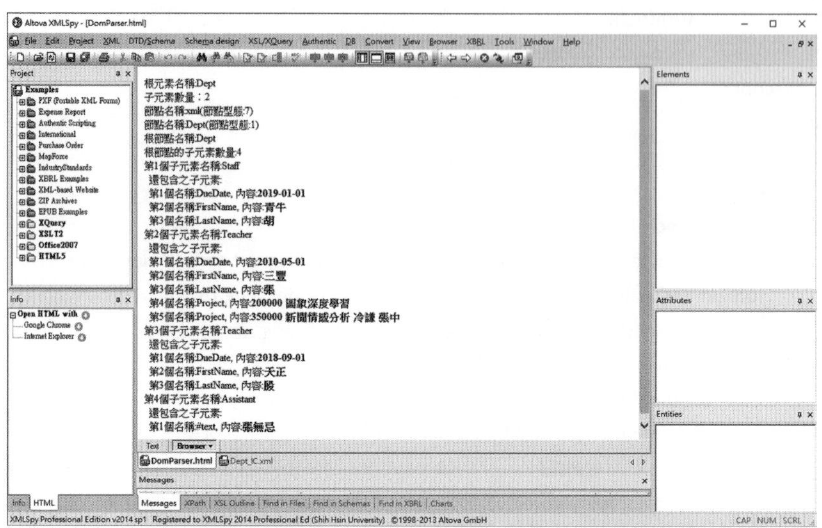


圖 13-1　使用 DOM 物件載入 XML 物件呈現於瀏覽器之顯示結果

## 第二節　瀏覽器的 XHR 物件

因為 Chrome 不支援 document 物件的 load() 方法，而且 IE 在 9（含）版本以後，也取消 load() 方法的使用。另一方面，由於 AJAX 的發展，現今所有的瀏覽器，包括 IE、Firefox、Chrome、Safari 以及 Opera 等，都已有內建 XMLHttpRequest（XHR）物件，因此網站有存取 XML 文件的新程式開發時，就可以考慮改用 XMLHttpRequest 物件。XMLHttpRequest 物件常用的屬性與方法，請參見表 13-5 與 13-6 所列：

表 13-5 XMLHttpRequest 物件常用屬性

| 屬性名稱 | 說明 |
| --- | --- |
| onreadystatechange | 儲存每次 readyState 屬性更改時要自動呼叫的函數 |
| readyState | XMLHttpRequest 的狀態：<br>0：請求未初始化<br>1：建立伺服器連接<br>2：收到請求<br>3：處理請求<br>4：請求完成並且回應就緒 |
| responseText | 以字串型態傳回的回應資料內容 |
| responseXML | 以 XML 文件型態傳回的回應資料內容 |
| status | 回傳的 HTTP 狀態碼（例如 404 表示提出的需求錯誤；200 表示 OK） |
| statusText | 回傳的 HTTP 狀態碼的資訊 |

表 13-6 XMLHttpRequest 物件常用方法

| 方法名稱 | 說明 |
| --- | --- |
| abort() | 取消現在送出的請求 |
| getAllResponseHeaders() | 以字串形式，取得標題（header）的資訊 |
| getResponseHeader() | 取得特定標題的資訊 |
| open(method,url,async,uname,pswd) | 開啓指定 URL 文件的請求。參數：<br>method：請求的類，可以是 GET 或 POST<br>url：文件的位置<br>async：true（非同步）或 false（同步）<br>uname 與 pswd 為登入伺服器所需的帳號密碼，如無則不用指定 |
| send(string) | 將請求傳送至伺服器，<br>參數傳送的 string 僅適用於 POST 請求 |
| setRequestHeader(label, value) | 建立 HTTP 要求之前，指派 HTTP 標頭 |

使用 XMLHttpRequest 物件開啓 XML 文件的步驟，可以分解成下列三個部分：

### 1. 建構 XMLHttpRequest 物件

雖然各家瀏覽器都已經提供 XMLHttpRequest 的支援，不過 IE 在 6 版（含）以前還是使用 ActiveX 的方式建構物件，所以還是需要在程式中判斷瀏覽器的種類，以便能顧及仍然使用舊版 IE 的使用者：

```
var xmlhttp;
if (window.XMLHttpRequest){
    // for IE7+, Firefox, Chrome, Opera, Safari：使用標準物件
    xmlhttp = new XMLHttpRequest();
}else{
    //for IE5, IE6：使用 ActiveX 物件
    xmlhttp= new ActiveXObject("Microsoft.XMLHTTP");
}
```

或是使用例外的方式：

```
var xmlhttp;
try {
    xmlhttp = new ActiveXObject("Microsoft.XMLHTTP"); // 先假定是 IE
}catch(e){
    // 若發生例外，就改用標準物件
    xmlhttp = new XMLHttpRequest();
}
```

### 2. 等待回應

回應和進一步處理包含在一個函數內，並將函數回傳的結果指定給先前建構物件的 onreadystatechange 屬性。

```
xmlhttp.onreadystatechange = function() {
    if (xmlhttp.readyState == 4&&xmlhttp.status=200){
        //執行結果 OK
    } else{
        //等待…
    }
}
```

### 3. 提出開檔的請求

使用 open 方法，並指定參數 GET 或 POST、XML 文件的 URL、以及指定非同步（true）或同步（false）的方式，提出開啓檔案的請求。

```
xmlhttp.open("GET", "XML 檔案的 URL", true/false);
xmlhttp.send(null);
```

例如下列範例，當使用者於網頁上按下按鈕時，觸發 JavaScript 使用 XMLHttpRequest 物件取得 XML 文件指定的元素內容，並呈現於網頁的示範：

**HTML 文件檔名：XmlHttpRequest.html**

```
    <head>
        <meta charset="UTF-8">
        <title>XMLHttpRequest object exercise: 1</title>
        <script>
            var xmlHttp;
            function loadXMLDoc(fname) {
                if (window.XMLHttpRequest) {
                  // for IE7+, Firefox, Chrome, Opera, Safari
                    xmlHttp = new XMLHttpRequest();
                } else {
                    // for IE5, IE6
                    xmlHttp = new ActiveXObject("Microsoft.XMLHTTP");
                }
```

```
                try{
                    xmlHttp.onreadystatechange =handleXMLStateChange;
                    xmlHttp.open("GET",fname);
                    xmlHttp.send(null);
                }catch(exception){
                    alert(fname+" 檔案不存在 ");
                }
            }

            function handleXMLStateChange(){
                if(xmlHttp.readyState == 4){
                    if (xmlHttp.status == 200 || xmlHttp.status == 0){
                        var xmlDoc=xmlHttp.responseXML;
                        // 取得 XML 文件中 Teacher 元素節點的集合
                        var teacher=xmlDoc.getElementsByTagName("Teacher");
                        var div=document.getElementById("demo");
                        for(var i=0;i<teacher.length;i++){
                            // 取得第 i 個 Teacher 節點的子節點內容
                            var
fname=teacher[i].getElementsByTagName("FirstName")[0].firstChild.data;
                            var
lname=teacher[i].getElementsByTagName("LastName")[0].firstChild.data;
                            var
dueDate=teacher[i].getElementsByTagName("DueDate")[0].firstChild.data;
                            var node=document.createElement("DIV");
                            node.appendChild(document.createTextNode(
" 姓名："+lname+fname+"－到職日："+dueDate));
                            div.appendChild(node);
                        }
                    }
                }
            }
        </script>
    </head>
    <body>
        <button type="button" onclick="loadXMLDoc('Dept_IC.xml');"> 取得文件內容
        </button>
        <div id="demo">
```

```
48            </div>
49        </body>
50    </html>
```

如果使用 Resin 或 Tomcat 網站伺服器，可先將本範例的 XML 文件：Dept_IC.xml 與網頁：XmlHttpRequest.html 至於如圖 13-2 所示的網站根目錄內。

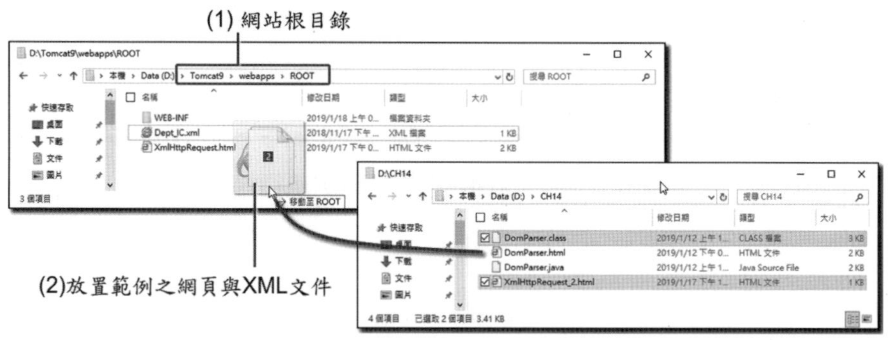


圖 13-2　範例使用之網頁與 XML 文件放置於網站根目錄內

啓動網站伺服器後，於瀏覽器顯示如圖 13-3 所示的網頁畫面，當使用者於網頁上按下按鈕時，首先於 45 行觸發 JavaScript 執行第 6 行的 loadXMLDoc() 方法，並傳遞 Dept_IC.xml 參數，作爲讀取 XML 文件的檔名。在 loadXMLDoc() 方法內的第 7 至第 13 行先依據瀏覽器種類建構一個名稱爲 xmlHttp 的 XMLHttpRequest 物件，接著在第 15 至 17 行將指定讀取的 XML 文件名稱傳遞給網站伺服器，預設爲同步方式提交資料的方式，確保文件在完整載入前，剖析器不會繼續 JavaScript 的執行。同時在第 15 行呼叫執行第 23 行的 handleXMLStateChange() 方法。

在 handleXMLStateChange() 方法內首先在第 24 與 25 行，判斷提交伺服器讀取 XML 文件的需求，是否已經回傳讀取的結果。如果順利讀取到，便執行第

26 行程式，將 DOM Document 物型態的文件內容指定給 xmlDoc 變數（也就是說 xmlDoc 變數是一個 Document 物件，存放的是讀取的 XML 文件內容）。再依據 DOM 物件的 getElementsByTagName() 方法（參見表 13-2 所列）逐一讀取指定的元素內容，最後於第 37 行程式填入到網頁的 DIV 元素內。

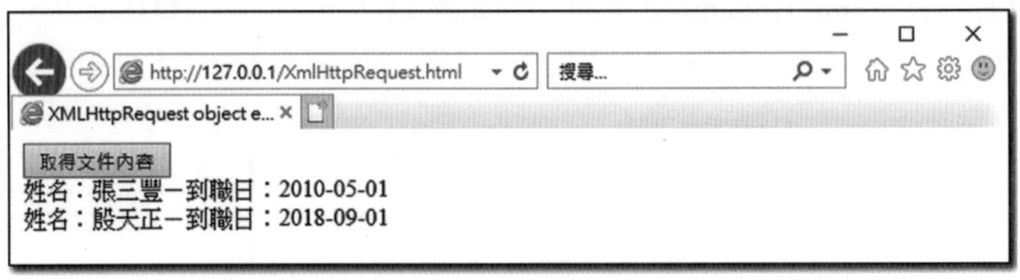


圖 13-3　使用 XHR 物件之範例執行結果

# 第十四章 XML 程式——SAX

## 第一節 概述

### 一、歷史

簡單應用程式介面（Simple API for XML，SAX），顧名思義是一個應用程式介面，也是一組套件。不像 DOM 是 W3C 的建議（recommendation），SAX 最初是由 David Megginson 採用 Java 程式語言開發，並由 OASIS 組織所屬 XML-DEV 郵寄清單的成員開發維護的一個公益（public domain）軟體，因此可以透過網路免費取得，並且也被許可使用於任何目的[1]。SAX 可以解決不同 XML 剖析器之間相容的問題，由於是採用 Java 程式語言，所以很快地在 Java 開發環境中普遍的被採用。1998 年 5 月 11 日推出 1.0 版，之後針對名稱空間的支援與更完整符合 XML 的規範，於 2000 年 5 月 5 日推出了 2.0 版，現今最新的是在 2004 年 4 月 27 日推出的 2.0.2 版本，使用所需的套件可以在網址：https://sourceforge.net/projects/sax/files/ 下載。

【說明】

| 許多程式語言都有 SAX 的套件，不過彼此之間會有些許的差異。考慮到原生 SAX 的程式語言與普及性，本書均使用 Java 程式語言。 |
|---|

### 二、剖析 XML API

SAX 採用事件驅動的方式剖析 XML 文件。使用 SAX 剖析 XML 文件時，包

1 有關 SAX 的版權聲明，請參見網址：http://sax.sourceforge.net/copying.html

含剖析器與事件處理器兩個部分。剖析器使用 JAXP 的 API 建構，建構出 SAX 剖析器之後，就可以指定剖析器去剖析指定的 XML 文件。JAXP 全稱為 Java API for XML Processing，意為處理 XML 的 Java 應用程式介面，提供 SAX 剖析器兩組 API：

### 1. XMLReaderFactory 和 XMLReader

XMLReaderFactory 和 XMLReader 這兩個類別都位於 org.xml.sax 套件內。

(1) XMLReaderFactory 使用多載（Overloading）的 createXMLReader( ) 靜態方法建構 XMLReader 剖析器物件。例如以下所列簡略的範例程式：呼叫 createXMLRead( ) 方法時，如果有指定的字串參數，表示建構具名的 XMLReader 物件；若無指定的字串參數，表示建構一個系統預設的 XMLReader 剖析器物件。

```
//建構一個系統預設的 XML 剖析器物件
XMLReader parser1 = XMLReaderFactory.createXMLReader( );
//建構一個 org.apache.xerces.parsers.SAXParser 剖析器物件
XMLReader parser2 =XMLReaderFactory.createXMLReader("org.apache.xerces.parsers.SAXParser");
```

(2) XMLReader 物件使用 parse( ) 方法剖析 XML 文件。parse( ) 是宣告為多載的方法，各 parse( ) 方法的說明如表 14-1 所示：

表 14-1　XMLReader 物件的 parse( ) 方法

| 回傳值型態 | 方法 | 說明 |
|---|---|---|
| void | parse(InputSource is) | 剖析 is 輸入源的 XML 文件 |
| void | parse(String uri) | 剖析 uri 所表示的 XML 文件 |

## 2. SAXParserFactory 和 SAXParser

SAXParserFactory 和 SAXParser 這兩個類別都位於 java.xml.parsers 套件內。

(1) SAXParserFactory 定義了一個 API 工廠，提供應用程式配置一個 SAX 的剖析器，進而能夠剖析 XML 文件。建構 SAXParserFactory 物件的方式，是執行其 newInstance( ) 方法。

(2) SAXParser 是繼承於 XMLReader 類別的 API，可以將各種資料源，包括輸入串流、文件、URL 以及 SAX 輸入資源等，作爲剖析用的 XML。建構 SAXParser 物件的方式，是執行其 newSAXParser( ) 方法。

【說明】

| Java 程式通常是使用「new 建構子」的語法建構物件，不過爲了保護類別不會因爲方法覆寫（override），或是執行時需要有特殊處理因素，會直接透過執行方法的方式來建構物件。 |
|---|

與 XMLReader 相比，SAXParser 具備了如表 14-2 所列的四種用於剖析 XML 文件的 parse( ) 方法：

表 14-2　SAXParser 物件的 parse( ) 方法

| 回傳值型態 | 方法 | 說明 |
|---|---|---|
| void | parse(File f, DefaultHandler dh) | 使用指定的 dh 作為處理器處理 SAX 的事件，剖析 f 所表示的 XML 文件 |
| void | parse(InputSource is, DefaultHandler dh) | 使用指定的 dh 作為處理器處理 SAX 的事件，剖析 is 輸入源的 XML 文件 |

| 回傳值型態 | 方法 | 說明 |
|---|---|---|
| void | parse(InputStream is, DefaultHandler dh) | 使用指定的 dh 作為處理器處理 SAX 的事件，剖析 is 輸入串流的 XML 文件 |
| void | parse(String uri, DefaultHandler dh) | 使用指定的 dh 作為處理器處理 SAX 的事件，剖析 uri 所表示的 XML 文件 |

比較表 14-1 與 14-2 XMLReader 與 SAXParser 的 parse( ) 方法，可以發現使用 XMLReader 的方法沒有指定處理器（Handler）的參數，這是因爲 XMLReader 不使用 parse( ) 方法臨時指定處理器的方式，而是使用 setContentHandler( )、DTDHandler( )、setEntityResolverHandler( ) 和 setErrorHandler( ) 方法設定處理器。也就是說，使用 XMLReader 的 parse( ) 方法之前，需要先執行上述四個方法分別指定下列四種處理 SAX 事件的處理器介面所實作並建構的物件：

(1) ContentHandler：接收文件邏輯內容通知的處理器介面；

(2) DTDHandler：接收與 DTD 相關的事件通知的處理器介面；

(3) EntityResolver：用於剖析實體的處理器介面；

(4) ErrorHandler：用於處理剖析錯誤的處理器介面。

【說明】

在此簡略複習一下 Java 程式語言的介面（interface）。介面是抽象型態（abstract type）的類別，內容只有方法與屬性的宣告，並沒有實作方法內的程式。類別使用 implement 宣告實現（可視爲一種繼承的方式）介面，並且實作其方法的程式碼。

如果使用XMLReader剖析XML文件，執行的程式需要分別爲上述四個處理器介面實作類別、建構成物件，然後再執行 XMLReader 中的 setContentHandler( )、setDTDHandler( )、setEntityResolverHandler( ) 和 setErrorHandler( ) 方法來指定使用的處理器，實在是相當麻煩。所以，JAXP 提供了 DefaultHandler 類別來解決這個麻煩。DefaultHandler 類別實現（implement）這四個處理器介面，並且爲這些介面實作空的方法。因此，開發人員可以只需要編寫一個繼承自 DefaultHandler 的類別，並重新撰寫自己所需要之處理器的方法，而不用每個方法都要撰寫。

XMLReader 和 SAXParser 都是 JAXP 爲 SAX 提供的剖析器，XMLReader 是 SAX 規範定義的介面；SAXParser 是 JAXP 對 XMLReader 的進一步包裝，以便簡化 SAX 程式碼的撰寫。而 DefaultHandler 則是實現上述四個處理器介面，用來簡化處理器這一部分的程式撰寫。

簡單而言，建議撰寫 SAX 的程式時，可以選擇 SAXParser 與 DefaultHandler 來剖析 XML 文件，簡化許多撰寫程式的複雜度。

## 三、程式撰寫步驟

撰寫使用 SAX 剖析 XML 文件的程式，首先需要繼承 DefaultHandler 的類別，再依序建構一個剖析器工廠和剖析器物件，然後就可以執行後續剖析 XML 文件的程序。撰寫 SAX 程式的步驟可分別如下：

**步驟 1：繼承 DefaultHandler 類別**

建立一個繼承自 DefaultHandler 的類別，該類別可覆寫（overwrite）原先 DefaultHandler 類別內的方法，以提供實際處理 XML 文件的內容。

```
public class SAXResolve extends DefaultHandler{
  // 覆寫方法
}
```

**步驟 2：建構剖析器工廠**

執行 SAXParserFactory 類別的 newInstance( ) 方法建構一個 SAXParserFactory 物件：

```
SAXParserFactory factory = SAXParserFactory.newInstance( );
```

**步驟 3：建構 SAX 剖析器**

執行 SAXParserFactory 物件的 newSAXParse( ) 方法建構 SAXParser 物件：

```
SAXParser saxParser = factory.newSAXParser( );
```

**步驟 4：剖析 XML 文件**

執行 SAXParser 物件的 parser( ) 方法剖析 XML 文件，執行時參數需指定傳入一個 DefaultHandler 物件。

參考下列示範使用 SAXParser 與使用繼承 DefaultHandler 的方式來剖析 XML 文件的程式範例。首先建立一個檔名爲 Book.xml 的 XML 文件，再分別撰寫繼承 DefaultHandler 類別並覆寫方法的 MyHandler 類別，以及實際執行的主程式 SAXSample.java，示範剖析一個簡單的 XML 文件的過程：

**XML 文件檔名：Book.xml**

```
<?xml version="1.0" encoding="UTF-8"?>
<book>
    <publisher> 五南出版 </publisher>
    <title> 資料庫系統 </title>
</book>
```

**Java 程式檔名：MyHandler.java**

```
import org.xml.sax.Attributes;
import org.xml.sax.helpers.DefaultHandler;
public class MyHandler extends DefaultHandler{
        int count = 0; // 紀錄執行過程的步驟

        // 初始執行剖析文件的作業
        public void startDocument(){
            System.out.println(" 開始剖析 XML 文件 ");
            count++;
        }

        // 剖析文件結束的作業
        public void endDocument(){
            System.out.println();
            System.out.println(" 剖析 XML 文件完成 ");
            count++;
        }

        // 開始處理元素
        public void startElement(String uri, String localName, String qName, Attributes atts){
            System.out.print("<" + qName + ">");
            count++;
        }

        // 結束元素的處理
        public void endElement(String uri, String localName, String qName){
            System.out.print("<" + qName + ">");
            count++;
        }

        // 剖析標籤之間的內容
        public void characters(char[] ch, int start, int length){
            String text = new String(ch, start, length);
            System.out.print(text);
            count++;
        }
}
```

**Java 主程式檔名：SAXSample.java**

```
import java.io.File;
import javax.xml.parsers.SAXParser;
import javax.xml.parsers.SAXParserFactory;
public class SAXSample{
    public static void main(String args[]) {
        try {
                //建構剖析器工廠
                SAXParserFactory factory = SAXParserFactory.newInstance();
                //建構 SAX 剖析器け
                SAXParser saxParser = factory.newSAXParser();
                //建構事件處理器
                MyHandler handler = new MyHandler ();
                //處理同目錄之下的 Book.xml 文件，並指定事件的處理器
                saxParser.parse(new File("Book.xml"), handler);

            System.out.println(" 處理過程共有：" + handler.count + " 個事件 ");
    }catch (Exception e){
            System.out.println(" 處理時發生例外："+e.getMessage());
    }
}
}
```

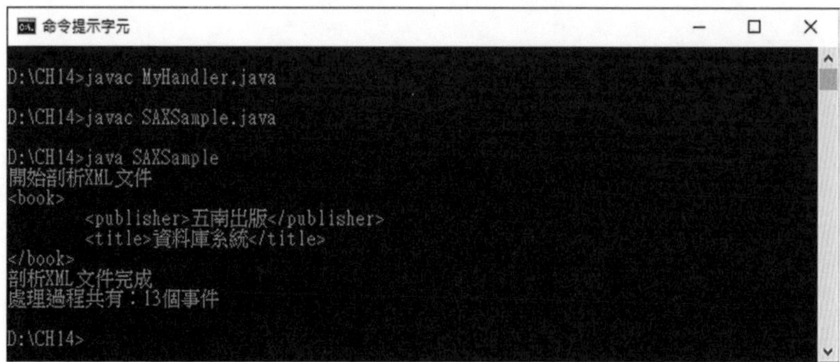


圖 14-1　SAX 剖析 XML 文件的執行結果

程式執行顯示如圖 14-1 所示，首先分別編譯 MyHandler.java 與 SAXSample.java 兩支程式。執行 SAXSample 主程式時，程式逐一建構剖析器工廠的物件，再依該物件建構 SAX 剖析器，以及將繼承於 DefaultHandler 類別的自訂處理器類別建構成物件，最後藉由 SAX 剖析器的 parse( ) 方法執行剖析 XML 文件內容。執行 parse( ) 方法時，指定 MyHandler 類別所建構的物件為事件處理器，系統便會依據剖析過程發生的事件種類，執行 MyHander 類別對應的方法。

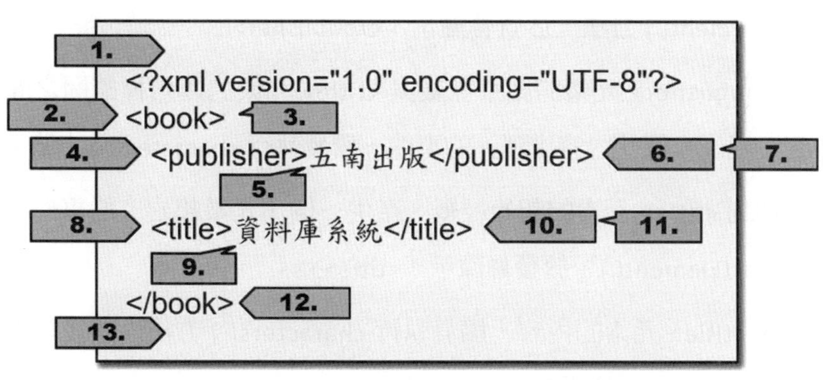


圖 14-2 剖析 XML 文件過程依序觸發的事件

剖析 XML 文件過程中，觸發的事件依序共有如圖 14-2 所示的 13 個事件，各事件觸發分別執行的方法為：

(1) 開始剖析時會產生一個「文件起始」的事件，觸發執行 startDocument( ) 方法，於螢幕顯示「開始剖析 XML 文件」的訊息；

(2) 接著處理 <book> 元素的起始標籤，會產生一個「元素起始」的事件，觸發執行 startElement( ) 方法，於螢幕顯示該元素的名稱：<book>；

(3) 因 <book> 元素與子元素 <publisher> 之間的空白內容，產生一個「內容處理」的事件（因為子元素就是父元素的內容），觸發執行 characters( )

方法；

(4) 處理到 <publisher> 元素的起始標籤，產生一個「元素起始」的事件，觸發執行 startElement( )，於螢幕顯示「<publisher>」；

(5) 處理 <publisher> 元素的內容，觸發執行 characters( ) 方法，於螢幕顯示該元素的內容「五南出版」；

(6) 若處理到 <publisher> 元素的結束標籤，表示元素結束，因而觸發執行 endElement( ) 方法，於螢幕顯示「</publisher>」；

(7) 因 <publisher> 元素的結束標籤與 <title> 元素的起始標籤間之間空白內容，產生一個「內容處理」的事件，觸發執行 characters( ) 方法；

(8) 處理到 <title> 元素的起始標籤，產生一個「元素起始」的事件，觸發執行 startElement( )，於螢幕顯示「<title>」；

(9) 處理 <title> 元素的內容，觸發執行 characters( ) 方法，於螢幕顯示該元素的內容「資料庫系統」；

(10) 若處理到 <title> 元素的結束標籤，表示此元素結束，因之而觸發執行 endElement( ) 方法，於螢幕顯示「</title>」；

(11) 因 <title> 元素的結束標籤與 <book> 元素的結束標籤間之間空白內容，產生一個「內容處理」的事件，觸發執行 characters( ) 方法；

(12) 若處理到 <book> 元素的結束標籤，表示此元素結束，因之而觸發執行 endElement( ) 方法，於螢幕顯示「</book>」；

(13) XML 文件已經結束，產生「文件結束」事件，觸發執行 endDocument( ) 方法，於螢幕顯示「剖析 XML 文件完成」的訊息。

# 第二節 處理器介面

撰寫SAX的程式時，可以選擇SAXParser與DefaultHandler來剖析XML文件，可以簡化許多撰寫程式的複雜度。但是考慮原生的SAX處理器特有的方法，還是需要了解如何使用原生的SAX處理器剖析XML文件。本單元逐一介紹SAX原生的四個處理器：ContentHandler、DTDHandler、EntityResolver與ErrorHandler的詳細使用方式。

## 一、ContentHandler介面

SAX剖析XML文件時，XML剖析器會使用ContentHandler處理器介面的方法來處理相對應的事件。位於org.xml.sax套件內的ContentHandler處理器介面，該介面封裝了許多對應事件的方法，例如先前範例使用的startDocument( )、startElement( )、characters( )等，完整的方法表列如表14-3所示：

表14-3 ContentHandler介面的方法

| 回傳值型態 | 方法名稱 | 觸發執行時機 |
|---|---|---|
| void | characters( char[] ch, int start, int length) | 接收字元資料的通知。每當遇到字元資料時呼叫，如果標籤沒有內容，但有子標籤時，其中的空格會作為字元資料返回 |
| void | endDocument( ) | 接收文件結束的通知 |
| void | endElement(String uri, String localName, String qName) | 接收元素結束的通知 |
| void | endPrefixMapping(String prefix) | 結束URI名稱空間字首名稱（prefix）範圍的映射（mapping） |

| 回傳值型態 | 方法名稱 | 觸發執行時機 |
|---|---|---|
| void | ignorableWhitespace(char[] ch, int start, int length) | 接收元素內容可忽略空白的通知 |
| void | processingInstruction(String target, String data) | 接收處理指令的通知 |
| void | setDocumentLocator(Locator locator) | 接收用來定位 SAX 文件事件起源的物件 |
| void | skippedEntity(String name) | 接收跳過實體的通知 |
| void | startDocument() | 接收文件起始的通知 |
| void | startElement(String uri, String localName, String qName, Attributes atts) | 接收元素起始的通知 |
| void | startPrefixMapping(String prefix, String uri) | 開始 URI 名稱空間字首名稱範圍的映射 |

接下來的練習是將先前練習的 Book.xml 稍微擴充了一些內容，檔名為 BookStore.xml，以便盡量能夠示範 ContentHandler 介面各個方法：

**XML 文件檔名：BookStore.xml**

```
<?xml version="1.0" encoding="UTF-8"?>
<?xml-stylesheet href="book.css" type="text/css"?>
<!DOCTYPE bookstore[
<!ELEMENT bookstore (book*)>
<!ATTLIST bookstore xmlns:bk CDATA #FIXED "http://www.test.my_bookstore">
<!ELEMENT book (publisher,title,email?)>
<!ATTLIST book id CDATA #REQUIRED >
<!ELEMENT publisher (#PCDATA)>
<!ELEMENT title (#PCDATA)>
<!ELEMENT emila (#PCDATA)>
<!NOTATION jpg PUBLIC "JPG 1.0">
<!NOTATION com SYSTEM "WuNan">
<!ENTITY  bkmail SYSTEM "mail.txt">
```

```
<!ENTITY picture SYSTEM "book.gif" NDATA mspaint.exe >
]>
<bookstore xmlns:bk="http://www.test.my_bookstore">
    <book id="5R21">
        <publisher>WuNan Books: &bkmail;</publisher>
        <title>Database System</title>
</book>
</bookstore>
```

## 1. 文件起始與文件結束的處理

在 SAX 剖析器剖析 XML 文件時，在文件最開始時會產生「文件開始」的事件，會觸發執行事件處理器的 startDocument( ) 方法。而在處理到文件最後結束時會產生「文件結束」的事件，會觸發執行事件處理器的 endDocument( ) 方法。也就是說 startDocument( ) 方法是在接收 XML 文件開始時的通知；endDocument( ) 方法則是接收文件結束的通知。處理一份 XML 文件只會執行一次 startDocument( ) 方法與 endDocument( ) 方法。

參考下列撰寫程式的步驟，示範 startDocument( ) 方法與 endDocument( ) 方法簡單的使用方式。

步驟一：撰寫實現 ContentHandler 介面的 myContentHandler 類別，加入一用來顯示縮格（Indentation）內容的自訂方法。

**Java 程式檔名：MyContentHandler.java**

```
class MyContentHandler implements ContentHandler{

    //自訂方法，用來顯示縮格
    private String ident(int count){
        StringBuffer text = new StringBuffer();
        for(int i = 0;i<count;i++)
            text.append(" ");
```

```
        return text.toString();
    }
}
```

步驟二：在該類別中覆寫下列方法：

**startDocument( )** 方法：接收文件的開始的通知

```
public void startDocument() throws SAXException{
    System.out.println(this.ident(this.frontBlankCount++)
            +"【開始剖析 XML 文件】");
}
```

**endDocument( )** 方法：接收文件的結尾的通知

```
public void endDocument(){
        System.out.println(this.ident(--this.frontBlankCount)+
            "【剖析 XML 文件完成】");
}
```

步驟三：撰寫用來測試練習使用各個 SAX 處理器的 SAXHandle_Test.java 主程式，在該程式的 main( ) 方法內撰寫下列程式碼：

```
//建立處理文件內容相關事件的處理器
ContentHandler contentHandler = new MyContentHandler();
//使用 XMLReaderFactory 建構一個 XML 剖析器
XMLReader reader = XMLReaderFactory.createXMLReader();
//設定 XML 剖析器的處理文件內容相關事件的處理器
reader.setContentHandler(contentHandler);
//剖析 BookStore.xml 文件
reader.parse(new InputSource(new FileReader("BookStore.xml")));
```

## 2. 特殊指令的處理

在 XML 文件中，以問號「?」標示的處理指令（processing instruction，PI）定義了一些特殊規格，因此處理指令不屬於標籤，例如 XML 的 prolog 宣告：

```
<?xml version="1.0" encoding="UTF-8"?>
```

又例如，XML 文件使用 CSS 時，所引入外部 CSS 檔案，也是使用處理指令的方式宣告：

```
<?xml-stylesheet href="book.css" type="text/css"?>
```

當 SAX 處理器剖析 XML 文件時，如果發現 XML 文件中的處理指令，便會產生一個「處理指令」的事件，觸發事件處理器執行 processingInstruction( ) 方法進行處理。

processingInstruction( ) 方法接收兩個的引數：

- target：處理指令目標。
- data：處理指令資料，如果未提供，則爲 null。

因此，我們可以在先前練習的 myContentHandler 類別，添加列程式碼：

```
public void processingInstruction(String target,String data){
    System.out.println(this.ident(this.frontBlankCount)
            +"【處理指令】:（目標 =「"+target+"」, 內容 =「"+data+"」)");
}
```

執行 SAXHandler_Test.java 主程式，讀取 BookStore.xml 文件，畫面顯示如下處理的結果：

```
【處理指令】:（目標 =「xml-stylesheet」, 內容 =「href="book.css" type="text/css"」）
```

### 3. 處理元素的開始和結束

在 SAX 處理器剖析 XML 文件時，若發現起始標籤，便會產生一「元素起始」事件，觸發事件處理器執行 startElement( ) 方法進行處理。startElement( ) 方法接收四個的引數：

- uri：元素的名稱空間，如果元素沒有名稱空間，則爲空白字元。
- localName：不含名稱空間字首的元素名稱。
- qName：含名稱空間字首的限定名稱。
- atts：元素的屬性集合。

事件處理完之後，會繼續處理其他的事件，例如：「內容處理」、子元素的「元素起始」等事件。對於每一個「元素起始」的 startElement( ) 方法，都會有一個對應「元素結束」的 endElement( ) 方法。endElement( ) 方法接收 uri, localName, qName 三個的引數，其意義和 startElement 接收的引數相同。

我們可以在先前練習的 myContentHandler 類別，繼續增加下列程式碼：

```
public void startElement(String uri, String localName, String qName, Attributes atts){
    System.out.println(this.ident(this.frontBlankCount++)
            +"【元素起始】:"+qName+"("+uri+")");
}
```

```
public void endElement(String uri,String localName,String qName){
    System.out.println(this.ident(--this.frontBlankCount)
            + "【元素結束】:"+qName+"("+uri+")");
}
```

開始執行 SAXHandler_Test.java 主程式，並讀取 BookStore.xml 文件，執行 startElement( ) 與 endElement( ) 方法的結果，應會顯示如下處理的畫面：

```
【元素起始】:bookstore()
  【元素起始】:book()
      【元素起始】:publisher()
      【元素結束】:publisher()
      【元素起始】:title()
      【元素結束】:title()
  【元素結束】:book()
【元素結束】:bookstore()
```

## 4. 資料內容的處理

在XML文件中，起始標籤與結束標籤之間就是內容。只是內容可以是單純的資料，也可以是子元素。當 SAX 處理器剖析到這些內容時，就會產生一個「內容處理」的事件，觸發事件處理器執行 characters( ) 方法進行處理。endElement( ) 方法執行時會接收三個的引數：

- ch[]：字元陣列，來自 XML 文件的內容，等同於 DOM 中 Text 節點的內容值。
- start：資料在 ch 字元陣列中的起始位置。
- length：資料長度，也就陣列的元素數量。

接續先前練習的 myContentHandler 類別，覆寫 characters( ) 方法，增加下列處理內容資料的程式碼：

```
public void characters(char[] ch, int start, int length){
    StringBuffer buffer = new StringBuffer();
    for(int i=start; i<length; i++){
        switch(ch[i]){
            case '\\':buffer.append("\\\\");break;
            case '\r':buffer.append("\\r");break;
            case '\n':buffer.append("\\n");break;
            case '\t':buffer.append("\\t");break;
```

```
                case '\"':buffer.append("\\\"");break;
                default : buffer.append(ch[i]);
            }
        }
        System.out.println(this.ident(this.frontBlankCount)
                +"【字元資料】:("+length+"):"+buffer.toString());
}
```

程式中首先建構一個 StringBuffer 類別的物件，然後透過 for 迴圈逐一依據 ch[] 陣列的內容特性進行處理，主要是使用 case 條件判斷逸出字元的使用，將其轉換成「顯示」的形式。

## 5. 空格字元的處理

通常為了讓資料看起來較清楚，了解元素與子元素的關係，習慣會在編輯文件時使用縮格（indentation）或空格的方式排版。但是在剖析 XML 文件時，處理器並不知道這一點，而會當作是內容的資料。雖然可以在 characters( ) 方法內使用程式運作的方式去除空格字元，但是這樣的效率較差，也會使程式因為增加許多判斷而變得更加複雜。因此，當 SAX 處理器剖析資料內容是標籤之間縮格形式的空格字元時，就會觸發事件處理器執行 ignorableWhitespace( ) 方法。ignorableWhitespace( ) 方法執行時接收的引數與 characters( ) 方法相同，各引數的意義可以參見 characters( ) 分法的介紹。也因此，示範練習的程式碼，也和 characters( ) 方法相似：

```
public void ignorableWhitespace(char[] ch, int begin, int length){
    StringBuffer buffer = new StringBuffer();
    for(int i = begin ; i < length ; i++){
        switch(ch[i]){
            case '\\':buffer.append("\\\\");break;
            case '\r':buffer.append("\\r");break;
```

```
                case '\n':buffer.append("\\n");break;
                case '\t':buffer.append("\\t");break;
                case '\"':buffer.append("\\\"");break;
                default : buffer.append(ch[i]);
            }
        }
        System.out.println(this.ident(this.frontBlankCount)
                + "【忽略空白】:("+length+"):"+buffer.toString());
}
```

## 6. 名稱空間的處理

XML 文件使用名稱空間區別相同但不同意義的標籤名稱，也就是當兩個不同的元素有相同的標籤名稱時，就可以透過隸屬於不同 URI 的名稱空間來區別。完整的名稱空間是由字首和全稱組合而成，例如：

```
xmlns:xs="http://www.w3.org/2001/XMLSchema"
```

xs 是名稱空間的字首，而 http://www.w3.org/2001/XMLSchema 則是名稱空間的全稱，完整的名稱空間透過 W3C 規定字首為 xmlns 的名稱宣告。SAX 處理器剖析 XML 文件時，如果發現一個名稱空間的宣告，就會產生一個「名稱空間起始」的事件，觸發處理器執行 startPrefixMapping( ) 方法。此方法執行時接收兩個引數：

- prefix：名稱空間的字首，如果是沒有字首的名稱空間，會使用空字元表示。
- uri：名稱空間的全稱。

對於一般名稱空間的處理，「名稱空間起始」事件的訊息並非必要的，當處理器的特性："http://xml.org/sax/features/namespaces" 設定為 true 時，SAX 處理器將會自動替換元素和屬性名稱的字首。

```
reader.setFeature("http://xml.org/sax/features/namespaces",true);
```

當處理器剖析完成名稱空間的標示之後，就會產生一個「名稱空間完成」的事件，觸發執行 endPrefixMapping( ) 方法。此方法執行時只接收一個引數：

- prefix：表示被對映的名稱空間字首。

接續先前練習的 myContentHandler 類別，分別覆寫 startPrefixMapping( ) 與 endPrefixMapping( ) 方法，增加下列顯示名稱空間字首與全稱的程式碼：

```
public void startPrefixMapping(String prefix,String uri){
    System.out.println(this.ident(this.frontBlankCount++)
            +"【名稱空間字首名稱】:"+prefix+"【URI 全稱】:" +uri);
}

public void endPrefixMapping(String prefix) {
    System.out.println(this.ident(--this.frontBlankCount)
            +"【名稱空間結束】:"+prefix);
}
```

完成後 MyContentHandler.java 與 SAXHandler_Test.java 程式碼，如下所示：

**ContentHandler 處理器檔名：MyContentHandler.java**

```
import org.xml.sax.Attributes;
import org.xml.sax.ContentHandler;
import org.xml.sax.Locator;
import org.xml.sax.SAXException;
class MyContentHandler implements ContentHandler{
    int frontBlankCount = 0; // 資料縮格的空格數

    public MyContentHandler(){
    }
    // 接收文件的開始的通知
```

```
public void startDocument() throws SAXException{
    System.out.println(this.ident(this.frontBlankCount++)
            +"【開始剖析 XML 文件】");
}
//接收文件的結尾的通知
public void endDocument() throws SAXException {
    System.out.println(this.ident(--this.frontBlankCount)+"【剖析 XML 文件完成】");
}
//開始名稱空間範圍對映
public void startPrefixMapping(String prefix,String uri)
        throws SAXException {
    System.out.println(this.ident(this.frontBlankCount++)
            +"【名稱空間字首名稱】:"+prefix+"【URI 全稱】:" +uri);
}
//結束名稱空間字首範圍的對映
public void endPrefixMapping(String prefix) throws SAXException {
    System.out.println(this.ident(--this.frontBlankCount)
            +"【名稱空間結束】:"+prefix);
}
//接收元素開始的通知
public void startElement(String uri, String localName,
        String qName, Attributes atts) throws SAXException {
    System.out.println(this.ident(this.frontBlankCount++)
            +"【元素起始】:"+qName+"("+uri+")");
}
//接收元素的結尾的通知
public void endElement(String uri,String localName,String qName)
        throws SAXException {
    System.out.println(this.ident(--this.frontBlankCount)
            + "【元素結束】:"+qName+"("+uri+")");
}
//接收字元資料的通知
public void characters(char[] ch, int start, int length) throws SAXException {
    StringBuffer buffer = new StringBuffer();
    for(int i=start; i<length; i++){
        switch(ch[i]){
            case '\\':buffer.append("\\\\");break;
            case '\r':buffer.append("\\r");break;
```

```
                case '\n':buffer.append("\\n");break;
                case '\t':buffer.append("\\t");break;
                case '\"':buffer.append("\\\"");break;
                default : buffer.append(ch[i]);
            }
        }
        System.out.println(this.ident(this.frontBlankCount)
                +"【字元資料】:("+length+"):"+buffer.toString());
    }
    //接收元素內容中可忽略的空白的通知
    public void ignorableWhitespace(char[] ch, int begin, int length)
            throws SAXException {
        StringBuffer buffer = new StringBuffer();
        for(int i = begin ; i < length ; i++){
            switch(ch[i]){
                case '\\':buffer.append("\\\\");break;
                case '\r':buffer.append("\\r");break;
                case '\n':buffer.append("\\n");break;
                case '\t':buffer.append("\\t");break;
                case '\"':buffer.append("\\\"");break;
                default : buffer.append(ch[i]);
            }
        }
        System.out.println(this.ident(this.frontBlankCount)
                + "【忽略空白】:("+length+"):"+buffer.toString());
    }
    //接收處理指令的通知
    public void processingInstruction(String target,String data)
            throws SAXException {
        System.out.println(this.ident(this.frontBlankCount)
                +"【處理指令】:(目標 =「"+target+"」, 內容 =「"+data+"」)");
    }
    //接收跳過的實體的通知
    public void skippedEntity(String name) throws SAXException {
            System.out.println(this.ident(this.frontBlankCount)
                +"【略過實體】:"+name);
    }
```

```
    //接收用來查詢 SAX 文件事件起源的物件
    public void setDocumentLocator(Locator locator) {
        System.out.println(this.ident(this.frontBlankCount)
            +"【文件事件起源】 set document_locator : (lineNumber = "
            +locator.getLineNumber()
            +", columnNumber = "+locator.getColumnNumber()
            +", systemId = "+ locator.getSystemId()
            +", publicId = "+ locator.getPublicId()+ ")");
    }
    //自訂方法，用來顯示縮格
    private String ident(int count){
        StringBuffer text = new StringBuffer();
        for(int i = 0;i<count;i++)
            text.append(" ");
    return text.toString();
    }
}
```

**Java 主程式檔名：SAXHandler_Test.java**

```
import java.io.IOException;
import org.xml.sax.ContentHandler;
import org.xml.sax.SAXException;
import org.xml.sax.XMLReader;
import org.xml.sax.helpers.XMLReaderFactory;
public class SAXHandler_Test{
   public static void main(String args[]){
     try {
       //建立處理文件內容相關事件的處理器
       ContentHandler contentHandler = new MyContentHandler();
       //使用 XMLReaderFactory 建構一個 XML 剖析器
       XMLReader reader = XMLReaderFactory.createXMLReader();
       /*
       * 設定剖析器的相關特性
       *  http://xml.org/sax/features/validation = true 表示開啓驗證
       *  http://xml.org/sax/features/namespaces = true 表示開啓名稱空間
       */
```

```
            reader.setFeature("http://xml.org/sax/features/validation",true);
            reader.setFeature("http://xml.org/sax/features/namespaces",true);

            //設定 XML 剖析器的處理文件內容相關事件的處理器
            reader.setContentHandler(contentHandler);
            //剖析 BookStore.xml 文件
            reader.parse(new InputSource(new FileReader("BookStore.xml")));
        }catch (Exception e){
            System.out.println(" 處理時發生例外:"+e.getMessage());
        }
    }
}
```

執行 SAXHandler_Test.java 剖析 BookStore.xml 文件的結果，顯示如圖 14-3 所示。

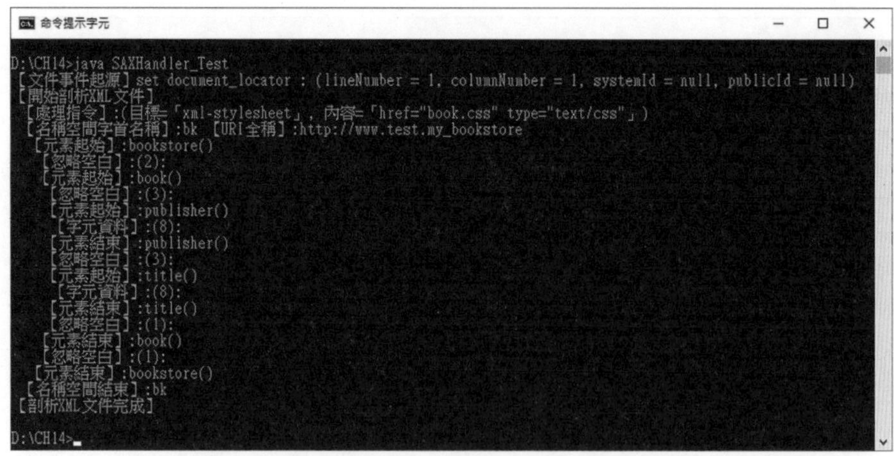


圖 14-3　SAX 處理器剖析 BookStore.xml 文件結果

## 二、DTDHandler 介面

DTDHandler 處理器介面用於接收與 DTD 相關事件的通知。如果 SAX 應用程式需要關於註釋和未剖析的實體資訊，則該應用程式可實作此介面，並使用 SAX 處理器的 setDTDHandler 方法向該處理器註冊一個實例（instance，也就是物件）。處理器使用該實例向應用程式回應註釋和未剖析的實體宣告。

### 1. 註釋宣告的處理

在剖析 DTD 中的符號時將會產生「註釋宣告」事件，觸發 DTDHandler 介面執行 notationDecl( ) 方法。提供必要時應用程式可以用來記錄註釋以供爾後參考。註釋可以是屬性值和未剖析實體的宣告出現，並且有時和處理指令的目標名稱一起使用。notationDecl( ) 方法執行時接收三個引數，各引數的意義如下：

- name：註釋名稱。
- publicId：註釋的公共識別符號，如果未提供，則爲 null。
- systemId：註釋的系統識別符號，如果未提供，則爲 null。

請參考下列撰寫程式的步驟，示範 DTDHandler 介面的實作與 notationDecl( ) 方法的使用方式：

步驟一：撰寫實現 DTDHandler 介面的 myDTDHandler 類別，並在該類別覆寫 notationDecl( ) 方法，顯示 name, publicId 和 systemId 三個接收的引數內容：

```
public void notationDecl(String name, String publicId, String systemId){
    System.out.println("【註釋剖析】:(name = "+name+", systemId = "
            +systemId+", publicId = "+publicId+")");
}
```

步驟二：在上一單元練習的主程式 SAXHandler_Test.java 的 main( ) 方法內加入設置處理器的 setDTDHandler( ) 方法：

```
ContentHandler contentHandler = new MyContentHandler();
DTDHandler dtdHandler = new MyDTDHandler();
XMLReader reader = XMLReaderFactory.createXMLReader();
reader.setContentHandler(contentHandler);
reader.setDTDHandler(dtdHandler);
reader.parse(new InputSource(new FileReader("BookStore.xml")));
```

## 2. 未剖析實體的處理

DTDHandler 處理器介面提供了 unparsedEntityDecl( ) 方法，該方法能夠接收未剖析的實體宣告事件的通知。該方法執行時會接收四個引數，其意義分別為：

- name：未剖析的實體名稱。
- publicId：實體的公共識別符號，如果未提供，則為 null。
- systemId：實體的系統識別符號。
- notationName：相關的註釋名稱。

接續前一練習的 myDTDHandler 類別，加入覆寫的 unparsedEntityDecl( ) 方法，程式碼如下所示：

```
public void unparsedEntityDecl(String name, String publicId,
                String systemId, String notationName) throws SAXException {
    System.out.println("【未剖析的實體】：(name = " + name
            +",systemId = "+publicId+", publicId = "+systemId
            +", notationName = "+notationName+")");
}
```

完成後 MyDTDHandler.java 與 SAXHandler_Test.java 程式碼，如下所示：

**DTDHandler 處理器檔名：MyDTDHandler.java**

```
import org.xml.sax.DTDHandler;
import org.xml.sax.SAXException;
public class MyDTDHandler implements DTDHandler {
    /*
     * 接收註釋宣告事件的通知。
     * 引數意義如下：
     * name：註釋名稱。
     * publicId：註釋的公共識別符號，如果未提供，則為 null。
     * systemId：註釋的系統識別符號，如果未提供，則為 null。
     */
    public void notationDecl(String name, String publicId, String systemId)
                    throws SAXException {
        System.out.println("【註釋剖析】:(name = "+name+", systemId = "
                +systemId+", publicId = "+publicId+")");
    }
    /*
     * 接收未剖析的實體宣告事件的通知。
     * 引數意義如下：
     * name：未剖析的實體的名稱。
     * publicId：實體的公共識別符號，如果未提供，則為 null。
     * systemId：實體的系統識別符號。
     * notationName：相關注釋的名稱。
     */
    public void unparsedEntityDecl(String name,     String publicId,
                String systemId, String notationName) throws SAXException {
        System.out.println("【未剖析的實體】：(name = " + name
                +",systemId = "+publicId+", publicId = "+systemId
                +", notationName = "+notationName+")");
    }
}
```

**Java 主程式檔名：SAXHandler_Test.java**

```
import java.io.FileNotFoundException;
import java.io.FileReader;
import java.io.IOException;
```

```
import org.xml.sax.ContentHandler;
import org.xml.sax.DTDHandler;
import org.xml.sax.InputSource;
import org.xml.sax.SAXException;
import org.xml.sax.XMLReader;
import org.xml.sax.helpers.XMLReaderFactory;
public class SAXHandler_Test{
    public static void main(String args[]){
        try {
            //建立處理文件內容相關事件的處理器
            ContentHandler contentHandler = new MyContentHandler();
            //建立處理錯誤事件處理器
            DTDHandler dtdHandler = new MyDTDHandler();
            //建立實體剖析器
            XMLReader reader = XMLReaderFactory.createXMLReader();
            /*
            * 設定剖析器的相關特性
            * http://xml.org/sax/features/validation = true 表示開啓驗證特性
            * http://xml.org/sax/features/namespaces = true 表示開啓名稱空間特性
            */
            reader.setFeature("http://xml.org/sax/features/validation",true);
            reader.setFeature("http://xml.org/sax/features/namespaces",true);

            //設定 XML 剖析器的處理文件內容相關事件的處理器
            reader.setContentHandler(contentHandler);
            //設定 XML 剖析器的處理錯誤事件處理器
            reader.setDTDHandler(dtdHandler);
            //設定 XML 剖析器的實體剖析器
            reader.parse(new InputSource(new FileReader("BookStore.xml")));
        }catch (Exception e){
            System.out.println(" 處理時發生例外："+e.getMessage());
        }
    }
}
```

執行 SAXHandler_Test.java 剖析 BookStore.xml 文件的結果，顯示如圖 14-4 所示。

```
命令提示字元
D:\CH14>java SAXHandler_Test
 【文件事件起源】set document_locator : (lineNumber = 1, columnNumber = 1, systemId = null, publicId = null)
 【開始剖析XML文件】
  【處理指令】:(目標=「xml-stylesheet」, 內容=「href="book.css" type="text/css"」)
 【註釋剖析】:(name = jpg, systemId = null, publicId = JPG 1.0)
 【註釋剖析】:(name = com, systemId = file://file:///D:/CH14/WuNan, publicId = null)
 【未剖析的實體】:(name = picture,systemId = null, publicId = file://file:///D:/CH14/book.gif, notationName =
 mspaint.exe)
錯誤: 若要在 "picture" 的未剖析實體宣告中參照表示法 "mspaint.exe"，必須予以宣告。, 行列位置: 13,1
publicId: null
systemId: null
  【名稱空間字首名稱】:bk 【URI全稱】:http://www.test.my_bookstore
   【元素起始】:bookstore()
    【忽略空白】:(2):
    【元素起始】:book()
     【忽略空白】:(3):
     【元素起始】:publisher()
      【字元資料】:(8):
     【元素結束】:publisher()
     【忽略空白】:(3):
     【元素起始】:title()
      【字元資料】:(8):
     【元素結束】:title()
     【忽略空白】:(1):
    【元素結束】:book()
    【忽略空白】:(1):
   【元素結束】:bookstore()
  【名稱空間結束】:bk
 【剖析XML文件完成】

D:\CH14>
```

圖 14-4　SAX 處理器剖析 BookStore.xml 文件結果

## 三、EntityResolver 介面

EntityResolver 處理器介面與 DTDHandler 處理器介面類似，並不常使用，主要是用來處理與實體相關聯的事件。當一個 XML 文件引用一個外部實體時，就很適合採用這一個介面。EntityResolver 介面只有一個 resolveEntity( ) 方法，提供應用程式執行處理器開啓外部實體的後續作業。

EntityResolver 介面可控制 SAX 處理器剖析 DTD 中引用的外部實體。當 SAX 應用程式需處理外部實體，就需使用 XMLReader 剖析器的 setEntityResolver( ) 方法向 SAX 處理器註冊一個實例（instance，也就是物件），然後 XML Reader 剖析器就可以在 XML 文件引入外部實體之前，先取得外部實體。當 SAX 處理器剖析 XML 文件時，如過遇到一個實體，處理器就會產生一個「實體」事件，此事件會觸發執行 resolveEntity( ) 方法處理資訊。該方法執行時會接收兩個引數，並回傳

一個 InputSource 類別型態的物件，其個別的意義如下：

## 1. 引數

- publicId：被引用的外部實體的公共識別符號，如果未提供，則爲 null。
- systemId：被引用的外部實體的系統識別符號。

## 2. 回傳

描述新輸入源的 InputSource 物件，或者回傳 null，用於提供剖析器開啓到系統識別符號的常規 URI 連線。

下列撰寫程式的步驟，示範 EntityResolver 介面的實作與 resolveEntity( ) 方法的使用方式：

步驟一：撰寫實現 EntityResolver 介面的 myEntityResolver 類別，並在該類別覆寫 resolveEntity( ) 方法，顯示接收的 publicId 和 systemId 引數內容，並回傳 null：

```
import java.io.IOException;
import org.xml.sax.EntityResolver;
import org.xml.sax.InputSource;
import org.xml.sax.SAXException;
public class MyEntityResolver implements EntityResolver {
    public InputSource resolveEntity(String publicId, String systemId)
            throws SAXException, IOException {
        System.out.println("【剖析的實體】: (systemId = "+systemId
            +", publicId = "+publicId+")");
        return null;
    }
}
```

步驟二：在上一單元練習的主程式 SAXHandler_Test.java 的 main( ) 方法內加

入設置處理器的 setEntityResolver( ) 方法：

```
ContentHandler contentHandler = new MyContentHandler();
DTDHandler dtdHandler = new MyDTDHandler();
EntityResolver entityResolver = new MyEntityResolver();
XMLReader reader = XMLReaderFactory.createXMLReader();
reader.setContentHandler(contentHandler);
reader.setDTDHandler(dtdHandler);
reader.setEntityResolver(entityResolver);
reader.parse(new InputSource(new FileReader("BookStore.xml")));
```

完成後 MyEntityResolver.java 與 SAXHandler_Test.java 程式碼，如下所示：

**EntityResolver 處理器檔名：MyEntityResolver.java**

```
import java.io.IOException;
import org.xml.sax.EntityResolver;
import org.xml.sax.InputSource;
import org.xml.sax.SAXException;
public class MyEntityResolver implements EntityResolver {
    /*
    * 提供應用程式剖析外部實體
    * 剖析器將在開啓任何外部實體前呼叫此方法
    * 引數：
    * publicId：被引用的外部實體的公共識別符號，如果未提供，則爲 null。
    * systemId：被引用的外部實體的系統識別符號。
    * 回傳：
    * 描述新輸入源的 InputSource 物件，或者回傳 null，
    * 用於提供剖析器開啓到系統識別符號的常規 URI 連線。
    */
    public InputSource resolveEntity(String publicId, String systemId)
            throws SAXException, IOException {
        System.out.println("【剖析的實體】: (publicId = "+publicId
            +", systemId = "+systemId+")");
        return null;
    }
}
```

**Java 主程式檔名：SAXHandler_Test.java**

```
import java.io.FileNotFoundException;
import java.io.FileReader;
import java.io.IOException;
import org.xml.sax.ContentHandler;
import org.xml.sax.DTDHandler;
import org.xml.sax.EntityResolver;
import org.xml.sax.InputSource;
import org.xml.sax.SAXException;
import org.xml.sax.XMLReader;
import org.xml.sax.helpers.XMLReaderFactory;
public class SAXHandler_Test{
    public static void main(String args[]){
        try {
            //建立處理文件內容相關事件的處理器
            ContentHandler contentHandler = new MyContentHandler();
            //建立處理 DTD 相關事件的處理器
            DTDHandler dtdHandler = new MyDTDHandler();
            //建立實體剖析器
            EntityResolver entityResolver = new MyEntityResolver();
            //使用 XMLReaderFactory 建構一個 XML 剖析器
            XMLReader reader = XMLReaderFactory.createXMLReader();
            /*
            *設定剖析器的相關特性
            * http://xml.org/sax/features/validation = true 表示開啓驗證特性
            * http://xml.org/sax/features/namespaces = true 表示開啓名稱空間特性
            */
            reader.setFeature("http://xml.org/sax/features/validation",true);
            reader.setFeature("http://xml.org/sax/features/namespaces",true);

            //設定 XML 剖析器的處理文件內容相關事件的處理器
            reader.setContentHandler(contentHandler);
            //設定 XML 剖析器的處理 DTD 相關事件的處理器
            reader.setDTDHandler(dtdHandler);
            //設定 XML 剖析器的實體剖析器
            reader.setEntityResolver(entityResolver);
            //剖析 BookStore.xml 文件
```

```
            reader.parse(new InputSource(new FileReader("D:/ch14/BookStore.xml")));
        }catch (Exception e){
            System.out.println(" 處理時發生例外 : "+e.getMessage());
        }
    }
}
```

執行 SAXHandler_Test.java 剖析 BookStore.xml 文件的結果，顯示如圖 14-5 所示。

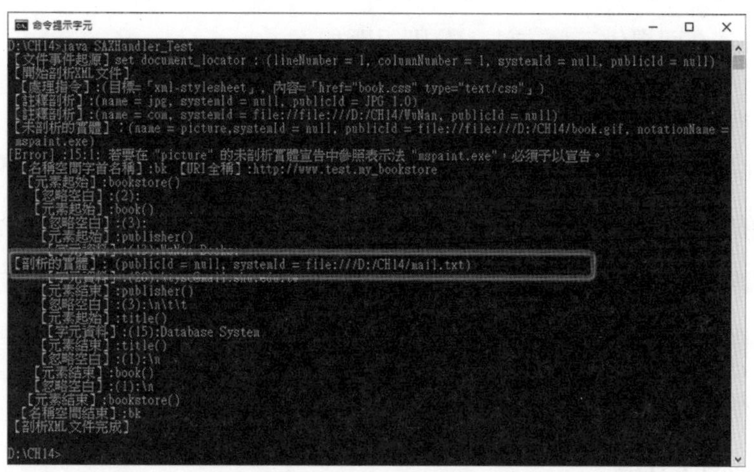

圖 14-5　SAX 處理器剖析 BookStore.xml 文件結果

# 四、ErrorHandler 介面

SAX 處理器除了依據在剖析 XML 文件的過程會產生許多事件，發送給事件處理器觸發執行對應的方法。如果在剖析過程中發現文件語法或格式的錯誤，就會產生「例外」事件，並將該事件發送給事件處理器。也就是說，SAX 處理器除了剖析文件內容的過程，還具有檢查 XML 文件是否符合文法規範的功用。

使用 SAX 處理器檢查 XML 文件是否符合文法規範，首先必須執行 Reader 的 Validating (true) 方法，透過設定為 true 的參數，指定處理器會執行 XML 文件的文法檢驗。當事件處理器收到剖析器產生的「例外」事件訊息後，會依據訊息的種類（警告、錯誤、致命錯誤）觸發執行 ErrorHandler 介面的方法。

若 SAX 應用程式需要執行自行定義的錯誤處理程序，我們就必須使用 setErrorHandler( ) 方法向 SAX 處理器註冊一個實例（instance，也就是物件），然後 XMLReader 剖析器就可以在 XML 文件剖析過程中，發生錯誤事件時能夠依據錯誤類型執行對應的方法，並將發生的例外物件 exception 傳遞給該方法。ErrorHandler 介面提供三種方法，分別說明如下：

### (1) warning( ) 方法

warning( ) 方法是在程式執行剖析過程中遇到一個警告，警告並不屬於嚴重的錯誤。依據 XML 1.0 建議書的定義，SAX 的警告是不屬於錯誤或致命錯誤的問題，所以警告表示不會影響剖析器的繼續執行。因為它不會影響剖析和處理的過程，所以通常預設的處理方式是完全忽略警告。該方法執行時會接收一個引數：SAXParseException 類別型態的 exception 物件。

### (2) error( ) 方法

error( ) 方法是在程式執行剖析過程中遇到一個錯誤。即使發生錯誤，也不會影響剖析的繼續執行。

### (3) fatalError( ) 方法

fatalError( ) 方法是因為剖析過程中遇到一個致命的錯誤，無法繼續剖析 XML 文件時所引發的例外狀況。依據 XML 1.0 建議書的定義，致命錯誤絕對會阻止剖析過程繼續執行，最常發生致命錯誤的情況是 XML 文件的文法錯誤。

請參考下列撰寫程式的步驟，示範 ErrorHandler 介面的實作與錯誤方法的使用方式：

步驟一：撰寫實現 ErrorHandler 介面的 myErrorHandler 類別，並在該類別覆寫 warning( )、error( ) 和 fatalError( ) 這三個方法，顯示接收的 exception 例外物件的相關資訊：

```
public class MyErrorHandler implements ErrorHandler {
    public void warning(SAXParseException e) throws SAXException {
        String warningMessage = e.getMessage();
        System.out.println(" 警告 : "+warningMessage);
    }

    public void error(SAXParseException e) throws SAXException {
        String errorMessage = e.getMessage();
        System.out.println(" 錯誤 : "+errorMessage);
    }

    public void fatalError(SAXParseException e) throws SAXException {
        String fatalErrorMessage = e.getMessage();
        System.out.println(" 嚴重錯誤 : "+fatalErrorMessage));
        throw new SAXException(" 發生嚴重錯誤，終止剖析 ");
    }
}
```

步驟二：繼續在上一個單元練習的主程式 SAXHandler_Test.java 的 main( ) 方法之中加入建構 myErrorHandler 類別的實例物件，也就是錯誤處理器；執行 XMLReader 物件的 setFeature( ) 方法，將驗證的特性設定為 true；最後執行 XMLReader 物件的 setErrorHandler( ) 方法，設置錯誤處理器：

```
ContentHandler contentHandler = new MyContentHandler();
ErrorHandler errorHandler = new MyErrorHandler();
DTDHandler dtdHandler = new MyDTDHandler();
EntityResolver entityResolver = new MyEntityResolver();
```

```
XMLReader reader = XMLReaderFactory.createXMLReader();

reader.setFeature("http://xml.org/sax/features/validation",true);
reader.setFeature("http://xml.org/sax/features/namespaces",true);

reader.setContentHandler(contentHandler);
reader.setErrorHandler(errorHandler);
reader.setDTDHandler(dtdHandler);
reader.setEntityResolver(entityResolver);
reader.parse(new InputSource(new FileReader("D:/ch14/BookStore.xml")));
```

完成後 MyErrorHandlerjava 與 SAXHandler_Test.java 程式碼，如下所示：

**ErrorHandler 處理器檔名：MyErrorHandler.java**

```
import org.xml.sax.ErrorHandler;
import org.xml.sax.SAXException;
import org.xml.sax.SAXParseException;
public class MyErrorHandler implements ErrorHandler{
    /*
     * 警告：接收可恢復的警告的通知，是最輕微的錯誤狀況
     */
    public void warning(SAXParseException e) throws SAXException{
        String warningMessage = e.getMessage();
        int row = e.getLineNumber();
        int columns = e.getColumnNumber();
        System.out.println(" 警告 : "+warningMessage
                +", 行列位置 : "+row+","+columns);
        System.out.println("publicId: "+e.getPublicId());
        System.out.println("systemId: "+e.getSystemId());
    }
    /*
     * 錯誤：接收可恢復的錯誤的通知
     */
    public void error(SAXParseException e) throws SAXException{
        String errorMessage = e.getMessage();
        int row = e.getLineNumber();
```

```
        int columns = e.getColumnNumber();
        System.out.println(" 錯誤 : "+errorMessage
                +", 行列位置 : "+row+","+columns);
        System.out.println("publicId: "+e.getPublicId());
        System.out.println("systemId: "+e.getSystemId());
    }
    /*
     * 致命錯誤：接收不可恢復的錯誤的通知
     */
    public void fatalError(SAXParseException e) throws SAXException {
        String fatalErrorMessage = e.getMessage();
        int row = e.getLineNumber();
        int columns = e.getColumnNumber();
        System.out.println(" 嚴重錯誤 : "+fatalErrorMessage
                +", 行列位置 : "+row+","+columns);
        System.out.println("publicId: "+e.getPublicId());
        System.out.println("systemId: "+e.getSystemId());
        throw new SAXException(" 發生嚴重錯誤，終止剖析 "); // 拋出例外
    }
}
```

**Java 主程式檔名：SAXHandler_Test.java**

```
import java.io.FileNotFoundException;
import java.io.FileReader;
import java.io.IOException;
import org.xml.sax.ContentHandler;
import org.xml.sax.DTDHandler;
import org.xml.sax.EntityResolver;
import org.xml.sax.ErrorHandler;
import org.xml.sax.InputSource;
import org.xml.sax.SAXException;
import org.xml.sax.XMLReader;
import org.xml.sax.helpers.XMLReaderFactory;
public class SAXHandler_Test{
    public static void main(String args[]){
        try {
```

```
            //建立處理文件內容相關事件的處理器
            ContentHandler contentHandler = new MyContentHandler();
            //建立處理錯誤事件處理器
            ErrorHandler errorHandler = new MyErrorHandler();
            //建立處理 DTD 相關事件的處理器
            DTDHandler dtdHandler = new MyDTDHandler();
            //建立實體剖析器
            EntityResolver entityResolver = new MyEntityResolver();
            //使用 XMLReaderFactory 建構一個 XML 剖析器
            XMLReader reader = XMLReaderFactory.createXMLReader();
            /*
             * 設定剖析器的相關特性
             * http://xml.org/sax/features/validation = true 表示開啓驗證特性
             * http://xml.org/sax/features/namespaces = true 表示開啓名稱空間特性
             */
            reader.setFeature("http://xml.org/sax/features/validation",true);
            reader.setFeature("http://xml.org/sax/features/namespaces",true);

            //設定 XML 剖析器的處理文件內容相關事件的處理器
            reader.setContentHandler(contentHandler);
            //設定 XML 剖析器的處理錯誤事件處理器
            reader.setErrorHandler(errorHandler);
            //設定 XML 剖析器的處理 DTD 相關事件的處理器
            reader.setDTDHandler(dtdHandler);
            //設定 XML 剖析器的實體剖析器
            reader.setEntityResolver(entityResolver);
            //剖析 BookStore.xml 文件
            reader.parse(new InputSource(new FileReader("D:/ch14/BookStore.xml")));
        }catch (Exception e){
            System.out.println(" 處理時發生例外："+e.getMessage());
        }
    }
}
```

執行 SAXHandler_Test.java 剖析 BookStore.xml 文件的結果，該文件內容的DTD 實體宣告有一個錯誤，並非 XML 文件本身的錯誤，所以只會觸發執行 error( )

方法，而此錯誤並不會影響文件繼續的剖析。執行果顯示如圖 14-6 所示。

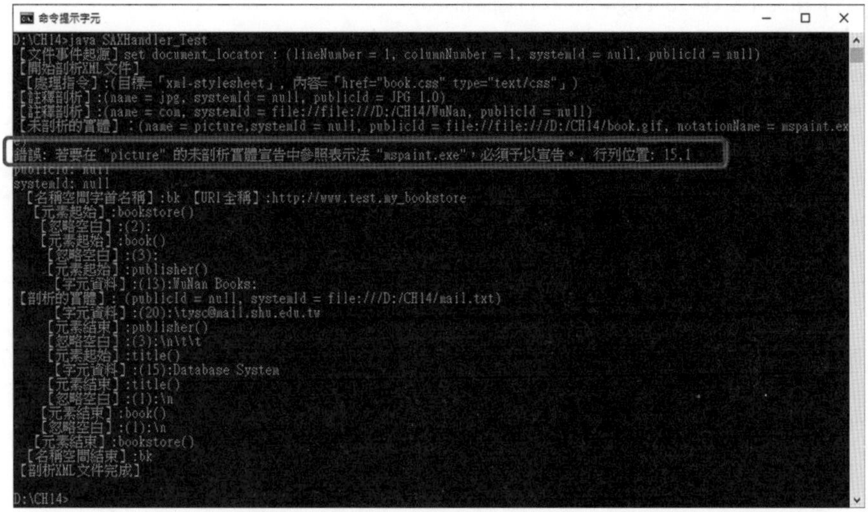

```
命令提示字元
D:\CH14>java SAXHandler_Test
 【文件事件起源】set document_locator : (lineNumber = 1, columnNumber = 1, systemId = null, publicId = null)
 【開始剖析XML文件】
  【處理指令】:(目標=「xml-stylesheet」, 內容=「href="book.css" type="text/css"」)
 【註釋剖析】:(name = jpg, systemId = null, publicId = JPG 1.0)
 【註釋剖析】:(name = com, systemId = file://file:///D:/CH14/WuNan, publicId = null)
 【未剖析的實體】:(name = picture,systemId = null, publicId = file://file:///D:/CH14/book.gif, notationName = mspaint.ex
e)
錯誤: 若要在 "picture" 的未剖析實體宣告中參照表示法 "mspaint.exe"，必須予以宣告。, 行列位置: 15,1
publicId: null
systemId: null
  【名稱空間字首名稱】:bk 【URI全稱】:http://www.test.my_bookstore
   【元素起始】:bookstore()
    【忽略空白】:(2):
    【元素起始】:book()
     【忽略空白】:(3):
     【元素起始】:publisher()
      【字元資料】:(13):WuNan Books:
 【剖析的實體】:(publicId = null, systemId = file:///D:/CH14/mail.txt)
      【字元資料】:(20):\tysc@mail.shu.edu.tw
     【元素結束】:publisher()
     【忽略空白】:(3):\n\t\t
     【元素起始】:title()
      【字元資料】:(15):Database System
     【元素結束】:title()
     【忽略空白】:(1):\n
    【元素結束】:book()
    【忽略空白】:(1):\n
   【元素結束】:bookstore()
  【名稱空間結束】:bk
 【剖析XML文件完成】

D:\CH14>
```

圖 14-6　SAX 處理器剖析 BookStore.xml 文件發生錯誤的顯示結果

接下來，如果將 BookStore.xml 內容更改，以使產生文法錯誤的狀況，例如將 <title> 起始標籤改爲大寫，結束標籤保留小寫。而成爲如下的內容：

**XML 文件檔名：BookStroe.xml**

```
<?xml version="1.0" encoding="UTF-8"?>
<?xml-stylesheet href="book.css" type="text/css"?>
<!DOCTYPE bookstore[
<!ELEMENT bookstore (book*)>
<!ATTLIST bookstore xmlns:bk CDATA #FIXED "http://www.test.my_bookstore">
<!ELEMENT book (publisher,title,email?)>
<!ATTLIST book id CDATA #REQUIRED >
<!ELEMENT publisher (#PCDATA)>
<!ELEMENT title (#PCDATA)>
<!ELEMENT emila (#PCDATA)>
<!NOTATION jpg PUBLIC "JPG 1.0">
```

```
<!NOTATION com SYSTEM "WuNan">
<!ENTITY  bkmail SYSTEM "mail.txt">
<!ENTITY picture SYSTEM "book.gif" NDATA mspaint.exe >
]>
<bookstore xmlns:bk="http://www.test.my_bookstore">
    <book id="5R21">
        <publisher>WuNan Books: &bkmail;</publisher>
        <Title>Database System</title>
</book>
</bookstore>
```

因為有文法錯誤的狀況，所以會觸發執行 fatalError( ) 方法，終止剖析的繼續，因此執行顯示如圖 14-7 所示的結果。

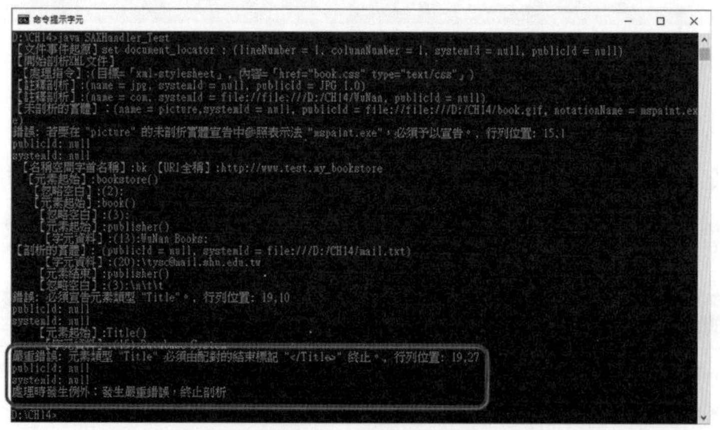


圖 14-7　SAX 處理器剖析 BookStore.xml 文件發生致命錯誤的顯示結果

# 第三節 其他處理器介面

| **processingInstruction( )** 方法：接收處理指令的通知 |
|---|
| 方法的引數：<br>target : 處理指令目標<br>data : 處理指令資料，如果未提供，則爲 null |

```
public void processingInstruction(String target,String data){
    System.out.println(this.ident(this.frontBlankCount)
        +"【處理指令】:（目標 =「"+target+"」, 內容 =「"+data+"」）");
}
```

| **skippedEntity( )** 方法：接收跳過的實體的通知 |
|---|
| 方法的引數：<br>name：所跳過的實體的名稱。如果它是引數實體，則名稱將以 '%' 開頭，如果它是外部 DTD 子集，則將是字串 "[dtd]" |

```
public void skippedEntity(String name){
        System.out.println(this.ident(this.frontBlankCount)
            +"【略過實體】:"+name);
}
```

| **setDocumentLocator( )** 方法：接收用來查詢 **SAX** 文件事件起源的物件 |
|---|
| 方法的引數：<br>locator：可以返回任何 SAX 文件事件位置的物件 |

```
public void setDocumentLocator(Locator locator) {
    System.out.println(this.ident(this.frontBlankCount)
        +"【事件起源】set document_locator : (lineNumber = "
        +locator.getLineNumber()
        +", columnNumber = "+locator.getColumnNumber()
        +", systemId = "+ locator.getSystemId()
        +", publicId = "+ locator.getPublicId()+ ")");
}
```

# 第四節　實務練習

第一節第二單元「剖析 XML API」介紹 JAXP 提供的 DefaultHandler 類別實現（implement）ContentHandler、DTDHandler、EntityResolver、ErrorHandler 四個處理器介面。故除非有特殊需求，建議撰寫 SAX 的程式時，可選擇 SAXParser 與 DefaultHandler 來剖析 XML 文件，簡化許多撰寫程式的複雜度。

本單元練習使用 DefaultHandler 來剖析一個紀錄學生修課科目與成績的 XML 文件，處理的步驟如下：

### 1. 建立 XML 文件：

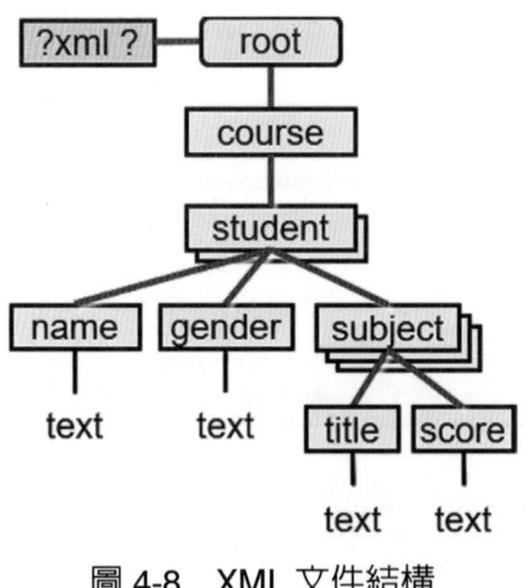


圖 4-8　XML 文件結構

依據如圖 14-8 所示的樹狀結構，建置如下所列的 XML 文件。

**XML 文件檔名：Course.xml**

```
<?xml version="1.0" encoding="UTF-8"?>
<course>
    <student>
        <name> 張三 </name>
        <gender> 男 </gender>
        <subject>
            <title> 資料庫系統 </title>
            <score>92</score>
        </subject>
        <subject>
            <title>Java 程式開發 </title>
            <score>76</score>
        </subject>
        <subject>
            <title> 網站互動程式設計 </title>
            <score>80</score>
        </subject>
    </student>
    <student>
        <name> 李四 </name>
        <gender> 女 </gender>
        <subject>
            <title> 資料庫系統 </title>
            <score>90</score>
        </subject>
        <subject>
            <title>Java 程式開發 </title>
            <score>75</score>
        </subject>
        <subject>
            <title> 網站互動程式設計 </title>
            <score>88</score>
        </subject>
    </student>
</course>
```

## 2. 撰寫科目類別

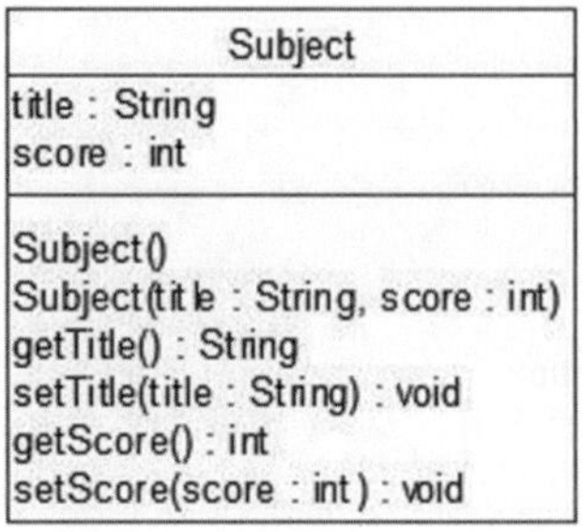

| Subject |
| --- |
| title : String<br>score : int |
| Subject()<br>Subject(title : String, score : int)<br>getTitle() : String<br>setTitle(title : String) : void<br>getScore() : int<br>setScore(score : int) : void |

圖 14-9　Subject.java 類別圖

撰寫一個類別圖如圖 14-9 所示的科目類別 Subject.java，用來建構記錄科目名稱與修課成績的物件。其程式碼如下所示：

**Java 程式檔名：Subject.java**

```
public class Subject{
    private String title;        //課名
    private int score;           //成績

    public Subject(){}
    public Subject(String title, int score){
        this.title = title;
        this.score = score;
    }
    public String getTitle(){
        return title;
    }
    public void setTitle(String title){
        this.title = title;
    }
    public int getScore(){
        return score;
    }
```

```
    public void setScore(int score){
        this.score = score;
    }
}
```

### 3. 撰寫學生類別

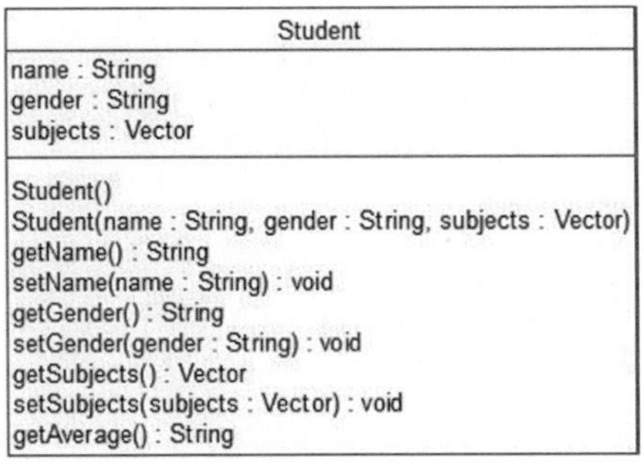

| Student |
| --- |
| name : String<br>gender : String<br>subjects : Vector |
| Student()<br>Student(name : String, gender : String, subjects : Vector)<br>getName() : String<br>setName(name : String) : void<br>getGender() : String<br>setGender(gender : String) : void<br>getSubjects() : Vector<br>setSubjects(subjects : Vector) : void<br>getAverage() : String |

圖 14-10 Student.java 類別圖

撰寫一個類別圖如圖 14-10 所示的學生類別 Student.java，其程式碼如下所示。因為每位學生修課的數目不定，所以採用 Vector 型態的動態陣列：

**Java 程式檔名：Student.java**

```
import java.util.Vector;
import java.text.DecimalFormat;

public class Student{
    private String name;                //姓名
    private String gender;              //性別
    private Vector<Subject> subjects;   //科目

    public Student(){}
    public Student(String name, String gender, Vector subjects){
        this.name = name;
```

```
            this.gender = gender;
            this.subjects=(Vector) subjects.clone();
        }
        public String getName(){
            return name;
        }
        public void setName(String name){
            this.name = name;
        }
        public String getGender(){
            return gender;
        }
        public void setGender(String gender){
            this.gender = gender;
        }
        public Vector getSubjects() {
            return subjects;
        }
        public void setSubjects(Vector subjects){
            this.subjects = (Vector) subjects.clone();;
        }
        public String getAverage(){
            int sum=0;
            for(int i=0; i<subjects.size(); i++)
                sum+=subjects.get(i).getScore();
            DecimalFormat df=new DecimalFormat("#.##");
            float avg=(float)sum/subjects.size();
            return      df.format(avg);
        }
}
```

### 5. 撰寫剖析 XML 文件的類別

開始撰寫一個用來剖析 XML 文件的 SAXStudent 類別程式，這個類別繼承 DefaultHandler 類別，覆寫（overwrite）原先 DefaultHandler 類別內的方法，以提供實際處理 XML 文件的內容：

**Java 程式檔名：SAXStudent.java**

```
import java.util.Vector;
import org.xml.sax.Attributes;
import org.xml.sax.SAXException;
import org.xml.sax.helpers.DefaultHandler;

public class SAXStudent extends DefaultHandler {
    private Subject sbj;
    private Vector subjects;
    private Student std;
    private Vector students;
    private String preTag;

    public void startDocument() throws SAXException {
        subjects = new Vector();
        students = new Vector();
    }

    public void characters(char[] ch, int start, int length)
            throws SAXException {
        if (std != null) {
            String data = new String(ch, start, length);
            if ("name".equals(preTag)) {
                std.setName(data);
            }
            if ("gender".equals(preTag)) {
                std.setGender(data);
            }
            if ("title".equals(preTag)) {
                sbj.setTitle(data);
            }
            if ("score".equals(preTag)) {
                sbj.setScore(Integer.parseInt(data));
            }
        }
    }
```

```
    public void startElement(String uri, String localName, String name,
            Attributes attr) throws SAXException {
        if (name.equals("student")){
            std = new Student();
        }else       if (name.equals("subject")){
            sbj = new Subject();
        }
        preTag = name;
    }

    public void endElement(String uri, String localName, String name)
            throws SAXException {
        if (std != null && name.equals("student")) {
            std.setSubjects(subjects);
            students.add(std);
            subjects.clear();
            std = null;
            sbj = null;
        } else if (sbj != null && name.equals("subject")) {
            subjects.add(sbj);
            sbj = null;
        }
        preTag = null;
    }

    public Vector getStudents() {
        return students;
    }

    public Vector getSubjects() {
        return subjects;
    }
}
```

## 5. 撰寫執行的主程式

撰寫一支具有 main( ) 方法的 SAXStudent_Test.java 程式。於程式中呼叫執行

parseXMLFile( ) 方法，首先建構 SAX 剖析器實體，然後執行其 parse( ) 方法，載入並剖析名稱爲 Course.xml 的 XML 文件內容：

**Java 主程式檔名：SAXStudent.java**

```
import java.io.File;
import java.util.Vector;
import javax.xml.parsers.SAXParser;
import javax.xml.parsers.SAXParserFactory;

public class SAXStudent_Test {
    public static void main(String[] args) throws Exception{
        Vector students = new SAXStudent_Test().parseXMLFile();
        for (int i=0; i<students.size(); i++){
            Student std=(Student)students.get(i);
            System.out.println(" 姓名：" +std.getName());
            System.out.println(" 性別：" + std.getGender());
            System.out.println("------------");
            Vector subjects = std.getSubjects();
            for (int j=0; j<subjects.size(); j++) {
                Subject sbj=(Subject)subjects.get(j);
                System.out.println(" 科目名稱：" + sbj.getTitle());
                System.out.println(" 修課成績：" + sbj.getScore());
                System.out.println();
            }
            System.out.println(" 平均分數："+std.getAverage());
            System.out.println("========================");
        }
    }
    //載入、剖析 Course.xml 內容，取得學生資料
    private Vector parseXMLFile() throws Exception {
        SAXParserFactory factory = SAXParserFactory.newInstance();
        SAXParser saxParser = factory.newSAXParser();
        SAXStudent handle = new SAXStudent();
        saxParser.parse(new File("D:\\CH14\\example\\Course.xml"), handle);
        return handle.getStudents();
    }
}
```

### 6. 執行

程式完成後將本單元所撰寫的程式 Subject.java、Student.java、SAXStudent.java 與 SAXStudent_Test.java 依序編譯，然後執行 SAXStudent。執行完成後，顯示如圖 14-11 所示結果：

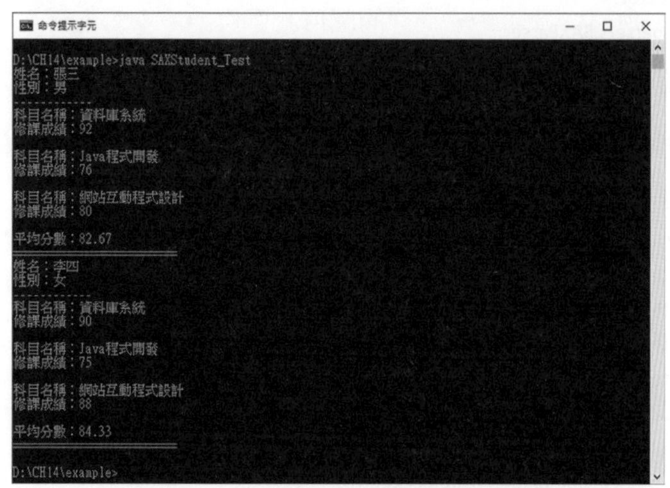


圖 14-11　剖析 Course.xml 顯示的結果

# 附錄 A　XMLSpy 安裝說明

本書採用 XMLSpy 做爲學習 XML 文件的編寫與 XML 相關延伸技術的使用。XMLSpy 只提供 Windows 作業統的執行版本，並未提供 Apple macOS、Linux 等相關作業統平臺的版本。XMLSpy 豐富的圖形介面與多功能的支援，能夠提供學習 XML 時事半功倍的輔助，不過 XMLSpy 爲付費軟體，但提供 30 天的免費試用期。

安裝的程序共有三個步驟：

1. 下載 XMLSpy 安裝軟體；
2. 安裝；
3. 申請試用與輸入序號。

安裝的步驟依序說明如下：

## 1. 下載 XMLSpy 安裝軟體：

XMLSpy 是 ALTOVA 公司的產品，公司網址爲：https://www.altova.com/

• 下載網址：

https://www.altova.com/xmlspy-xml-editor

進入網頁後，選點如圖 A-1 所示左方區塊「DOWNLOAD FREE TRIAL」的下載圖示。

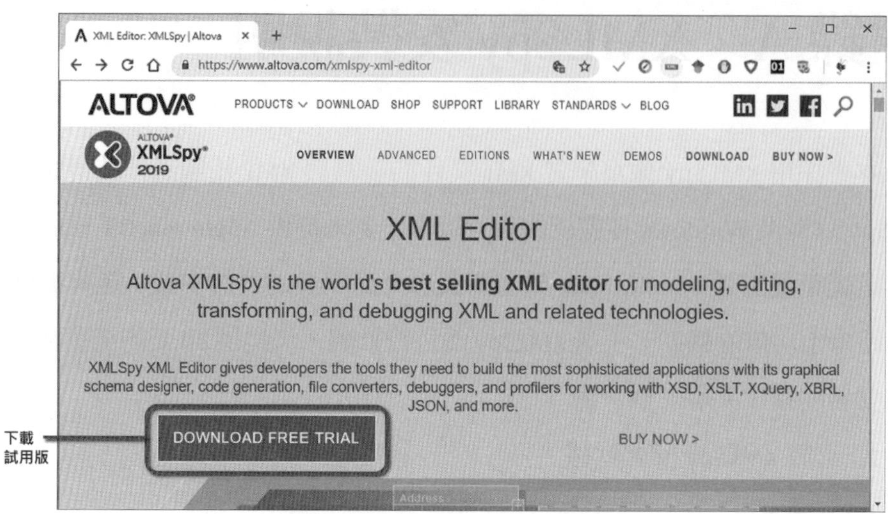


圖 A-1　XMLSpy 下載網頁

進入 XMLSpy 試用軟體下載網頁後，請點選如圖 A-2 所示的 (1)「Operating System」選擇欲安裝 Windows 作業系統的位元版本；以及 (2)「Language」選擇

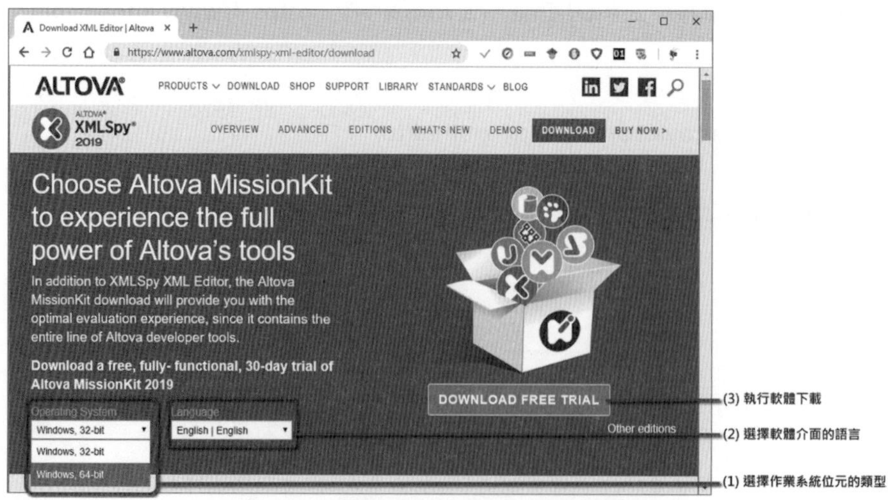


圖 A-2　下載 XMLSpy 的相關選項

軟體操作介面的語言。不過 XMLSpy 軟體操作介面的語言目前只支援英文、德文、西班牙文、法文與日文，並未支援中文。選擇完成後即可選點 (3)「DOWNLOAD FREE TRIAL」圖示，執行 XMLSpy 軟體的下載。

## 2. 安裝：

(1) 執行下載之 XMLSpy 程式。首先會顯示如圖 A-3 所示的安裝起始畫面。按下「Next」按鈕，執行接續的安裝作業。

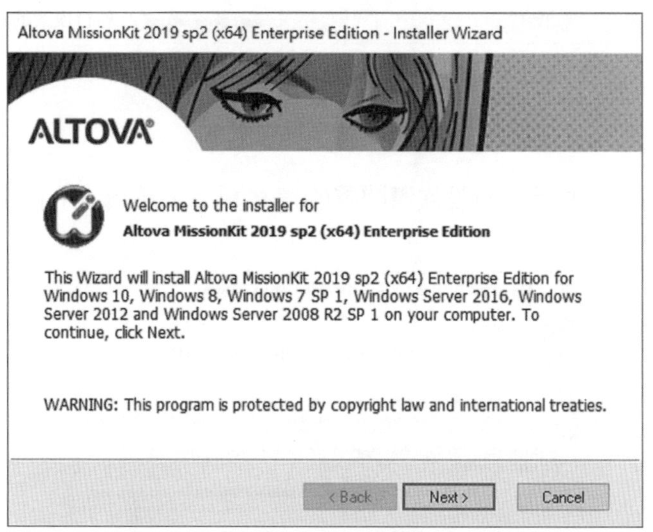


圖 A-3　XMLSpy 安裝起始畫面

(2) 執行實際的安裝作業前，會有許多選擇項目需要逐一確認：首先會顯示如圖 A-4 所示安裝授權同意的選項，請選點接受選項後，按下「Next」按鈕，執行接續的安裝作業。

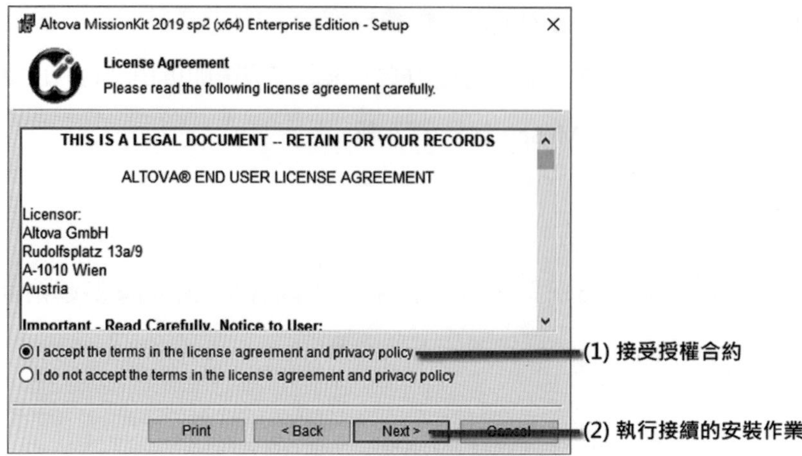


圖 A-4　接受授權合約

(3) 顯示如圖 A-5 所示預設軟體開啓的檔案類型，建議使用預設值即可。

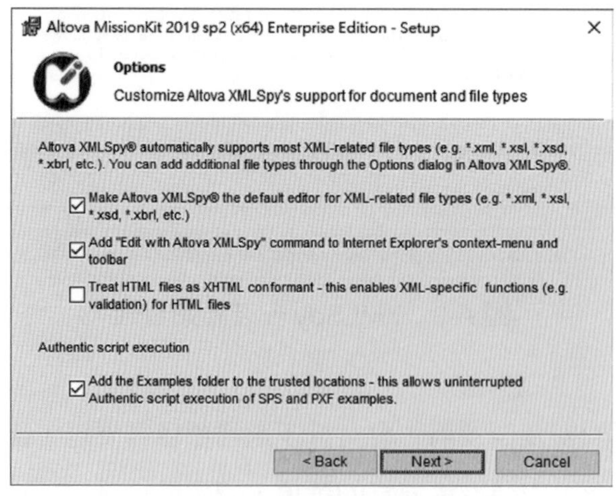


圖 A-5　預設開啓的檔案類型

(4) 顯示如圖 A-6 所示，預設 XMLSpy 作爲資料庫 SQL 編輯的軟體，如果沒有特定使用編輯資料庫 SQL 的軟體，建議使用預設值即可。

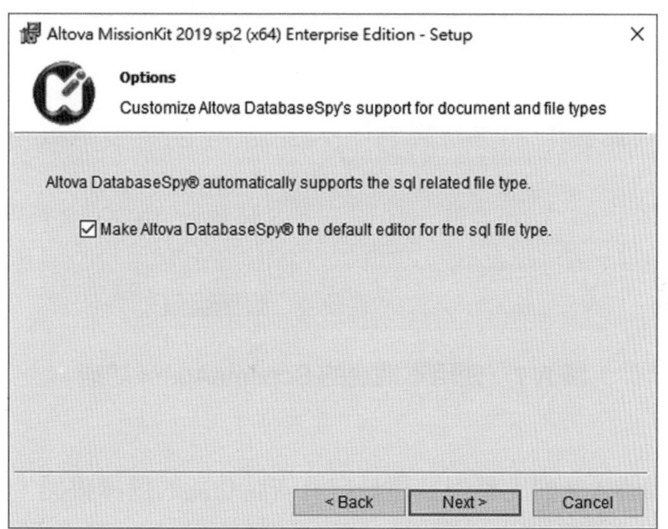


圖 A-6　預設 XMLSpy 作為資料庫 SQL 的編輯

(5) 2019 版本的 XMLSpy 提供了 SchemaAgent 功能，提供跨網路分析與管理 XML Schema、XSLT 與 WSDL 等資源。除非工作環境有安裝 SchemaAgent 伺服器，建議就只選則使用本地端（local）的 SchemaAgent 功能。

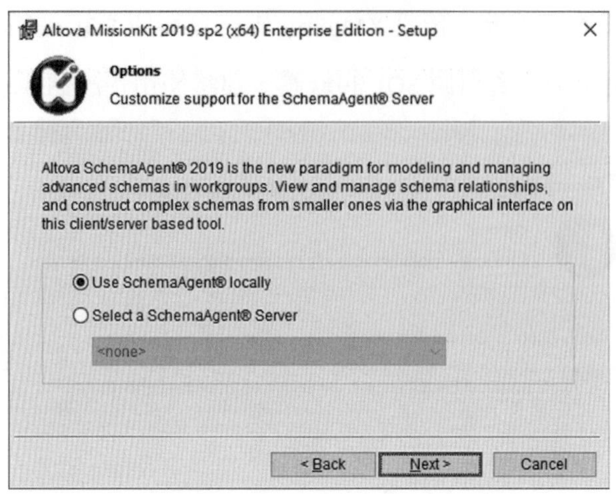


圖 A-7　使用本地端的 SchemaAgent 功能

(6) 顯示如圖 A-8 的完整安裝還是自訂安裝功能的選擇畫面，建議使用預設的完整安裝，若是選擇自訂，則會顯示如圖 A-9 的畫面提供選擇所需安裝（或解除）的功能。

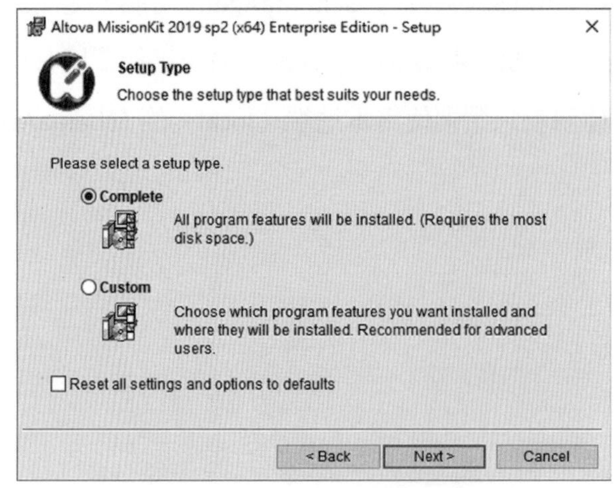


圖 A-8　安裝功能選擇畫面

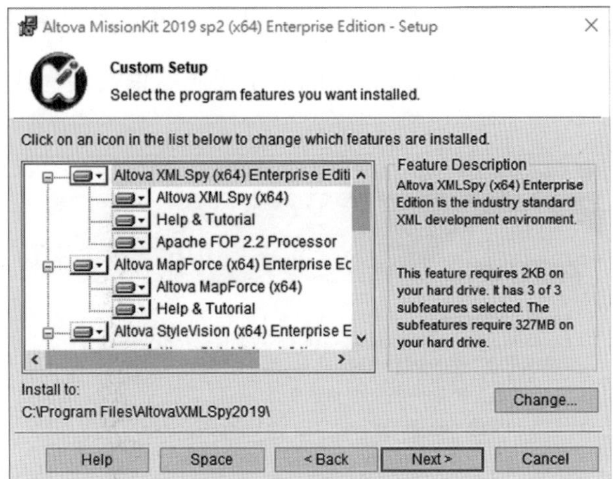


圖 A-9　自訂安裝功能

(7) 經過先前各個安裝前的選擇作業，接著顯示如圖 A-10 的畫面，詢問安裝完成時是否在桌面建立捷徑。完成這一步驟，按下「Install」按鈕，即執行正式的安裝程序。

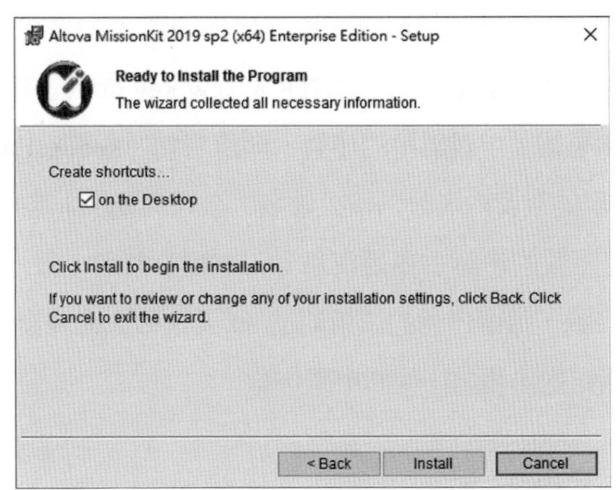


圖 A-10　設定完成，準備進行安裝的畫面

(8) 安裝完成後，系統顯示如圖 A-11 的畫面，畫面內的圖示顯示安裝的功能項目。此時可按下「Finish」按鈕，完成並結束安裝程式。

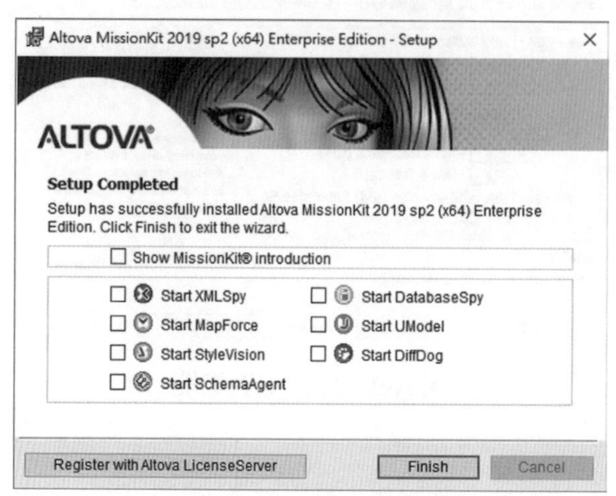


圖 A-11　安裝完成畫面

### 3. 申請試用與輸入序號：

安裝完成後，執行 XMLSpy 時首先會先出現如圖 A-12 的註冊畫面，如果有購買正式版的序號，可以直接選點「ENTER a New Key Code」按鈕，再輸入正式版的相關資料。如果需要申請試用的序號，則請選點「Request a FREE Evaluation Key」按鈕，於出現的視窗內，分別輸入姓名、公司與 email 電郵。

XMLSpy 試用序號的申請主要是使用 email 電郵判別，每一 email 電郵只能申請一次的試用序號，每個序號的試用期爲 30 天。輸入完成後，按下「Request Now」即會透過網路送出測試序號的申請。

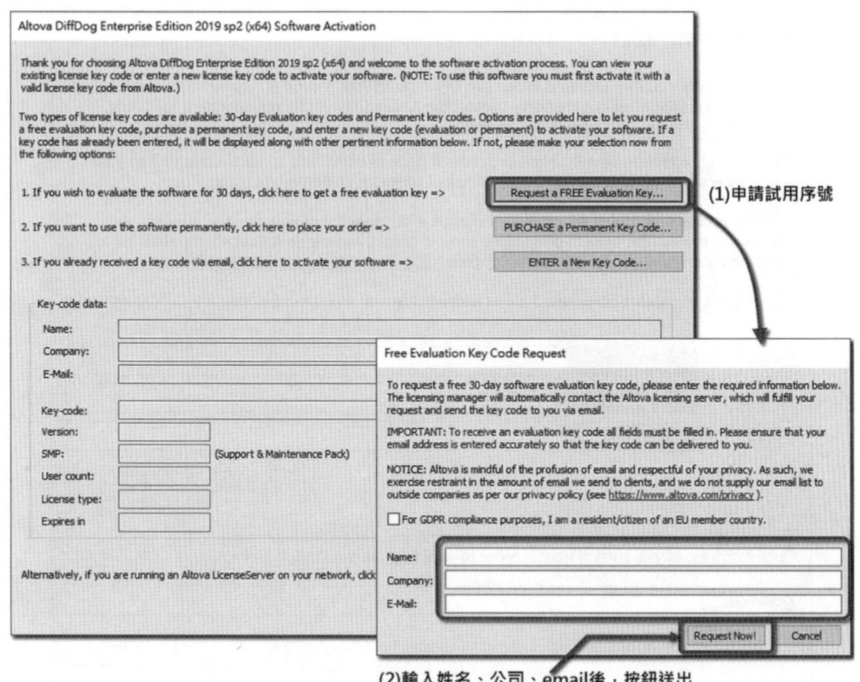


圖 A-12　第一次執行時顯示的註冊畫面

按下「Request Now」按鈕後，原視窗下方會增加顯示如圖 A-13 所示輸入試用版序號的欄位。

測試序號的申請，是由系統自動回覆，因此申請的需求送出後，一、二分鐘之內就會以當時填寫的 email 電郵回覆收到。檢視信箱之後將收到的序號複製貼至圖 A-13 所示下方的試用版序號的欄位，按下「OK」按鈕，就完成測試版的啓用程序。

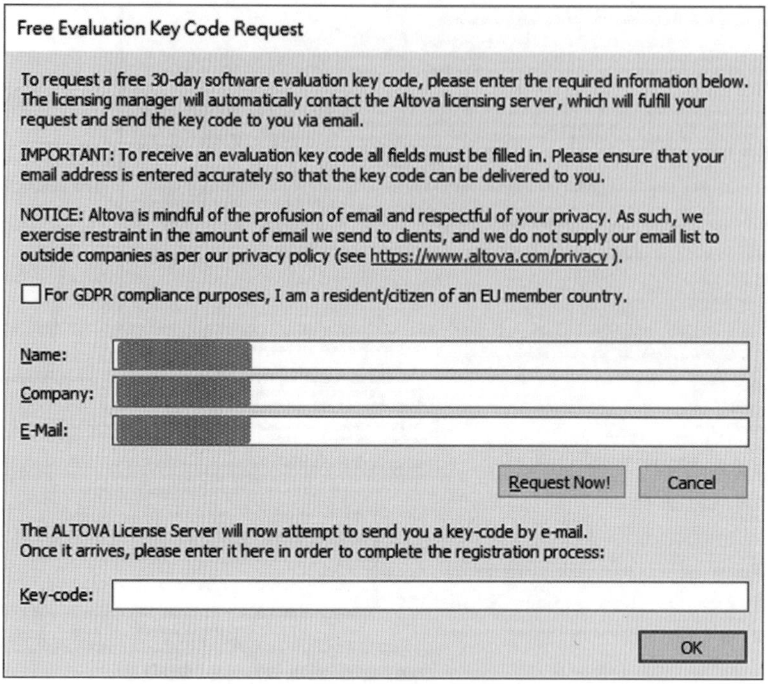

Free Evaluation Key Code Request

To request a free 30-day software evaluation key code, please enter the required information below. The licensing manager will automatically contact the Altova licensing server, which will fulfill your request and send the key code to you via email.

IMPORTANT: To receive an evaluation key code all fields must be filled in. Please ensure that your email address is entered accurately so that the key code can be delivered to you.

NOTICE: Altova is mindful of the profusion of email and respectful of your privacy. As such, we exercise restraint in the amount of email we send to clients, and we do not supply our email list to outside companies as per our privacy policy (see https://www.altova.com/privacy ).

☐ For GDPR compliance purposes, I am a resident/citizen of an EU member country.

Name:
Company:
E-Mail:

Request Now! Cancel

The ALTOVA License Server will now attempt to send you a key-code by e-mail.
Once it arrives, please enter it here in order to complete the registration process:

Key-code:

OK

圖 A-13　申請送出後，視窗下方顯示輸入試用版序號的欄位

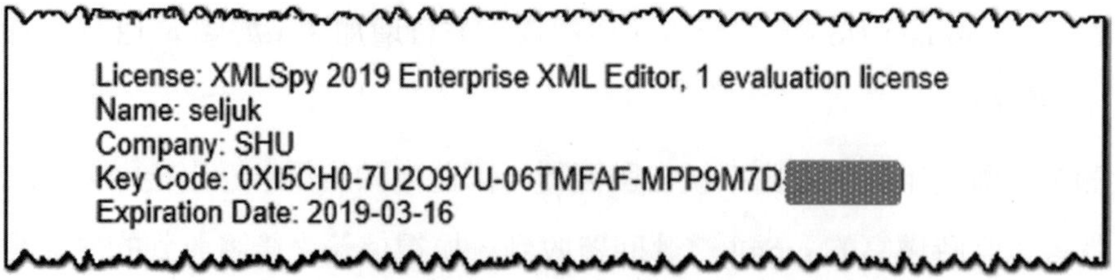

License: XMLSpy 2019 Enterprise XML Editor, 1 evaluation license
Name: seljuk
Company: SHU
Key Code: 0XI5CH0-7U2O9YU-06TMFAF-MPP9M7D
Expiration Date: 2019-03-16

圖 A-14　信箱收到申請回覆的試用版序號

# 附錄 B　SQL Server 2017 安裝與設定

## 1. 下載安裝說明

SQL Server 資料庫系統需安裝下列兩套軟體：

**(1)** 資料庫系統

軟體名稱：SQL Server 2017

下載網址：https://www.microsoft.com/zh-tw/sql-server/sql-server-downloads

檔案名稱：SQLServer2017-SSEI-Expr.exe

**(2)** 管理工具

軟體名稱：SQL Server Management Studio (SSMS) 17.9

下載網址：https://docs.microsoft.com/zh-tw/sql/ssms/download-sql-server-management-studio-ssms?view=sql-server-2017

檔案名稱：SSMS-Setup-CHT.exe

（只需要先下載 SQL Server 2017 版本即可，執行安裝的畫面再選擇管理工具，即會連結到上述網址提供下載）

除了購買正式的版本，SQL Server2017 提供如圖 B-1 所示三種免費使用於 Windows 作業系統上的版本：免費試用版、開發者版本（Developer Edition）、精簡版（Express Edition）。相同網頁下方也提供可安裝於 Red Hat、Ubuntu、SUSE 等 Linux 作業系統的版本。

圖 B-1　SQL Server 2017 下載網頁

「免費試用版」有 180 天的使用限制，「開發者版本」包含了完整 SQL Server2017 商業版所有的功能，包括現在很熱門的機器學習（machine learning）套件等進階工具，而「精簡版」則僅單純包含處理資料所需的必要項目。若是要學習完整 SQL Server 資料庫系統的相關功能或執行進階功能的開發，可以考慮安裝開發者版本。若主要是學習程式連結、存取、管理資料庫的相關實作，建議安裝精簡版 -Express 即可，爾後需要擴充功能或學習時再安裝開發版。只要不是用在商業用途，而僅是用於學習，開發者版與精簡版都是免費的。

首先請連線如圖 B-1 所示的下載網頁（網址：https://www.microsoft.com/zh-tw/sql-server/sql-server-downloads）下載精簡版（Express Edition）。此時下載的並非是安裝程式，而是「下載安裝程式的執行程式」：SQLServer2017-SSEI-Expr.exe。下載完成後，執行此程式顯示如圖 B-2 的安裝畫面。

圖 B-2　精簡（Express）版下載網頁

「基本」與「自訂」均是透過連網方式安裝，建議選擇「下載媒體」，先將完整安裝程式下載至本機電腦，再進行安裝，以方便爾後隨時可擴充或調整已安裝的功能。

當選擇「下載媒體」後，電腦會顯示如圖 B-3 所示，詢問下載的安裝程式類型，建議下載精簡版的核心功能（Express Core）即可。

圖 B-3　下載資料庫系統安裝程式類型

按下「下載」鈕，即開始進行下載的程序，下載完成後顯示如圖 B-4 的完成畫面。

圖 B-4　安裝程式下載完成畫面

此時可以透過瀏覽器的「開啓資料夾」，顯示下載程式所在的目錄。下載的安裝程式名稱爲 SQLEXPR_x64_CHT.exe。可直接於資料夾所在的目錄內，選點執行此程式。執行時會將安裝程式解壓縮，預設目錄爲 SQLEXPR_x64_CHT.exe 所在的目錄內。解壓縮後系統執行「眞正」的安裝程式，顯示如圖 B-5 所示的安裝主畫面。

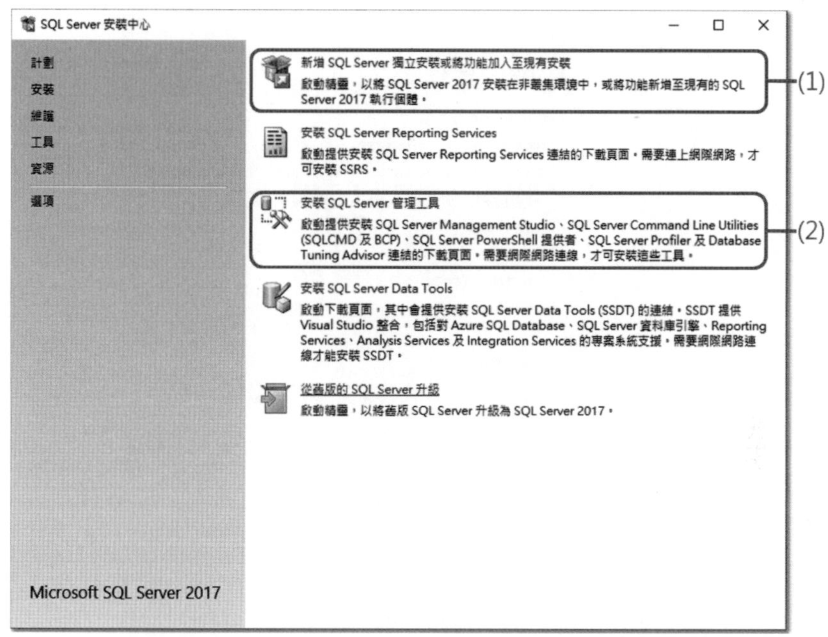


圖 B-5　SQL Server 2017 資料庫系統安裝主畫面

安裝需分別執行圖中所標示的 (1) 安裝資料庫系統主體；(2) 安裝 SQL Server Management Studio（SSMS）圖形管理介面。

### (1) 安裝資料庫系統主體

首先請先選點圖 B-5 所標示 (1) 框線內的連結。顯示如圖 B-6 所示的軟體授權條款，此爲必要條件，需要勾選同意後才能選點「下一步」按鈕。

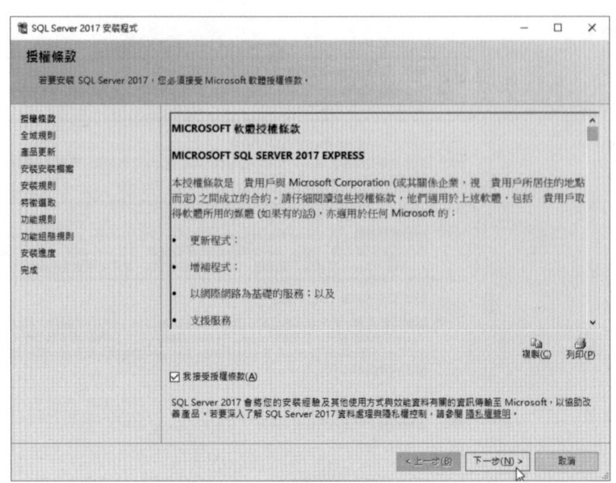


圖 B-6　軟體授權條款

接下來系統執行如圖 B-7 所示的安裝環境的檢查，確認作業系統內已具備相關空間、軟體。若有發生「失敗」的項目，則無法繼續執行安裝，可以選點狀態欄位內失敗的連結點，了解失敗的原因，排除失敗的原因後方可重新再安裝。

SQL Server 2017 安裝程式

安裝規則

安裝程式規則會識別執行安裝程式時可能會發生的問題。任何失敗都必須加以修正，安裝程式才能繼續執行。

授權條款
全域規則
產品更新
安裝安裝檔案
安裝規則
特徵選取
功能規則
執行個體組態
伺服器組態
資料庫引擎組態
功能組態規則
安裝進度
完成

作業完成。通過: 3。失敗 0。警告 1。略過 0。

隱藏詳細資料(S) <<　　重新執行(R)

檢視詳細資料報表(V)

| 規則 | 狀態 |
|---|---|
| 融合 Active Template Library (ATL) | 通過 |
| SQL Server 登錄機碼的一致性驗證 | 通過 |
| 電腦網域控制站 | 通過 |
| Windows 防火牆 | 警告 |

< 上一步(B)　下一步(N) >　取消

圖 B-7　安裝環境確認

若檢查結果均爲「通過」或「警告」，表示可以進行如圖 B-8 所示，顯示準備安裝的功能軟體項目，以及存放的目錄位置。

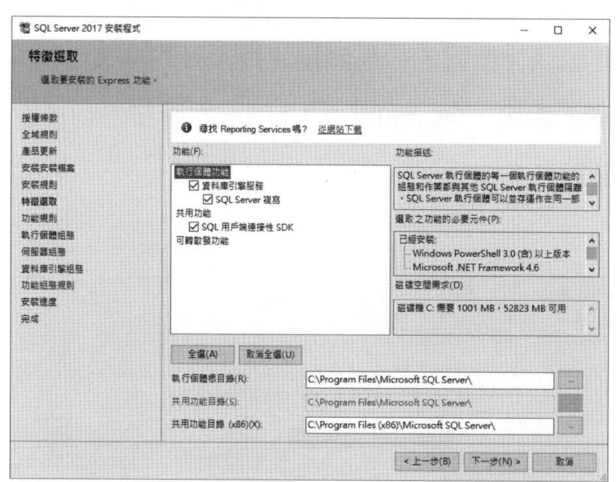


圖 B-8　安裝功能項目與安裝目錄位置

基於精簡版已經是安裝最基本的資料庫系統功能，所以建議依據預設值即可，直接進行下一步，如圖 B-9 所示的執行個體設定視窗。

圖 B-9　執行個體設定

資料庫系統儲存資料的基本單位為資料庫，而相關資料庫運行於一個執行個體（Instance）內。一個資料庫系統可有多個執行個體，而執行個體是用來操作其各自擁有的資料庫。可將執行個體視為一個物件，其內的屬性就是資料庫。除非有特定需求，建議執行個體的名稱直接使用預設的具名名稱「SQLExpress」即可。按下「下一步」鈕後，顯示如圖 B-10 所示的服務啓動視窗，主要確認資料庫引擎是自動啓動即可。

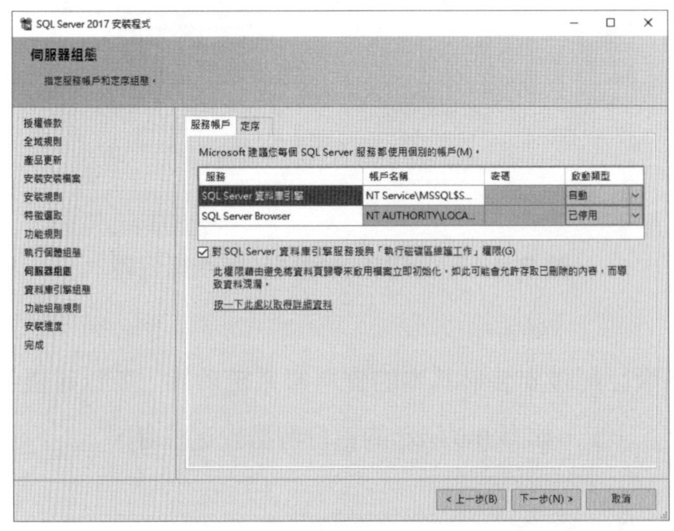


圖 B-10　設定服務啓動執行的方式

如果不想每次開機，作業系統均會自動在背景啓動 SQL Server 的作業，也可以將啓動類型設為「手動」，爾後若需要執行 SQL Server 相關作業時，如圖 B-11 所示，開啓作業系統的「服務」功能，找到 SQL Server 資料庫引擎將此執行個體啓動即可。

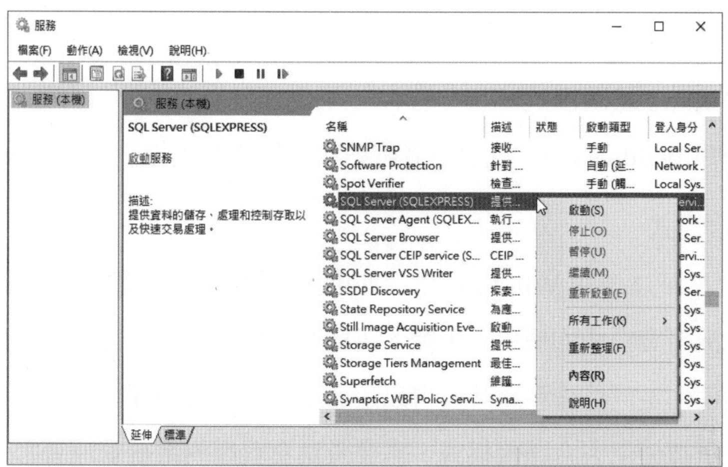


圖 B-11 使用作業系統的「服務」功能手動啟動資料庫引擎

接下來，進入如圖 B-12 所示的「資料庫引擎組態」設定頁面，設定的項目包括登入的驗證模式、資料目錄等。建議除了驗證模式之外，均使用預設值。

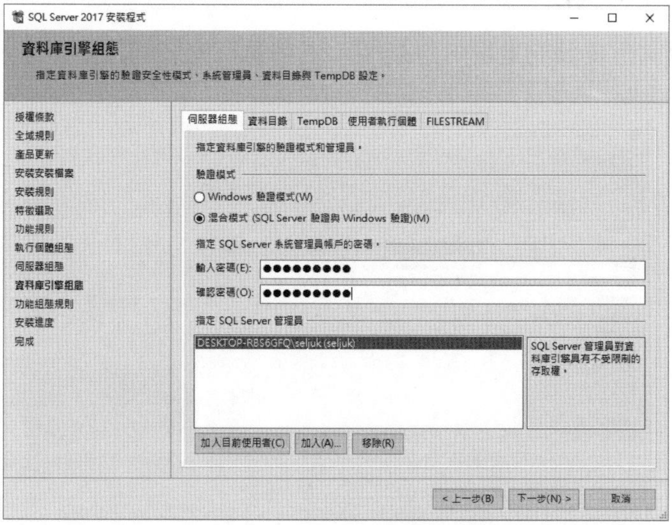

圖 B-12 引擎組態設定選項

驗證模式包括兩種類型：

**(1) Windows 驗證模式**

表示使用 Windows 登入的使用者帳號作爲驗證登入資料庫的依據。

**(2) 混合模式**

表示除了可以使用 Windows 登入的使用者帳號作爲驗證登入資料庫的依據，也可以另訂資料庫的使用者帳號。這樣的好處是同一個應用程式如果要依據不同權限而使用不同的資料庫時，可以透過不同的「資料庫使用者」作更嚴謹的區隔。如果選擇使用混合驗證模式，需要設定資料庫的系統管理者密碼（預設帳號爲 sa，是 System Administrator 的縮寫）。

資料庫系統能夠建立多個資料庫，每個資料庫儲存於電腦硬碟的實體檔案，包含運算資料與異動資料，如果希望改變 SQL Server 預設儲存資料庫實體檔案的目錄位置，可以選點此頁面的「資料目錄」頁籤，修改資料庫實體檔案的目錄位置。

當相關設定完成後，如果一切順利，即會開始執行如圖 B-13 所示的安裝程序。過程中會顯示安裝的進度，以及顯示正在執行安裝的作業。

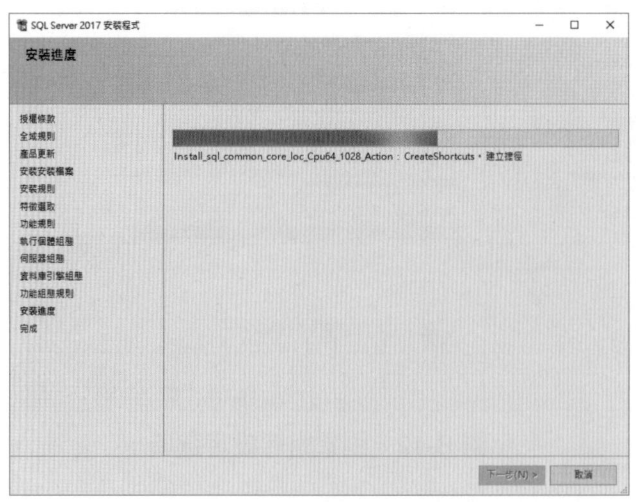


圖 B-13　安裝作業進度的頁面

如果安裝順利，會顯示如圖 B-14 的完成頁面，表示已完成整個資料庫系統的安裝作業程序。接下來關閉頁面回到圖 B-5 所示的安裝主畫面。因爲 Express 預設沒有直接提供圖形的管理介面，所以還需要繼續進行安裝管理介面的作業。

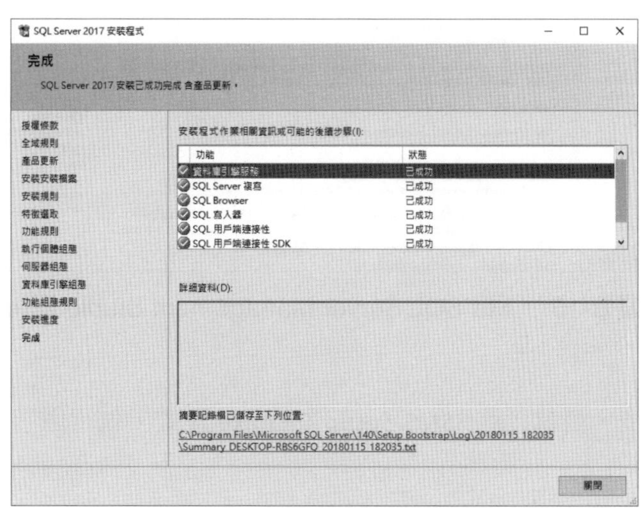

圖 B-14　安裝作業完成的頁面

**(2) 安裝圖形管理介面**

由圖 B-5 所示的安裝主畫面，執行圖中所標示的 (2)「安裝 SQL Server 管理工具」。選點該項目後，會切換連線至圖形管理介面：SQL Server Management Studio（SSMS）的下載網頁。（直接下載的網址爲：https://docs.microsoft.com/zh-tw/sql/ssms/download-sql-server-management-studio-ssms?view=sql-server-2017）

如圖 B-15 所示，請選點 SQL Server Management Studio，下載 SSMS 的安裝程式：SSMS-Setup-CHT.exe。

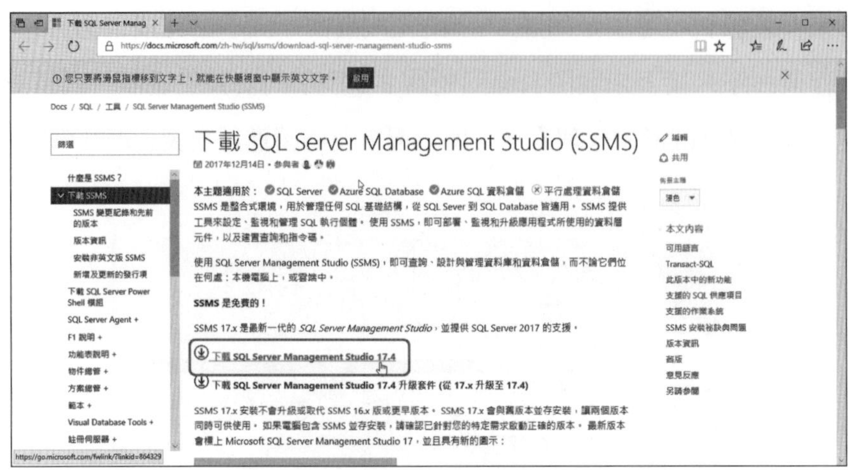


圖 B-15　下載 SQL Server Management Studio 網頁

下載完成後，請執行此 SSMS-Setup-CHT.exe 程式，執行顯示如圖 B-16 所示的安裝畫面。

圖 B-16　SSMS 安裝畫面

選點「安裝」按鈕，即會進行安裝的程序並顯示安裝的進度。完成後，顯示如圖 B-17 的完成畫面。

圖 B-17　SSMS 安裝完成畫面

若是在 Windows 作業系統的環境下安裝 SQL Server Express 與 Management Studio，完成後可以在視窗作業的「開始」功能表，如圖 B-18 所示，檢視一下各個安裝的項目。建議重新啓動電腦，以便作業系統載入相關組態與啓動所需的服務。

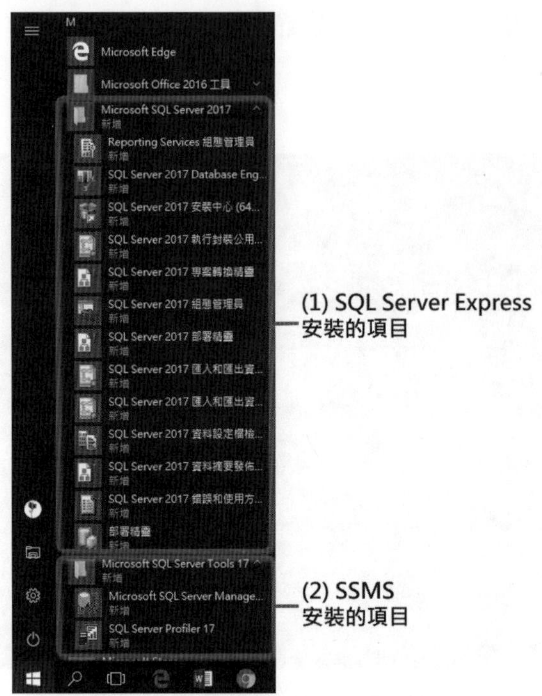


圖 B-18　安裝作業完成的頁面

# 附錄 C　JDK 安裝說明

附錄 C 安裝 Java JDK 與附錄 D 安裝網站伺服器，主要是提供學習於本書第十三章與十四章使用 Java 程式語言撰寫 XML 程式的執行環境。安裝 JDK 的目的是提供 Java 程式碼的編譯（compiled）環境。安裝的程序共有三個步驟：

1. 下載 Java 的開發組件（Java Development Kit，JDK）；
2. 安裝 JDK；
3. 設定作業系統環境參數。

> 自 2018 年 9 月 25 日 Oracle 公司發布最新的 JDK 11 的版本，之後仍隨時會有修正版的發布，例如圖 C-1 右方「New Downloads」可以看到目前的版本是在 2019/1/15 發布的 11.0.2 版本。編號前面的 11 是主要版本，小數位數則是更新的編號。本附錄是以安裝在 Windows10 的 JDK 11 版本為例，實際安裝的版本編號還是取決於當時上網下載的版本。

三個安裝的步驟依序說明如下：

### 1. 下載 JDK 標準版

JDK（Java Development Kit）下載網址：http://www.oracle.com/technetwork/java/（JAVA 官方網站，亦可使用舊的網址：http://java.sun.com/ 會自動轉到新的網址），進入網頁後，選點如圖 C-1 所示右上方區塊「Software Downloads」的常用下載（Top Downloads）選點「Java SE」或最新下載（New Downloads）選點 Java SE 最新的版本下載。

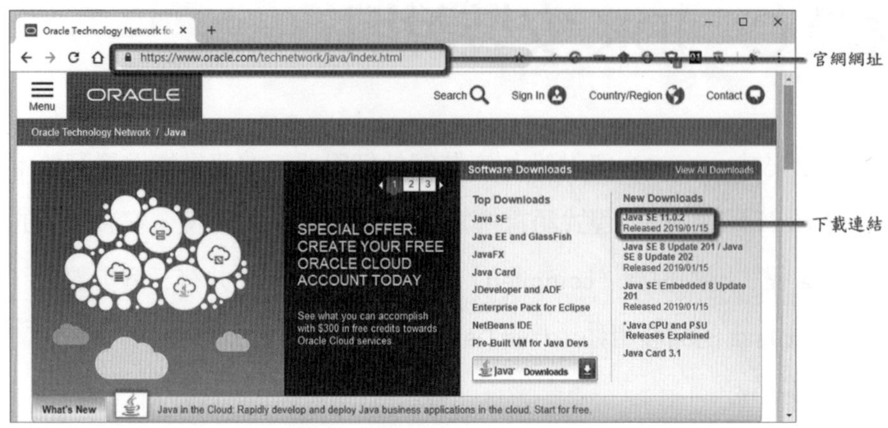


圖 C-1　Java 官網首頁

進入 Java 軟體下載網頁，請選點如圖 C-2 所示的 Java SE Downloads，點擊圖示，下載 JDK 安裝程式。（圖中箭號所示的兩個選項結果都是連結到相同的下載網頁）

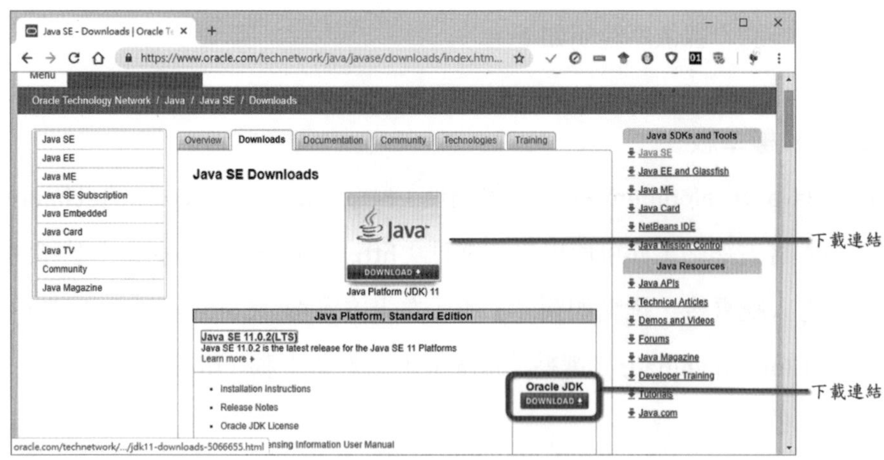


圖 C-2　下載 JDK

於圖 C-3 所示的下載網頁內，需要先點選接受「授權協議」（Accept License Agreement），網頁才允許選點下載的項目。點擊同意協議後，請依據作業系統平臺選擇下載的 JDK 安裝程式。

圖 C-3　下載 JDK 安裝程式檔案

## 2. 安裝 JDK

(1) 執行下載之 JDK 程式，會先出現如圖 C-4 所示的 JDK 安裝起始畫面。

圖 C-4　JDK 安裝起始畫面

(2) 顯示如圖 C-5 所示安裝項目選項，預設安裝主目錄位置爲 C:\Program Files\Java\jdk-11.0.2。建議請不要變更，請直接點擊「Next」選鈕繼續下一步。

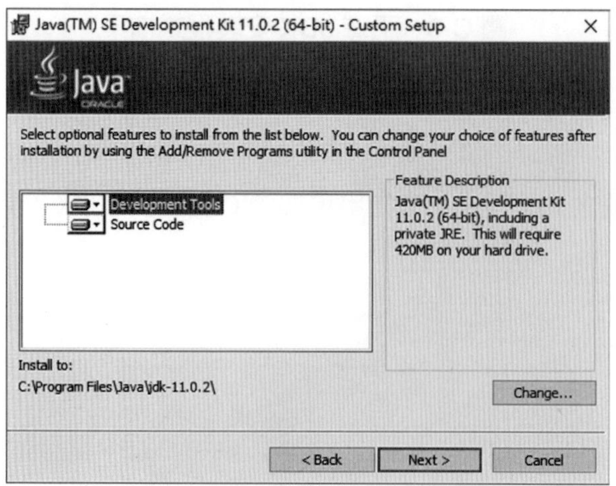


圖 C-5　安裝的項目選項

如圖 C-6 所示，系統準備安裝的相關資料後，便進行安裝程序。

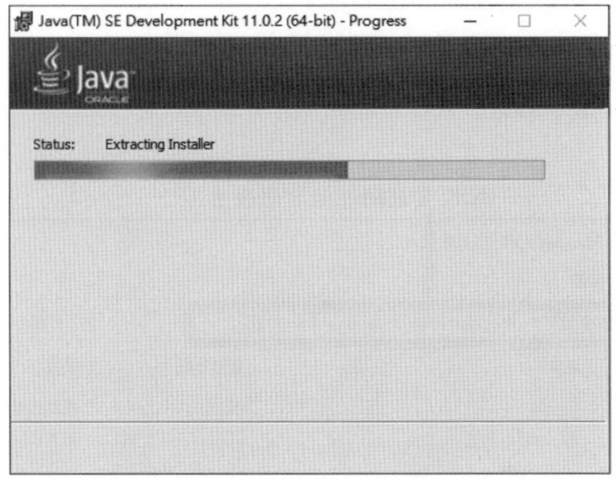


圖 C-6　進行解壓縮、安裝程序

(3) 選擇完成後，系統開始執行安裝 JDK 的動作。完成後顯示如圖 C-7 所示的畫面。按下「Close」按鈕即可完成安裝的程序，或是按下「Next Steps」按鈕進入 Java 教學與 JDK 文件的網頁，網址：http://docs.oracle.com/javase/。

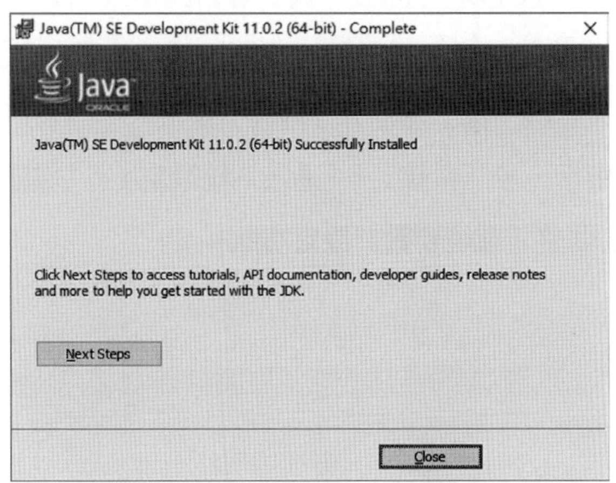


圖 C-7　JDK 安裝完成的畫面

### 3. 設定作業系統環境參數

安裝完畢後，系統預設是安裝於如圖 C-8 所示，Windows 作業系統中的「C:\Program Files\Java」目錄內，目錄包含 JDK 開發工具，以及執行環境（Java Runtime Environment，JRE）：

圖 C-8　DK 預設安裝於作業系統的目錄位置

若只有安裝 JDK 並不會自動幫作業系統設定執行的路徑（如果有使用例如 JCreator、JBuilder、Eclipse 等開發工具，會自動幫我們設定相關的參數）。因此，需要在安裝完成後，自行手動設定相關的環境變數。請於「控制台」選擇「系統」（或於「本機」按下左上方「內容」選鈕），開啓「系統內容」視窗。

1. 請參考圖 C-9 所示，於「系統」 「進階系統設定」 「進階」頁籤內選點「環境變數」按鈕 開啓「環境變數」設定功能。

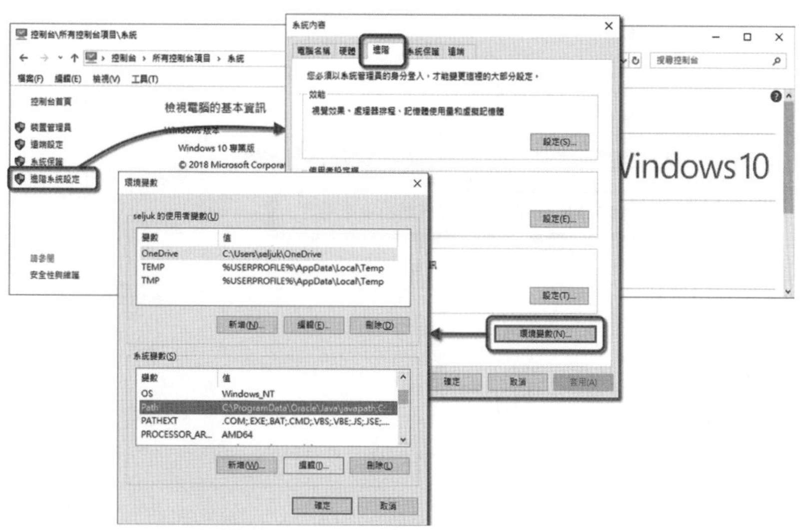


圖 C-9　開啓控制台「系統」的「環境變數」設定功能

「環境變數」視窗分兩個變數設定區塊，上方設定是專屬於現在登入的使用者；下方的設定則是所有 Windows 作業系統的使用者共用。請自行考慮 JDK 的設定只專屬於現在登入的使用者，還是所有登入這一台電腦的使用者都可以使用。

2. 於環境變數中需要設定一項參數：工具程式所在路徑。選擇變數名稱「PATH」，參考圖 C-10 所示的欄位編輯模式，新增一欄輸入「C:\Program Files\Java\jdk-11.0.2\bin」。或是參考圖 C-11 所示的文字編輯模式，在變數值最後加上「;C:\Program Files\Java\jdk-11.0.2\bin」。（因爲 Windows10 提供兩種顯示介面，如果使用文字編輯模式，必須在參數之間使用分號「;」做區隔）

圖 C-10　PATH 路徑參數設定內容（欄位編輯模式）

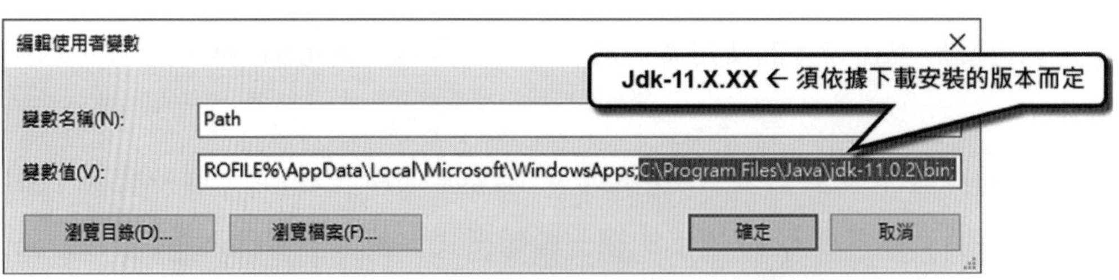


圖 C-11　PATH 路徑參數設定內容（文字編輯模式）

如果安裝時有更改預設 JDK 的路徑，請依據更改後的路徑為準。如圖 C-12 所示，你可以檢視實際安裝的目錄位置，確認該目錄是否正確：

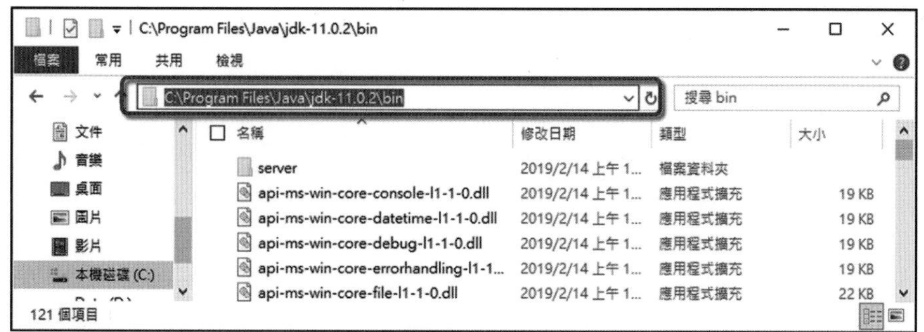


圖 C-12　PATH 設定的內容，就是 JDK 的 bin 資料夾所在的位置內容

註 1：設定程式執行路徑「Path」時，變數值內容不可以有空白字元。

註 2：設定完成後，如需顯示設定的結果，可在命令提示字元，輸入下列指令：

*set path* 顯示完整設定的內容，確認是否有正確設定。

3. 若使用 Tomcat 做爲網站伺服器，環境變數還需設定 JAVA_HOME 路徑，請參考圖 C-13 所示：

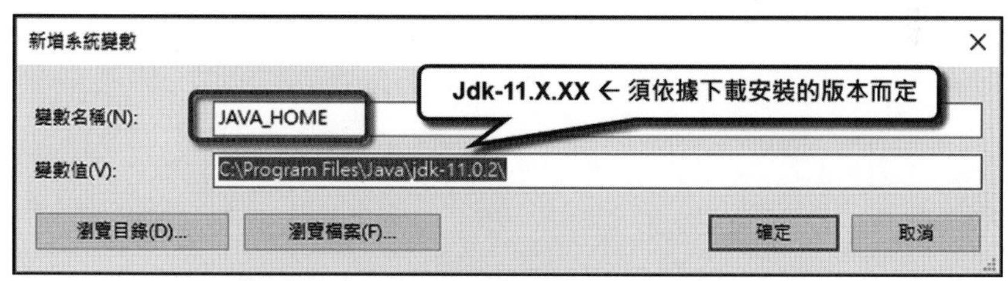


圖 C-13　系統環境變數設定 JDK 路徑

註 2：設定完成後，如需顯示設定的結果，可在命令提示字元，輸入下列指令：

*set　java_home* 顯示完整設定的內容，確認是否有正確設定。

# 附錄 D　Web Server 安裝說明

## 1. 環境需求

附錄 C 安裝 Java JDK 與附錄 D 安裝網站伺服器，主要是提供學習於本書第十三與十四章使用 Java 程式語言撰寫 XML 程式的執行環境。若練習的環境爲單機，透過單一一台電腦模擬整個網際網路運作環境，必須包含下列三個環境，缺一不可：

(1) HTTP 協定和瀏覽器：這個在 Windows、Linux、iOS 等主要作業系統都已有內建，所以不是問題；

(2) Java 開發環境（Java Development Kit，JDK）：需執行附錄 C 的安裝；

(3) 網站伺服器：因有本書採用 Java 程式語言撰寫 XML SAP，必須採用具備 Java 容器（container）的網站伺服器，坊間有許多可執行 Java 的網站伺服器，爲簡化建置的程序，建議採用免安裝的網站伺服器：Resin 或是 Tomcat。兩者使用環境差異不大，系統架構也類似，對學習網頁程式開發而言，這兩者都是免費的（商業版要另行付費），而且使用時只需執行啓動的程式，不使用時執行關閉（shutdown）即可，相當方便。

## 2. 網站伺服器建置

Resin 與 Tomcat 這兩個網站伺服器的建置分別說明如下：

### (1) Resin 設置說明：

• 所屬公司：

Resin 是 CAUCHO 公司的產品，對 servlet 和 JSP 提供了極佳的支援，對於動態與靜態網頁的處理速度非常快，性能相當優良。

• **下載網址：**

https://caucho.com/

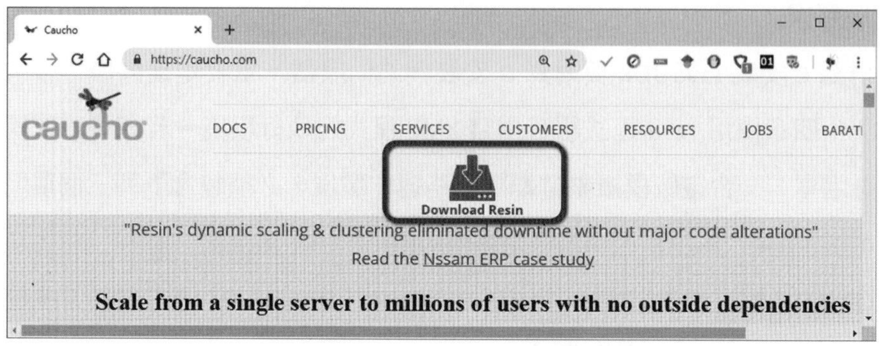


圖 D-1　Resin 下載首頁

• **下載步驟：**

(a) 網站首頁選點如圖 D-1 所示的 download 圖示；

(b) 依據電腦作業系統的種類，選擇下載檔案，例如使用 Windows 作業系統就選擇下載 zip 壓縮格式的檔案；使用 Linux 作業系統就選擇下載 tgz 壓縮格式的檔案；

(c) 建議下載普通版，不需下載 pro 專業版。

• **下載後處理步驟：**

(a) 解壓縮；

(b) 開啓 Resin 目錄的 conf 子目錄內的檔案「resin.properties」檔案內容，如圖 D-2 所示，將預設網站接收封包的埠號（port）8080 更換成 80

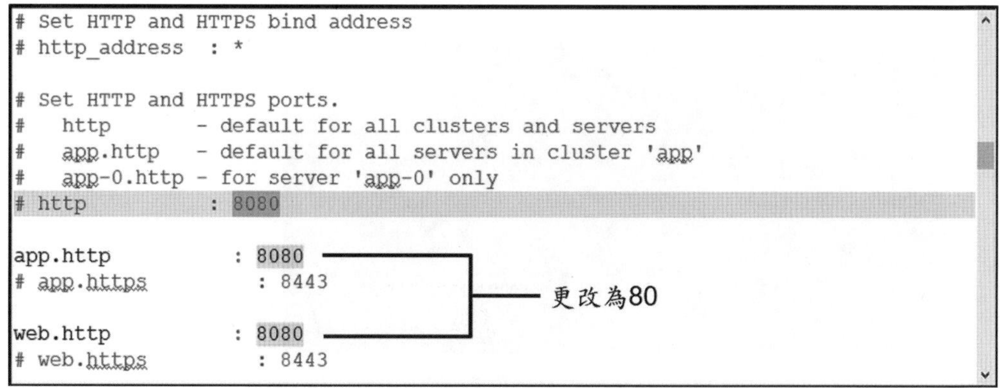

# Set HTTP and HTTPS bind address
# http_address : *
# Set HTTP and HTTPS ports.
# http - default for all clusters and servers
# app.http - default for all servers in cluster 'app'
# app-0.http - for server 'app-0' only
# http : 8080
app.http : 8080
# app.https : 8443
web.http : 8080
# web.https : 8443
更改為80


圖 D-2　Resin 網站埠號設定

註：使用文書編輯器開啓，一定要使用純文字格式。如果內容並未如圖所示的一行一行分列，而擠成一堆，沒有關係，只要使用編輯器的搜尋功能找到 8080 將之改成 80 即可。

- **網站啓動／關閉步驟：**

(a) 啓動網站：執行 Resin 目錄內的 resin.exe（網站伺服器啓動之程式） 

【說明】

| 舊版名稱爲：httpd.exe<br>爾後每次需要啓動 Resin 網站伺服器，只需執行此程式即可 |
|---|

Resin 會自動判斷 Windows 作業系統是 32 位元還是 64 位元，啓動完成顯示如圖 D-3 所示，會開啓兩個視窗。命令提示字元視窗會顯示網站運作的狀況，如果有程式執行發生錯誤也會在此顯示，方便程式偵錯的判斷。

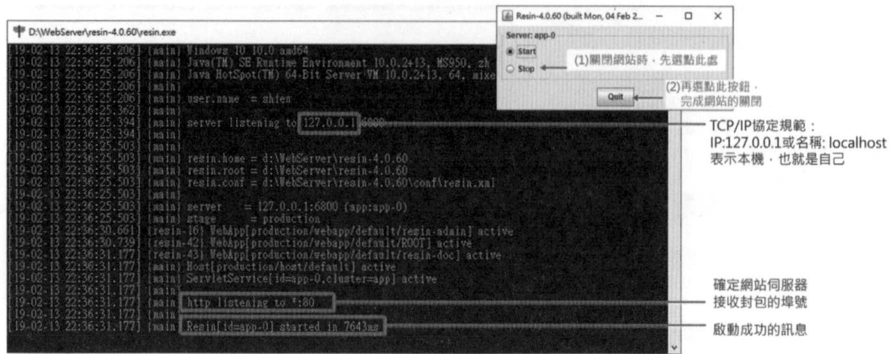


圖 D-3　Resin 網站啓動完成顯示之視窗

(b) 關閉網站：選點圖 D-3 裡的 Stop 選項，系統即會執行關閉的程序。當命令提示字元視窗顯示「Shutdown Resin reson: OK」訊息，再選點 Quit 按鈕即可完成網站的關閉。

**(2) Tomcat 設置說明：**

- **所屬公司：**

Tomcat 是 Apache 軟體基金會下屬的 Jakarta 項目開發的一個 Servlet 容器，提供對動態網頁技術標準 Java Server Pages（JSP）完整的支援。請勿將 Tomcat 和 Apache 網站伺服器混淆，Tomcat 可以視為一個單獨的網站伺服器，而 Apache 則是一個用 C 語言為主的網站伺服器。

- **下載網址：**

https://tomcat.apache.org/

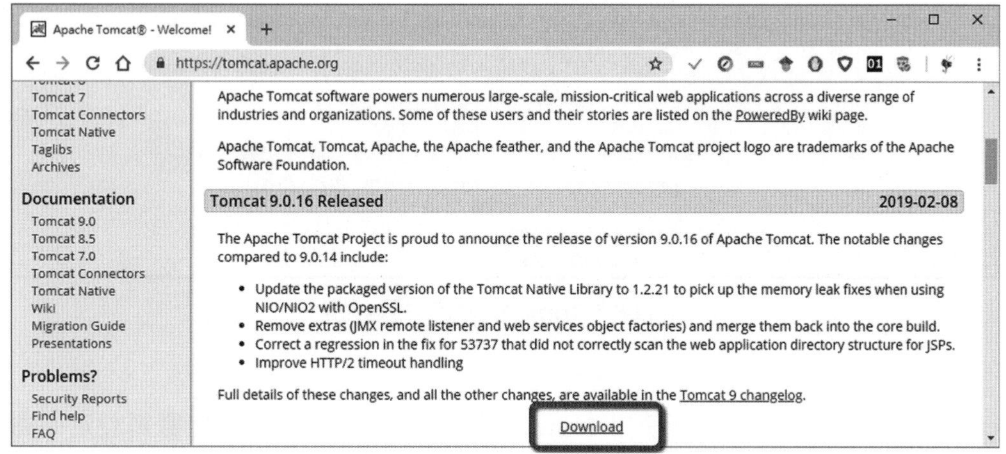


圖 D-4　Tomcat 下載首頁

- **下載步驟：**

(a) 瀏覽最新發行的版本，選點 download 超連結；

(b) 依據電腦作業系統的種類、32/64 位元差異，選擇下載檔案，例如使用 Windows 作業系統就選擇下載 zip 壓縮格式的檔案；使用 Linux 作業系統就選擇下載 tgz 壓縮格式的檔案；

(c) 建議下載 Core 核心版即可。

- **下載後處理步驟：**

(a) 解壓縮；

(b) 將預設網站接收封包的埠號（port）8080 更換成 80（參見圖 D-5）：開啓 Tomcat 目錄中的 conf 子目錄，點開其中的檔案「server.xml」檔案內容 <Connector> 標籤的 port 屬性改成 80。

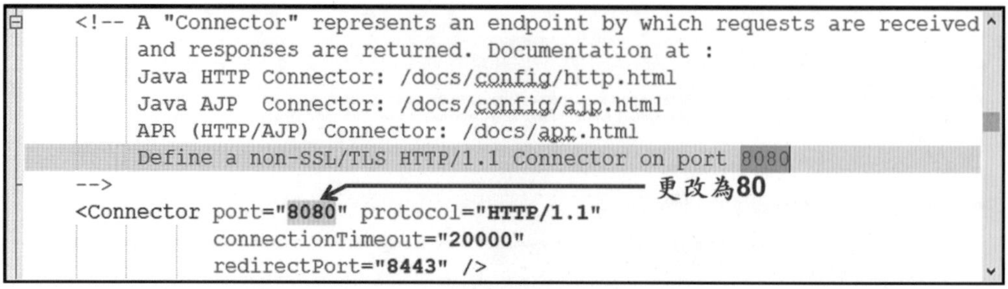

```
<!-- A "Connector" represents an endpoint by which requests are received
     and responses are returned. Documentation at :
     Java HTTP Connector: /docs/config/http.html
     Java AJP  Connector: /docs/config/ajp.html
     APR (HTTP/AJP) Connector: /docs/apr.html
     Define a non-SSL/TLS HTTP/1.1 Connector on port 8080
-->
<Connector port="8080" protocol="HTTP/1.1"
           connectionTimeout="20000"
           redirectPort="8443" />
```

更改為80

圖 D-5 Tomcat 網站埠號設定

(c) Windows 作業系統使用 Tomcat 做爲網站伺服器，環境變數需設定如圖 D-6 所示的 JAVA_HOME 路徑。

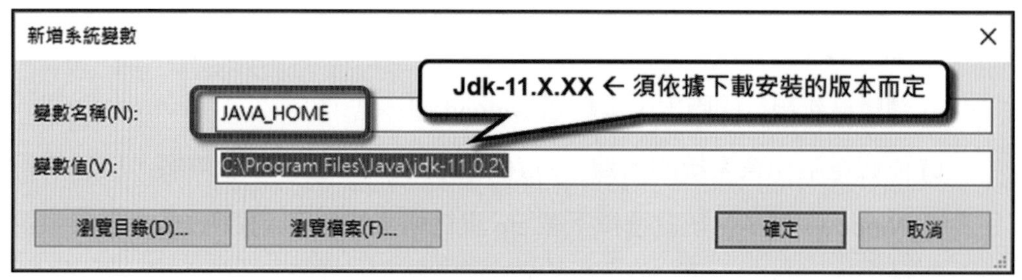


圖 D-6 系統環境變數設定 JDK 路徑

- 網站啓動 / 關閉步驟

(a) 啓動網站，執行 Tomcat 目錄內 bin 子目錄的 startup.bat（網站伺服器啓動之程式）

爾後每次需要啓動 Tomcat 網站伺服器，只需執行此程式即可。啓動完成顯示如圖 D-7 所示的命令提示字元視窗。該視窗會顯示網站運作的狀況，如果有程式執行發生錯誤也會在此顯示，方便程式偵錯的判斷。

圖 D-7　Tomcat 網站啓動完成顯示之視窗

(b) 關閉網站時，執行 Tomcat 目錄內 bin 子目錄的 shutdown.bat，即可完成網站關閉的整個程序。

【說明】

什麼是埠號（port）？

我們知道 IP 封包的傳送主要是藉由 IP 位址連接兩端，但是每個連線的網卡基本就只能設定一個 IP。此外，電腦同時可以處理很多作業，可能在上網的同時，也在收發信件、執行檔案傳輸（FTP 或 P2P），連接的通道怎麼知道收到的封包是要給哪一個作業的程式？

為了處理一 IP 位址的通道連結，以及多個作業的封包歸屬，協定就設計了埠號（Port）。基於 16 位元的基礎，一個 IP 可以具備 $2^{16} = 65536$ 個埠號，每個執行的程序都至少分配一個埠號。就像一個住家地址，可以有許多細分的信箱號碼，大家就不會拿錯信件一樣。

不過如果每次執行時，隨機分配埠號，使得對方還要跟你的系統確認某一個作業這次用了哪一個埠號，造成些許不便。因此一些常用的作業就給予其固定的埠號，這些埠號通常小於 1024，且是提供給許多知名的 Internet 服務軟體用的。例如表 D-1 所列的一些 Internet 上常見的服務。

因為網站預設都是採用埠號 80，所以當你輸入 URL 連線到一個網站伺服器時，就不需要指定埠號，但是如果網站伺服器使用的埠號不是 80，則 URL 就必須要指定埠號，否則對方就會收不到你的封包，當然不會回應你的連線請求。

但是為什麼 Resin、Tomcat 這些網站伺服器軟體預設是使用埠號 8080，而不是 80？那是因為通常開發的時候，電腦可能已經安裝有一個正式的網站伺服器，避免既有埠號的重複，以致影響網站的運作，所以才會預設一個非 80 的埠號。

表 D-1　Internet 上常見服務預設的埠號一覽表

| 埠號 | 服務名稱 | 說明 |
|---|---|---|
| 21 | FTP | 檔案傳輸協定 |
| 23 | Telent | 遠端連線伺服器連線 |
| 25 | SMTP | 簡單郵件傳遞協定 |
| 53 | DNS | 用於名稱解析的領域名稱伺服器 |
| 80 | WWW | 全球資訊網伺服器 |
| 110 | POP3 | 郵件收信協定 |
| 443 | https | 具備安全加密機制的全球資訊網路伺服器（Web Server） |

【說明】

如果啓動 Resin 或 Tomcat 網站伺服器時，沒有顯示命令提示字元視窗，或是一顯示馬上就關閉，表示沒有啓動成功。可以先啓動命令提示字元，再進入 Resin 或 Tomcat 的目錄內執行啓動的程式，就算沒有啓動成功，視窗也不會關閉，這時就可以查看視窗內顯示無法啓動的原因。

不過最常無法順利啓動的原因是 JDK 沒有安裝，或是安裝後的環境沒有設定正確。有關 JDK 的安裝與設定，請參見【附錄 C】的說明。

### 3. 網站互動程式執行測試

接下來試試能否在網站上執行一段程式，順利產生一個網頁。首先先啓動網站伺服器，接著撰寫下列的程式碼，標示在 <% = 與 %> 範圍內的就是 Java 程式，必須注意大小寫。其他的部分則是 HTML 語法，並不嚴格區分大小寫：

【練習】練習範例：我的第一支 JSP 程式

程式檔名：**now.jsp**

```
<HTML>
<BODY>
    Now is: <%= new java.util.Date() %>
</BODY>
</HTML>
```

建議以記事本編輯（需為純文字檔）操作，存檔檔名為 now.jsp，儲存於網站伺服器（Resin 或 Tomcat）主目錄 \webapps\ROOT\ 內。於瀏覽器 URL 欄輸入：http://localhost/now.jsp 或 http://127.0.0.1/now.jsp

瀏覽器應會顯示如圖 D-8 所示的結果（顯示之時間依執行時間而定）。

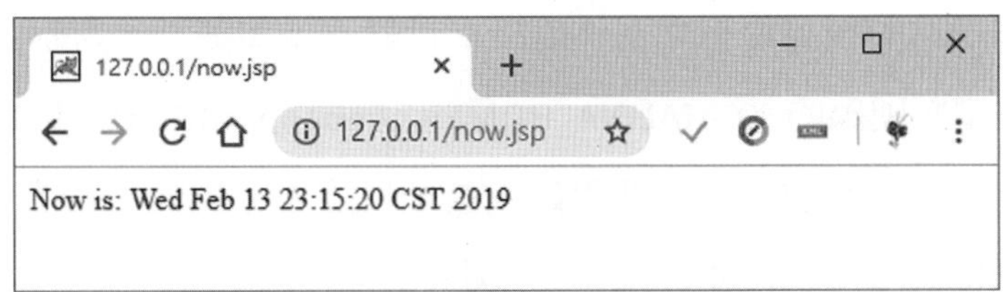


圖 D-8　網站執行 JSP 程式的結果

【說明】

Windows 環境變數可以設定一些「變數名稱」代表某一個目錄，例如圖 D-6 所示：在環境變數設定視窗新增一個系統環境變數，變數名稱爲「JAVA_HOME」，內容值爲「C:\Program Files\Java\jdk-11.0.2」，之後便可在其他變數內使用以 %JAVA_HOME% 代表此 Java 的安裝目錄。

實際的目錄位置，要以安裝的目錄為準。

（如果不了解環境變數的設定或使用方式，可以參考 Windows 作業系統介紹的書籍，或上網搜尋）

因此，Resin 與 Tomcat 網站伺服器解壓縮後的目錄，就可以設爲 %CATALINA_HOME%，如果沒有設也沒關係，只要了解 %CATALINA_HOME% 就是表示 Resin 與 Tomcat 網站伺服器所在的目錄即可。

當 Resin 與 Tomcat 網站伺服器啓動後，你只要輸入所在電腦的 IP 或是「表示自己」的網址：127.0.0.1，當然也可以是使用本機的領域名稱：localhost，就可以連線至這一個網站「根目錄」。

不過這一個網站的根目錄稱之爲「虛擬根目錄」，如圖 D-9 所示，是因爲內容實際是在電腦硬碟的 %CATALINA_HOME%\webapps\ROOT\。因此，開發的網頁、程式，就必須放在這一個目錄或其子目錄內。例如筆者的 Resin 存放在硬碟目錄位置 D:\resin-4.0.38\，所以開發的網頁、程式，就必須放在 D:\resin-4.0.38\webapps\ROOT\ 之內。

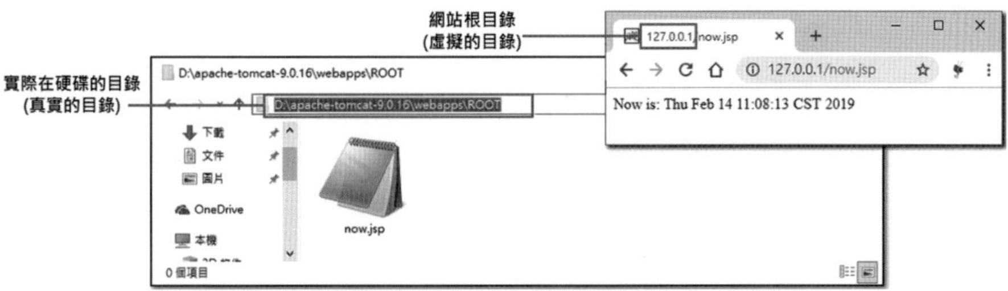


圖 D-9　網站虛擬根目錄與硬碟實際目錄

國家圖書館出版品預行編目資料

XML：資訊組織與傳播核心技術／余顯強著.
－－初版.－－臺北市：五南，2019.09
面；　公分
ISBN 978-957-763-586-0（平裝）

1.XML（文件標記語言）

312.1695　　108013019

5R28

# XML－資訊組織與傳播核心技術

作　　者－余顯強（53.91）
發 行 人－楊榮川
總 經 理－楊士清
總 編 輯－楊秀麗
主　　編－王正華
責任編輯－金明芬
封面設計－姚孝慈
出 版 者－五南圖書出版股份有限公司
地　　址：106台北市大安區和平東路二段339號4樓
電　　話：(02)2705-5066　　傳　　真：(02)2706-6100
網　　址：http://www.wunan.com.tw
電子郵件：wunan@wunan.com.tw
劃撥帳號：01068953
戶　　名：五南圖書出版股份有限公司

法律顧問　林勝安律師事務所　林勝安律師

出版日期　2019年9月初版一刷
定　　價　新臺幣600元

# 經典永恆・名著常在

## 五十週年的獻禮——經典名著文庫

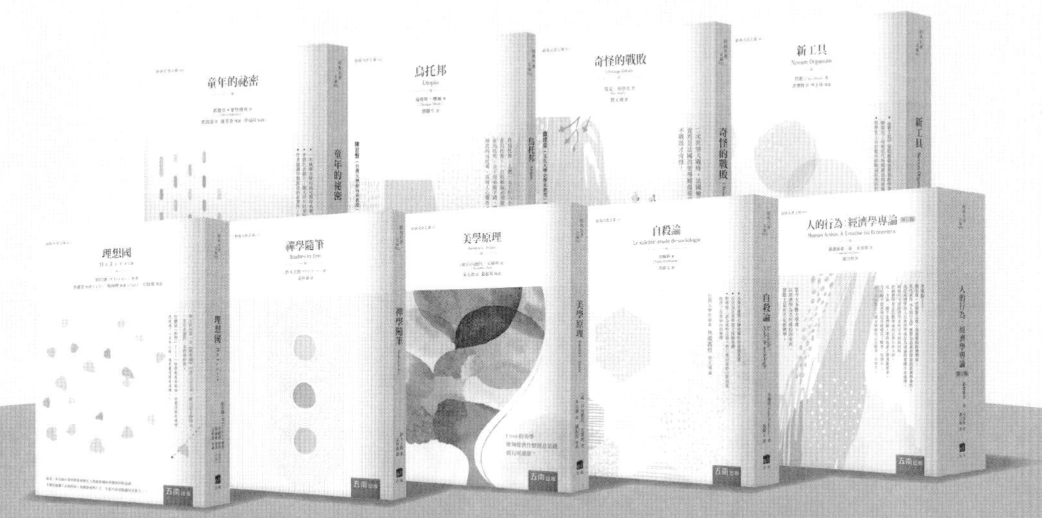

五南，五十年了，半個世紀，人生旅程的一大半，走過來了。
思索著，邁向百年的未來歷程，能為知識界、文化學術界作些什麼？
在速食文化的生態下，有什麼值得讓人雋永品味的？

歷代經典・當今名著，經過時間的洗禮，千錘百鍊，流傳至今，光芒耀人；
不僅使我們能領悟前人的智慧，同時也增深加廣我們思考的深度與視野。
我們決心投入巨資，有計畫的系統梳選，成立「經典名著文庫」，
希望收入古今中外思想性的、充滿睿智與獨見的經典、名著。
這是一項理想性的、永續性的巨大出版工程。
不在意讀者的眾寡，只考慮它的學術價值，力求完整展現先哲思想的軌跡；
為知識界開啟一片智慧之窗，營造一座百花綻放的世界文明公園，
任君遨遊、取菁吸蜜、嘉惠學子！